校企合作装备制造类专业精品教材

机械设计基础课程设计

主审 刘 勇

主编 陈国俊 郑 健 刘锦杭

内容提要

本书为《机械设计基础》的配套教材。全书共分为两部分，第一部分为设计指导，包括绪论，传动装置的总体设计，传动零件的设计，减速器的类型、结构、润滑和密封，减速器装配图的设计与绘制，减速器零件图的设计，设计计算说明书的编制和答辩准备；第二部分为附录，包括机械设计基础课程设计中常用的标准、规范、参考图例和参考题目。

本书结构合理，体例新颖，内容通俗易懂，具有较强的实用性和指导性，可作为各类院校装备制造类专业机械设计基础课程设计的指导教材。

图书在版编目（CIP）数据

机械设计基础课程设计 / 陈国俊，郑健，刘锦杭主编. -- 上海 ：上海交通大学出版社，2025. 1. -- ISBN 978-7-313-32319-4

Ⅰ. TH122-41

中国国家版本馆 CIP 数据核字第 20255NN757 号

机械设计基础课程设计

JIXIE SHEJI JICHU KECHENG SHEJI

主　　编：陈国俊　郑　健　刘锦杭

出版发行：上海交通大学出版社　　地　　址：上海市番禺路 951 号

邮政编码：200030　　电　　话：021-64071208

印　　制：北京京华铭诚工贸有限公司　　经　　销：全国新华书店

开　　本：787 mm×1092 mm　1/16　　印　　张：12.75

字　　数：318 千字

版　　次：2025 年 1 月第 1 版　　印　　次：2025 年 1 月第 1 次印刷

书　　号：ISBN 978-7-313-32319-4　　电子书号：ISBN 978-7-89564-153-2

定　　价：49.80 元

机械设计基础课程设计是机械设计基础课程的最后一个实践教学环节，也是学生进行的一项较为全面的设计能力训练，其目的是引导学生树立正确的设计思想，巩固有关机械设计方面的知识，增强计算能力、绘图能力、运用设计资料的能力等，为实际设计打下基础。

为了培养学生机械设计的综合能力，编者根据机械设计基础课程设计教学的基本要求，并结合自己多年的教学实践经验精心编写了本书。课程设计是在学生掌握了机械设计基础基本理论的基础上进行的，故机械设计基础教材中已有的内容，本书不再涉及。

具体而言，本书具有以下几个鲜明的特点。

1. 立德树人，润物无声

党的二十大报告指出：“育人的根本在于立德。”为积极贯彻党的二十大精神，践行“立德树人”的育人理念，本书有机融入了素质教育理念。例如，引导学生通过参加“模拟课程设计答辩”这一实训活动，了解与他人合作的重要性，培养团队合作精神。

2. 校企合作，职业引领

为了突出本书的实用性和适用性，编者在编写本书时，不仅与多所学校的一线教师就本书的核心内容和教学难点等进行了深入探讨，还走访了多家机械设计与制造知名企业，向机械设计人员咨询了机械设计过程中常见的问题与处理方法，并以企业工作岗位所需的知识和技能为出发点，将设计理论和方法与岗位需求相融合，力求使学生能够学以致用。书中的部分图片也由机械设计与制造行业企业提供，有助于学生更好地了解理论知识在实践中的应用情况。

3. 全新理念，易教易学

为了提高学生的学习积极性与学习效率，编者遵循“以市场需求为导向，以学生就业为目标”的理念，精心设计了本书的体例。具体来说，在每个项目前，设置了“项目引入”模块，通过相关情景引出理论知识，激发学生的学习兴趣；在讲解理论知识时，设置了“小贴士”模块，解释相关术语或补充注意事项，有助于学生理解相关知识点；在每个项目后，设置了“项目实施”模块，通过设计减速器实例，帮助学生进一步巩固所学知识。此外，本书还设置了“学习成果评价”模块，帮助学生评估学习效果。

4. 体系完整，标准最新

本书包括设计指导和附录两大部分。其中，设计指导部分内容全面，对减速器的设计内容、方法和步骤等进行了较为详细地介绍，并且语言精练、通俗易懂；附录部分收录了常用的标准、规范、参考图例和参考题目，满足课程设计的使用要求，并且所有标准均采用现行标准。

5. 平台辅助，资源丰富

本书配有丰富的数字资源，读者既可以借助手机或其他移动设备扫描书中的二维码观看常用零部件的三维动画，也可以登录文旌综合教育平台“文旌课堂”查看和下载本书配套资源，如优质课件、教案等。读者在学习过程中有任何疑问，都可以登录该平台寻求帮助。

本书由刘勇担任主审，陈国俊、郑健、刘锦杭担任主编，谢小宝、叶元杰、罗敏丽、史旭飞、段国勋、陈霖、张观华、王鹏鹏、冯旭超、徐涛担任副主编。由于编者水平有限，书中难免存在疏漏与不妥之处，诚请广大读者批评指正。

本书配套资源下载网址和联系方式

网址：https://www.wenjingketang.com

电话：400-117-9835

邮箱：book@wenjingketang.com

片 头

CONTENTS
目录

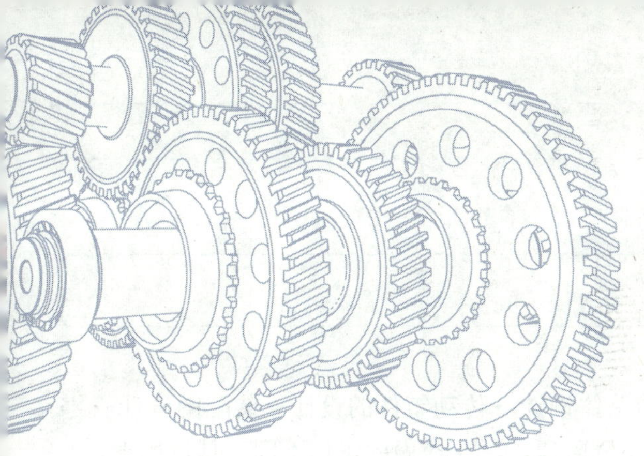

绪 论

0.1 课程设计的目的

课程设计是学生学习机械设计基础课程后进行的一项综合训练，其主要目的如下。

（1）培养学生正确的设计思想。

（2）使学生综合运用所学机械设计基础课程及其他课程的知识，巩固和增长有关机械设计方面的知识。

（3）使学生掌握通用机械零件、机械传动装置和简单机械的设计过程和方法，培养学生分析和解决工程实际问题的能力。

（4）对学生进行机械设计基本能力的训练，如计算能力、绘图能力、运用设计资料（手册、图册、标准和规范等）的能力等的训练。

（5）使学生树立绿色设计、绿色制造的环保理念。

0.2 课程设计的内容

课程设计的选题通常为通用机械传动装置或简单机械的设计，如设计以减速器为主体的机械传动装置等。课程设计通常包括以下内容。

（1）根据设计任务确定传动装置的总体设计方案。

（2）选择电动机，计算传动装置的运动和动力参数。

（3）设计传动零件和轴。

（4）确定轴承、连接件、联轴器，以及润滑和密封。

（5）设计箱体结构及附件。

（6）绘制装配图和零件图。

（7）编制设计计算说明书。

0.3 课程设计的步骤

课程设计的步骤为设计准备→传动装置的总体设计→传动零件的设计→装配图设计→零件图设计→设计计算说明书的编制→答辩。在不同阶段，学生应做的工作不同，具体如下。

（1）设计准备阶段：认真研究设计任务书，明确设计任务和要求；认真研究有关资料，参观实物或模型，进行减速器拆装实验；复习有关课程内容，熟悉零部件的设计方法和步骤；制订课程设计的总体计划。

（2）传动装置的总体设计阶段：根据设计要求确定传动装置的总体布置方案，选择电动机，分配传动比，计算传动装置的运动和动力参数。

（3）传动零件的设计阶段：设计并计算带传动、链传动或齿轮传动的主要参数和主要零件的尺寸，选择、确定联轴器和轴承的类型。

（4）装配图设计阶段：首先设计装配底图，需要完成轴的结构设计，键的类型和尺寸选择，轴承的寿命和键、轴的强度的校核等工作；接着绘制装配底图，需要完成传动零件及轴承的结构设计、箱体结构设计及附件设计等工作；最后完成尺寸标注、零部件序号标注，技术特性和技术要求的编写，标题栏、明细栏的填写等工作。

（5）零件图设计阶段：绘制主要零件的零件图。

（6）设计计算说明书的编制阶段：按要求整理相关资料并编制设计计算说明书。

（7）答辩阶段：总结在设计过程中的收获，完成答辩工作。

0.4 课程设计的注意事项

0.4.1 正确使用标准和规范

在各项设计工作中，应尽可能多地采用标准和规范，使用标准件和通用件，即便使用非标准件，也应将其尺寸圆整为标准数列。这样不仅可以减少设计工作量，节省设计时间，而且可以增强零部件的互换性，方便制造、安装，降低设计、制造成本。

0.4.2 正确处理理论计算与画图的关系

设计时，不同零件的设计方法不同。例如，设计一些零件时，可以由计算得到其主要尺寸，再通过画图得到其具体结构；而设计另外一些零件时，则需要先通过画图获得计算所需的条件，再进行必要的计算得到零件的主要尺寸。有时候，计算结果与所画的图存在矛盾，这时就需要改图。因此，在设计时应坚持采用“边画图、边计算、边修改”的设计方法，循

序渐进，逐步完善设计作品。

0.4.3 正确处理理论计算与结构、工艺要求的关系

一般来说，理论计算为设计提供了理论依据，可确保设计的合理性和可行性。然而，零部件的尺寸不能由理论计算直接确定，而应由设计者综合考虑结构、加工和装配工艺等要求后确定。

0.4.4 正确认识已有资料与创新的关系

任何一项设计作品都不可能由设计者凭空想象完成，而是需要借鉴前人的经验。此外，新的设计任务有特定的要求，因此不能照搬现有方案。课程设计是一项极为复杂、细致和繁重的工作，正确利用已有资料，不仅可加快设计进程，也可提高设计质量，为创新打下良好的基础。在设计过程中，应从具体任务出发，广泛阅读、认真分析现有方案，开拓思路，大胆创新，实现继承与创新的结合。

0.4.5 及时记录、检查计算结果

在开始设计时，应准备一个笔记本，及时记录设计过程中考虑的问题、查阅的数据、进行的设计计算等，以供编制设计计算说明书时使用，也便于随时检查和发现问题后及时修改，以免造成大的差错甚至返工。

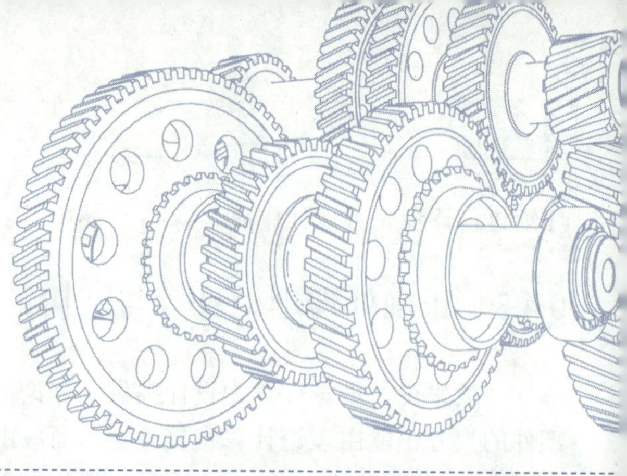

项目1

传动装置的总体设计

项目引言

机械系统通常由原动机、传动装置和工作机三部分组成。其中，原动机是机械系统的动力来源，常见的有电动机、内燃机等；传动装置连接原动机和工作机，用来传递运动和动力；工作机是机械系统中直接完成生产任务的部分。实践表明，传动装置设计得是否合理，对机械系统的尺寸、性能和成本等有很大的影响，因此传动装置的总体设计是整个机械系统设计工作中的重要一环。传动装置总体设计具体包括确定传动方案、选择电动机、分配传动比、计算运动和动力参数等内容。

知识目标

(1) 了解确定传动方案时应注意的问题。

(2) 掌握选择电动机类型、功率、转速的方法。

(3) 了解分配传动比应注意的事项。

(4) 掌握计算运动和动力参数的方法。

能力目标

(1) 能够根据设计要求，确定合理的传动方案。

(2) 能够根据工作机的工作情况、运动和动力参数等，合理选择电动机的类型、功率和转速，并选出具体的电动机型号。

(3) 能够考虑实际情况，合理分配传动比。

(4) 能够根据设计需要，计算传动系统各轴的转速、功率和转矩。

素质目标

(1) 通过选择电动机，深谙针对具体问题进行具体分析的道理，养成多维度学习、多角度探究的习惯，并不断积累设计经验，拓宽设计思路。

(2) 通过进行传动装置的总体设计，养成从易到难、从简到繁、循序渐进的学习习惯。

项目引入

通过学习绪论，小王知道课程设计的第一步是传动装置的总体设计，所做的工作包括确定传动方案、选择电动机、分配传动比、计算运动和动力参数等。虽然已经知道了课程设计的步骤，但他还是担心自己完不成课程设计。似乎感受到了小王的担心，老师鼓励他道："你不要有畏难情绪，课程设计并没有你想象得那么难。只要有耐心、有毅力，一步一个脚印，你必定会出色地完成这次课程设计，取得优异的成绩！"

1.1 确定传动方案和选择电动机

1.1.1 确定传动方案

传动方案一般用机构运动简图表示，机构运动简图能简单明了地表示运动和动力的传递路线、各部件的组成和连接关系。合理的传动方案必须保证工作机工作可靠，且应保证传动装置结构简单、尺寸紧凑、成本低廉、传动效率高、使用维护便利等。若想使一种传动方案同时满足这些要求，往往是很困难的，因此在设计时可同时考虑几种传动方案，通过对比、分析，选择一种较为合理的传动方案。

图 1-1 为带式输送机的四种传动方案，方案一中的传动装置为一级蜗杆减速器，方案二中的传动装置为二级展开式圆柱齿轮减速器，方案三中的传动装置为圆锥-圆柱齿轮减速器，方案四中的传动装置由普通 V 带传动机构和一级圆柱齿轮减速器组成。

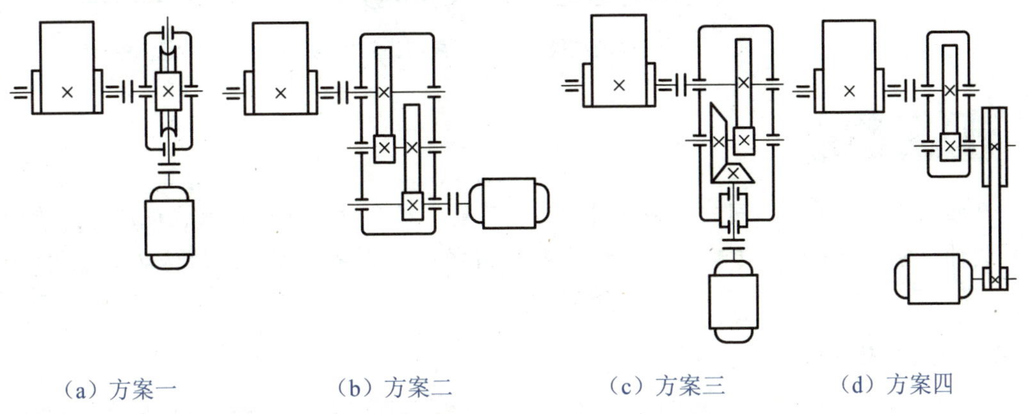

（a）方案一　（b）方案二　（c）方案三　（d）方案四

图 1-1　带式输送机的四种传动方案

通过分析可知，方案一中的传动装置结构紧凑，但蜗杆的传动效率较低；方案二中传动装置尺寸较大，且不具备过载保护功能；方案三中传动装置的宽度尺寸较方案二中的小，但圆锥齿轮比圆柱齿轮加工困难，制造成本较高；方案四中传动装置的宽度和长度尺寸都较大，且带传动不适合在恶劣的环境中工作，但带传动有过载保护功能，还可以缓和冲击，因此这种方案得到了广泛应用。

在确定传动方案时，需要分析和选择机械传动的类型，合理布置机械传动的顺序，等等。在开展这些工作时，应考虑以下几点。

（1）带传动承载能力较小，当传递相同转矩时，带传动的结构尺寸较其他传动形式的大，但带传动平稳性好，能缓和冲击，宜布置在传动系统的高速级。

（2）链传动平稳性差，有冲击，宜布置在传动系统的低速级。

（3）蜗杆传动可以实现较大的传动比，结构紧凑，传动平稳，还可以实现反向自锁，但其承载能力较齿轮传动的小，且传动效率较低，宜布置在传动系统的高速级。

（4）圆锥齿轮加工较困难，因此只有在需要改变运动的传递方向时才采用圆锥齿轮传动；且圆锥齿轮传动应尽量布置在传动系统的高速级，并限制传动比，以减小其直径和模数。

（5）斜齿齿轮传动较直齿齿轮传动平稳性好，常布置在传动系统的高速级。

（6）开式齿轮传动因工作条件较差，润滑条件不好，寿命较短，一般布置在传动系统的低速级。

（7）当减速器传动比大于 8 时，应考虑采用二级以上的减速器。

（8）工作温度较高、潮湿、多粉尘、易燃、易爆场合，宜选用链传动、闭式齿轮传动或闭式蜗杆传动。

（9）要求两轴保持精确的传动比时，宜选用齿轮传动或蜗杆传动。

链传动

蜗杆传动的类型

直齿齿轮传动

斜齿齿轮传动

在相同设计条件下，同一机械的传动方案可能有很多种。在进行课程设计时，学生可选择设计任务书中给出的传动方案，也可根据具体的设计任务选择合适的传动方案。

1.1.2 选择电动机

电动机是标准化、系列化产品。在选择电动机时，应根据工作机的工作情况、运动和动力参数等，选择电动机的类型、功率和转速，再根据这些参数选出电动机的具体型号。

1.1.2.1 选择电动机的类型

一般情况下，可根据电源种类（如直流或交流）、工作条件（如环境、温度、空间位置等）、载荷情况（如性质、大小等）、启动特性和过载情况等来选择电动机的类型。

由于一般生产单位均使用三相交流电源，因此无特殊要求都应选用交流电动机。其中，三相异步电动机应用最多，常用的有 YX3、YE2、YE3 系列三相异步电动机。在需要经常启动、制动和正反转的场合，要求电动机具有较小的转动惯量和较大的过载能力，宜选用 YZ 系列或 YZR 系列冶金及起重用三相异步电动机。常用三相异步电动机的技术参数及外形尺寸可查附录 8。

1.1.2.2 选择电动机的功率

电动机的功率会直接影响传动装置的工作效率和经济性。若选择的电动机的功率偏小，则不能保证工作机正常工作，或使电动机因过载而过早损坏；若选择的电动机的功率偏大，则会增加传动装置的成本，并导致电动机性能过剩，从而造成浪费。

对于在变载荷条件下长期运行的机械或短时运行的机械，其所需电动机的额定功率要按等效功率法计算并进行发热验算。由于设计任务书中的工作机一般为稳定载荷、连续运转的机械，而且传递的功率较小，故设计时只需使电动机的额定功率 P 等于或稍大于其输出功率 P_0。电动机的输出功率为

$$P_0 = \frac{P_w}{\eta} \tag{1-1}$$

式中：

P_w——工作机所需功率，单位为 kW；

η ——由电动机到工作机的总效率，$\eta = \eta_1\eta_2\eta_3\cdots\cdots\eta_n$，$\eta_1$、$\eta_2$、$\eta_3\cdots\cdots\eta_n$ 为传动装置中每对传动副（如带传动、链传动、齿轮传动、蜗杆传动等）、每对轴承和每个联轴器的效率，其数值可由附表 1-10 确定。

小贴士

计算 η 时，应注意以下几点。

（1）轴承效率为一对轴承的效率。例如，当一根轴上有三个轴承时，轴承效率按两对轴承计算。

（2）对于附表 1-10 中有一定范围的效率值，工作条件差时取低值，反之取高值。

若已知工作机的工作阻力 F、线速度 v、效率 η_w，则

$$P_w = \frac{Fv}{1\,000\eta_w} \tag{1-2}$$

若已知作用在工作机上的阻力矩 T 和转速 n_w，则

$$P_w = \frac{Tn_w}{9\,550\eta_w} \tag{1-3}$$

1.1.2.3 选择电动机的转速

额定功率相同的同类型电动机一般有多种转速可供选择，如三相异步电动机有三种常用同步转速 1 000 r/min、1 500 r/min 和 3 000 r/min。电动机的转速越高，外廓尺寸就越小，价格也越低；反之，电动机的转速越低，外廓尺寸就越大，价格也越高。电动机的转速与工作机的转速相差过多，会使总传动比变大，从而导致传动装置尺寸变大和成本增加。因此，在确定电动机转速时，应综合分析电动机和传动装置的性能、尺寸、重量和价格等因素，然后选择最优方案。一般宜选用同步转速为 1 000 r/min 和 1 500 r/min 的电动机。

对于多级传动，为使各级传动机构设计合理，还可以根据工作机的转速 n_w 和各级传动副的合理传动比范围（如 i_1、i_2、i_3…… i_n，其参考值见表 1-1），推算电动机转速 n 的可选范围，即

$$n = (i_1 i_2 i_3 \cdots\cdots i_n) n_w \tag{1-4}$$

表 1-1 各级传动副的合理传动比范围的参考值

传动类型		V 带传动	链传动	圆柱齿轮传动			一级圆锥齿轮传动	一级蜗杆传动
				一级开式	一级闭式	二级		
传动比	一般范围	2～4	2～5	3～7	3～6	3～5	2～3	10～40
	最大值	7	6	20	12.5	60	8	80

1.2 分配传动比、计算运动和动力参数

1.2.1 分配传动比

选定电动机后，可确定传动系统的总传动比 i，即

$$i = \frac{n_m}{n_w} \tag{1-5}$$

式中：

n_m ——电动机的额定转速，单位为 r/min。

确定传动系统的总传动比后，应合理分配传动比。分配传动比时，应注意以下几点。

（1）各级传动副的传动比应在合理范围内，不能超出容许的最大值。

（2）避免传动零件之间发生干涉碰撞。例如，在由带传动机构和齿轮减速器组成的传动装置中，一般应使 $i_{带} < i_{齿}$，若带传动机构的传动比过大，则会使大带轮的半径大于减速器输入轴的中心高（即 $d_a/2 > H$），造成大带轮与地面相碰，如图 1-2 所示。再如，在二级齿轮减速器中，应使高速级和低速级的传动比尽量相近，若高速级传动比过大，将会导致高速级大齿轮与低速级大齿轮所在的轴相碰，如图 1-3 所示。

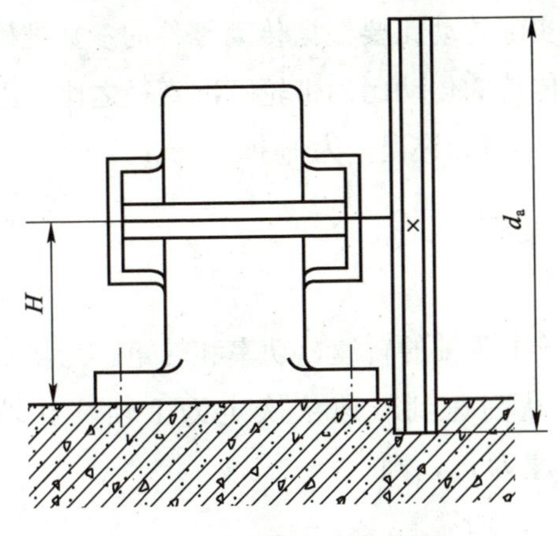

图 1-2　大带轮与地面相碰

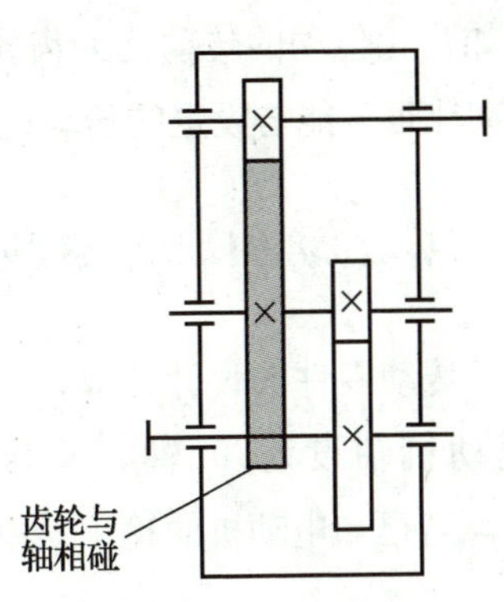

图 1-3　高速级大齿轮与低速级大齿轮所在的轴相碰

（3）使传动装置的总体尺寸紧凑。如图 1-4 所示，在中心距和总传动比均相同的二级齿轮减速器中，i_2 较小时，低速级大齿轮直径较小，故方案一中传动装置的外廓尺寸较小。

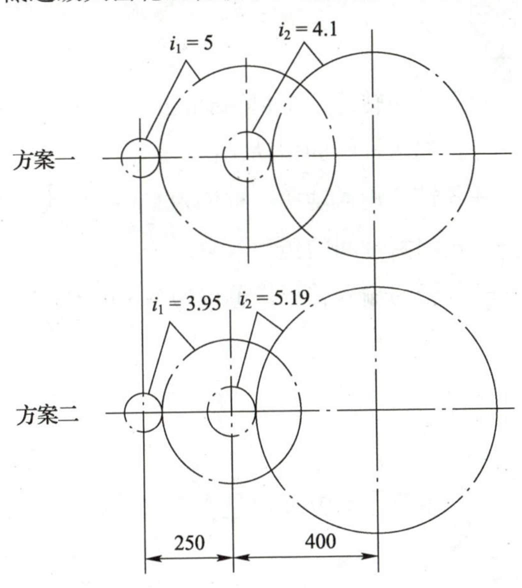

图 1-4　不同传动比分配方案的外廓尺寸比较

（4）使各级传动中的大齿轮浸油深度合理。一般应使低速级大齿轮浸油深度稍微深一些，高速级大齿轮能浸到油即可。

当减速器的传动比为 i，高速级的传动比为 i_1，低速级的传动比为 i_2 时，传动比的分配可参考以下推荐值。

① 在展开式二级圆柱齿轮减速器中，$i_1 \approx \sqrt{(1.3\sim1.4)i}$。

② 在同轴式二级圆柱齿轮减速器中，$i_1 = i_2 \approx \sqrt{i}$。

③ 在圆锥-圆柱齿轮减速器中，$i_1 \approx 0.25i$。

④ 在蜗杆-齿轮减速器中，$i_2 \approx (0.03\sim0.06)i$。

分配的传动比只是初步选定的值，传动装置的实际传动比要根据传动零件的参数准确计算得到，如齿轮传动的传动比为齿轮齿数之比，带传动的传动比为带轮基准直径之比。因而分配的传动比很可能与设定的传动比之间存在误差，一般允许误差为±(3%～5%)。

1.2.2 计算运动和动力参数

为进行传动零件的设计计算，需要计算传动系统中各轴的转速、功率和转矩。为便于计算，将电动机轴设为 0 轴，将传动装置中各轴从高速到低速依次定为 I 轴、II 轴、III 轴……。若已知电动机的输出功率为 P_0、额定转速为 n_0，则

$$\begin{cases} n_1 = n_0/i_{01} \\ n_2 = n_1/i_{12} \\ n_3 = n_2/i_{23} \\ \cdots\cdots \end{cases} \quad \begin{cases} P_1 = P_0\eta_{01} \\ P_2 = P_1\eta_{12} \\ P_3 = P_2\eta_{23} \\ \cdots\cdots \end{cases} \quad \begin{cases} T_1 = 9\ 550P_1/n_1 \\ T_2 = 9\ 550P_2/n_2 \\ T_3 = 9\ 550P_3/n_3 \\ \cdots\cdots \end{cases} \tag{1-6}$$

式中：

n_1、n_2、n_3…… ——各轴的转速，单位为 r/min；

i_{01}、i_{12}、i_{23}…… ——相邻两轴间的传动比；

P_1、P_2、P_3…… ——各轴的输入功率，单位为 kW；

η_{01}、η_{12}、η_{23}…… ——相邻两轴间的传动效率；

T_1、T_2、T_3…… ——各轴的输入转矩，单位为 N·m。

项目实施

进行传动装置的总体设计

【项目描述】

图 1-5 为某带式输送机的传动方案。已知卷筒驱动轴输入端所需转矩 $T = 700$ N·m，卷筒转速 $n = 60$ r/min，卷筒直径 $D = 400$ mm。带式输送机卷筒单向运转，三班制连续工作，载荷平稳，有轻微冲击，设计寿命为 8 年。试进行传动装置的总体设计。

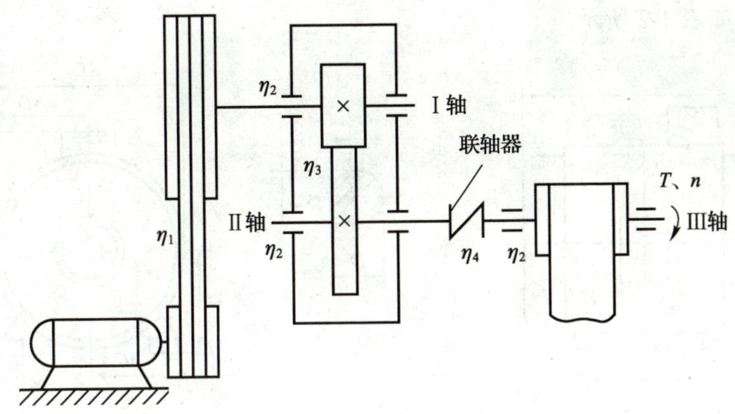

图 1-5　某带式输送机的传动方案

【实施流程】

由于设计任务中已给出传动方案，故进行传动装置的总体设计时需要完成的工作包括选择电动机、分配传动比、计算运动和动力参数。

1）选择电动机

（1）选择电动机的类型。根据工作条件和要求，选择 YX3 系列三相异步电动机。

（2）确定电动机的额定功率。工作机所需功率为

$$P_w = \frac{Tn}{9\,550} = \frac{700 \times 60}{9\,550} \approx 4.40\ (\text{kW})$$

设 V 带传动、滚动轴承、齿轮传动（初定 8 级精度）、联轴器（初选弹性联轴器）的效率分别为 η_1、η_2、η_3、η_4，查附表 1-10，取 $\eta_1 = 0.96$、$\eta_2 = 0.98$、$\eta_3 = 0.97$、$\eta_4 = 0.99$，则电动机到工作机之间的总效率为

$$\eta = \eta_1 \eta_2^3 \eta_3 \eta_4 = 0.96 \times 0.98^3 \times 0.97 \times 0.99 \approx 0.87$$

则电动机的输出功率为

$$P_0 = \frac{P_w}{\eta} = \frac{4.40}{0.87} \approx 5.06\ (\text{kW})$$

电动机的额定功率应略大于电动机的输出功率，即 $P \geqslant P_0$，查附表 8-1，选电动机的额定功率 $P = 5.5\ \text{kW}$。

（3）确定电动机的额定转速。传动装置由带传动机构和一级闭式减速器组成，由表 1-1 可知，V 带传动的传动比范围为 $i_1 = 2 \sim 4$，一级闭式减速器的传动比范围为 $i_2 = 3 \sim 6$，则总传动比范围为

$$i = i_1 i_2 = (2 \sim 4) \times (3 \sim 6) = 6 \sim 24$$

于是，电动机的额定转速范围为

$$n_0 = i n_w = (6 \sim 24) \times 60 = (360 \sim 1\,440)\ (\text{r/min})$$

查附表 8-1，符合这一范围的同步转速为 1 000 r/min，于是选取 YX3-132M2-6 电动机，其额定转速为 960 r/min。查附表 8-2 可得 YX3-132M2-6 电动机的外形如图 1-6 所示，其主要

外形和安装尺寸如表 1-2 所示。

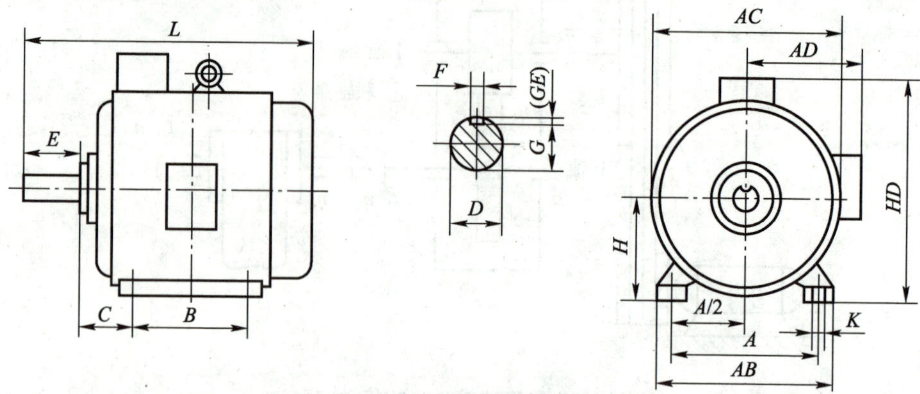

图 1-6　YX3-132M2-6 电动机的外形

表 1-2　YX3-132M2-6 电动机的主要外形和安装尺寸

单位：mm

机座号	外形尺寸					安装尺寸								
	L	*HD*	*AC*	*AD*	*AB*	*H*	*A*	*B*	*C*	*D*	*E*	*F*	*G*	*K*
132M	560	345	275	210	270	132	216	178	89	38	80	10	33	12

2）分配传动比

总传动比 $i = 960/60 = 16$，取带传动机构的传动比 $i_1 = 3.1$，则一级闭式减速器的传动比为 $i_2 = i/i_1 = 16/3.1 \approx 5.16$。

3）计算运动和动力参数

设电动机轴为 0 轴，额定转速 $n_0 = 960$ r/min，输出功率 $P_0 = 5.06$ kW。由图 1-5 可知，I 轴为减速器高速轴。动力从 0 轴到 I 轴只经历了 V 带传动，功率损耗一次；II 轴为减速器低速轴，动力从 I 轴到 II 轴经过一对滚动轴承和一对齿轮，功率损耗两次；III轴为卷筒轴，动力从 II 轴到III轴经过一对滚动轴承和一个联轴器，两轴转速一致，功率损耗两次。通过上述分析可得运动和动力参数。

（1）各轴的转速。设 I 轴、II 轴、III轴（卷筒轴）的转速分别为 n_1、n_2 和 n_3，则

$$n_1 = n_0/i_1 = 960/3.1 \approx 309.68\ (\text{r/min})$$

$$n_2 = n_1/i_2 = 309.68/5.16 \approx 60.02\ (\text{r/min})$$

$$n_3 = n_2 = 60.02\ \text{r/min}$$

（2）各轴的输入功率。设 I 轴、II 轴和III轴的输入功率分别为 P_1、P_2 和 P_3，则

$$P_1 = P_0\eta_1 = 5.06 \times 0.96 \approx 4.86\ (\text{kW})$$

$$P_2 = P_1\eta_2\eta_3 = 4.86 \times 0.98 \times 0.97 \approx 4.62\ (\text{kW})$$

$$P_3 = P_2\eta_2\eta_4 = 4.62 \times 0.98 \times 0.99 \approx 4.48\ (\text{kW})$$

（3）各轴的输入转矩。设 I 轴、II 轴和III轴的输入转矩分别为 T_1、T_2 和 T_3，则

$$T_1 = 9\ 550\frac{P_1}{n_1} = 9\ 550 \times \frac{4.86}{309.68} \approx 149.87\ (\text{N} \cdot \text{m})$$

$$T_2 = 9\ 550\frac{P_2}{n_2} = 9\ 550 \times \frac{4.62}{60.02} \approx 735.10\ (\text{N} \cdot \text{m})$$

$$T_3 = 9\ 550\frac{P_3}{n_3} = 9\ 550 \times \frac{4.48}{60.02} \approx 712.83\ (\text{N} \cdot \text{m})$$

传动装置各轴的运动和动力参数计算结果如表 1-3 所示。

表 1-3　传动装置各轴的运动和动力参数计算结果

轴号	转速 n/（$\text{r} \cdot \text{min}^{-1}$）	输入功率 P/kW	输入转矩 T/（N • m）
I	309.68	4.86	149.87
II	60.02	4.62	735.10
III	60.02	4.48	712.83

学习成果评价

请进行学习成果评价，并将评价结果填入表 1-4 中。

表 1-4　学习成果评价表

<table>
<tr><td>班级</td><td></td><td>姓名</td><td></td><td>学号</td><td colspan="2"></td></tr>
<tr><td>评价项目</td><td colspan="3">评价内容</td><td>分值</td><td>自我评分</td><td>老师评分</td></tr>
<tr><td rowspan="4">知识
（40%）</td><td colspan="3">确定传动方案时应注意的问题</td><td>10</td><td></td><td></td></tr>
<tr><td colspan="3">选择电动机的类型、功率、转速的方法</td><td>10</td><td></td><td></td></tr>
<tr><td colspan="3">分配传动比应注意的事项</td><td>10</td><td></td><td></td></tr>
<tr><td colspan="3">计算运动和动力参数的方法</td><td>10</td><td></td><td></td></tr>
<tr><td rowspan="4">技能
（40%）</td><td colspan="3">能够根据设计要求，确定合理的传动方案</td><td>10</td><td></td><td></td></tr>
<tr><td colspan="3">能够根据工作机的工作情况、运动和动力参数等，合理选择电动机的类型、功率和转速，并选出具体的电动机型号</td><td>10</td><td></td><td></td></tr>
<tr><td colspan="3">能够考虑实际情况，合理分配传动比</td><td>10</td><td></td><td></td></tr>
<tr><td colspan="3">能够根据设计需要，计算传动系统各轴的转速、功率和转矩</td><td>10</td><td></td><td></td></tr>
<tr><td rowspan="4">素质
（20%）</td><td colspan="3">积极参加教学活动，按要求完成学习任务</td><td>5</td><td></td><td></td></tr>
<tr><td colspan="3">具有团队精神，能够积极与他人合作</td><td>5</td><td></td><td></td></tr>
<tr><td colspan="3">积极、认真参加实践活动，按时完成实践任务</td><td>5</td><td></td><td></td></tr>
<tr><td colspan="3">具有创新精神，能够积极参加创新活动</td><td>5</td><td></td><td></td></tr>
<tr><td colspan="4">合　计</td><td>100</td><td></td><td></td></tr>
<tr><td colspan="4">总分（自我评分×40%+老师评分×60%）</td><td colspan="3"></td></tr>
<tr><td>自我评价</td><td colspan="6"></td></tr>
<tr><td>老师评价</td><td colspan="6"></td></tr>
</table>

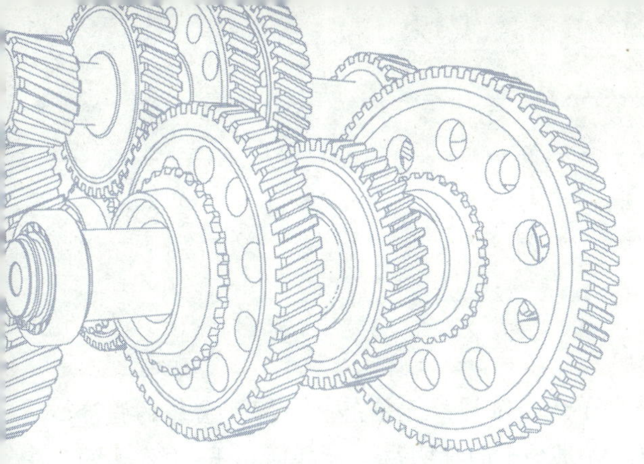

项目 2

传动零件的设计

项目引言

传动零件是决定传动装置工作性能、结构布置和尺寸大小的零件，支承零件和连接零件的设计和选择都要以传动零件为依据，因此在设计传动装置时，通常先设计传动零件。减速器是独立且完整的传动部件，为了确保减速器的设计条件更为准确，通常先设计减速器外的传动零件，再设计减速器内的传动零件。传动零件的设计计算方法按机械设计基础教材所述，本项目只简述设计时应注意的一些问题。

知识目标

（1）了解带传动、链传动和开式齿轮传动的设计要点。

（2）了解圆柱齿轮传动、圆锥齿轮传动和蜗杆传动的设计要点。

（3）掌握联轴器类型选择的方法。

（4）掌握轴径初算和滚动轴承类型选择的方法。

能力目标

（1）能够根据设计要求，合理设计减速器外的传动零件（如带传动、链传动和开式齿轮传动等）。

（2）能够根据设计要求，合理设计减速器内的传动零件（如圆柱齿轮传动、圆锥齿轮传动和蜗杆传动等）。

素质目标

（1）通过设计减速器内、外的传动零件，培养不懂就问、实事求是的学习态度和勇于挑战、敢于求知的精神，提高自身科学素养。

（2）通过查阅相关标准，知道新的标准必将替代旧的标准，明白这是社会与技术发展的必然结果，从而增强不断提升自我的意识，并为推动社会进步贡献自己的力量。

项目引入

在设计减速器内的齿轮传动时，小王遇到了一个难题：无论怎么计算，齿轮的强度校核都不合格！于是，小王向老师寻求帮助。听完小王的说明后，老师问小王："你选的齿轮材料和热处理方式是什么？"小王说："45 钢，正火处理。"老师告诉小王："经正火处理的 45 钢的接触疲劳强度和弯曲疲劳强度均较低，如果你的计算过程没有问题，那就需要提高齿轮的接触疲劳强度和弯曲疲劳强度。你不妨选择经调质处理的 45 钢。"小王听从老师的建议，将正火处理改为调质处理，强度校核终于合格了。

2.1 减速器外传动零件的设计要点

2.1.1 带传动的设计要点

（1）设计带传动时，常选用普通 V 带传动。普通 V 带传动设计的主要内容包括确定 V 带的型号、根数、长度，传动中心距，安装要求，V 带对轴的作用力，以及带轮的材料、尺寸等。

（2）应注意带轮尺寸与传动装置外廓尺寸的相互关系。例如，若小带轮直接装在电动机轴上，应注意小带轮的轴孔直径是否与电动机的轴孔直径相适应；若大带轮直接装在减速器的输入轴上，应注意大带轮的外圆半径是否过大，从而导致大带轮与减速器底座或地面相碰；等等。若有不合理的情况，应考虑改选带轮直径。

（3）带轮的结构形式主要由带轮的直径大小决定，具体可参考相关设计手册。

（4）应画出带轮结构图，并注明主要尺寸。带轮轮毂长度与带轮轮缘宽度不一定相同，一般轮毂长度 L 由轴孔直径 d 决定，通常取 $L=(1.5\sim2)d$，轮缘宽度取决于 V 带的型号和根数。

（5）确定带轮的直径后，应验算带传动的实际传动比和大带轮的转速，并视具体情况考虑是否修正减速器的传动比和输入转矩。

2.1.2 链传动的设计要点

（1）设计链传动时，应确定链轮的直径、齿数、轮毂宽度，链节距，传动中心距，作用在轴上的力的大小和方向等。

（2）应尽量取较小的链节距，必要时采用双排链。

（3）链轮齿数宜取奇数或不能整除链节数的数。为了避免大链轮尺寸过大，链传动速度较低时，链轮齿数不宜取得过多。

（4）为避免使用过渡链节，链节数最好取为偶数。

（5）应注意链轮的直径、轴孔尺寸、轮毂尺寸等是否与工作机、减速器等的相关尺寸相称。

2.1.3　开式齿轮传动的设计要点

（1）设计开式齿轮传动时，需要确定齿轮传动的主要参数，如中心距、齿数、模数、螺旋角、齿宽等。

（2）开式齿轮传动一般布置在低速级，为使支承结构简单，常采用直齿齿轮。

（3）考虑到开式齿轮润滑条件差，磨损较为严重，故一般只计算轮齿的弯曲强度，并且应将求得的模数加大10%～20%。

（4）选用材料时，应注意材料的耐磨性能和大、小齿轮材料的配对。例如，对于两个配对的金属制软齿面齿轮，其齿面应具有一定的硬度差，这是因为小齿轮的轮齿啮合次数比大齿轮的多，且小齿轮的齿根厚度比大齿轮的小。为了使大、小齿轮强度接近，小齿轮的齿面硬度一般应比大齿轮的高30～50 HBW。此外，转速较高时，较硬的小齿轮齿面将对较软的大齿轮齿面起到冷作硬化作用，从而提高大齿轮齿面的疲劳强度。

小贴士

冷作硬化是一种金属加工工艺，其基本原理是通过在金属材料表面施加压力，使其发生塑性变形，这样其晶粒内部的位错密度会增大，从而形成大量的晶格畸变。晶格畸变会阻碍位错运动，从而使金属材料的硬度和强度得到提高。冷作硬化具有工艺简单、成本低、效果显著等优点，在工业生产中得到了广泛的应用。

（5）开式齿轮支承刚度较小，齿宽系数应取小一些，以降低轮齿偏载程度。

（6）应注意检查所选用毛坯的材料和制造方法是否与大齿轮的尺寸相适应。例如，当大齿轮的直径超过500 mm时，应采用铸造毛坯，材料应选用铸铁或铸钢。

（7）注意检查齿轮尺寸是否与传动装置总体尺寸和工作机尺寸相称，是否与其他零件产生干涉等。

（8）设计完开式齿轮传动后，应根据选定的大、小齿轮的齿数计算实际传动比，并视具体情况考虑是否需要修正减速器的传动比。

2.1.4　联轴器类型的选择

联轴器主要用来连接轴与轴，或轴与其他回转件，起到传递转矩和运动的作用。

联轴器的类型可根据使用要求和工作条件来选择。例如，对于对中精度要求不高的低速重载轴，可选用齿式联轴器；对于有较大轴线偏移补偿能力的低速重载轴，可选用滑块联轴器；对于在高温、潮湿、多尘环境下工作的单向传动轴，可选用滚子链联轴器；对于中、小型减速器的输入轴和输出轴，可选用弹性套柱销联轴器或弹性柱销联轴器。

滑块联轴器

弹性套柱销联轴器

弹性柱销联轴器

2.2 减速器内传动零件的设计要点

2.2.1 圆柱齿轮传动的设计要点

（1）选择齿轮材料时，应注意毛坯的制造方法。当齿轮直径 $d \leqslant 500$ mm 时，可以采用锻造毛坯或铸造毛坯；当 $d > 500$ mm 时，多采用铸造毛坯。小齿轮齿根圆直径与轴径接近时，多将齿轮与轴制成一体（即制成齿轮轴），且所选材料应兼顾轴的要求。同一减速器中各级大齿轮（或小齿轮）的材料应尽可能相同，以减少材料牌号和简化工艺。

（2）根据 $b=\phi_{\rm d}d_1$ 求出的齿宽 b 是一对齿轮的啮合宽度。为了补偿齿轮轴向安装位置误差，应使小齿轮齿宽大于大齿轮齿宽，故取大齿轮齿宽 $b_2=b$，小齿轮齿宽 $b_1=b+(5\sim10)$ mm。

（3）正确处理设计计算的尺寸数据，视情况进行标准化、圆整或取精确值。例如，模数必须为标准值，中心距、齿宽应尽量圆整，分度圆、齿顶圆和齿根圆的直径必须为精确值。

（4）齿轮结构尺寸（如轮辐厚度、轮辐孔径、轮毂直径和长度等）可按参考资料给定的经验公式计算，但都应尽量圆整，以便制造和测量。

（5）圆柱齿轮传动的中心距、模数、齿数、传动比和螺旋角等主要参数保持着一定的几何关系，设计时应综合考虑，不断调整，以便取得合理的数值。

（6）应及时整理各级齿轮的几何尺寸和参数的计算结果，同时画出结构简图，以备设计装配图时使用。

2.2.2 圆锥齿轮传动的设计要点

设计圆锥齿轮传动时，除了参照圆柱齿轮传动的设计要点外，还应注意以下几点。

（1）直齿圆锥齿轮的锥距、分度圆直径等几何尺寸不能圆整，应按大端模数和齿数精确计算至小数点后三位小数（单位为 mm）。

（2）两轴交角为 90°时，分度圆锥角可由齿数比（传动比）算出。其中，小圆锥齿轮齿数取 17～25，齿数比应精确计算至小数点后三位小数，分度圆锥角的值应精确到秒。

（3）大、小圆锥齿轮的齿宽应相等。

2.2.3　蜗杆传动的设计要点

（1）由于蜗杆传动的滑动速度大，摩擦剧烈，发热量大，因此要求蜗杆和蜗轮材料具有较强的耐磨性和抗胶合能力。一般在初估滑动速度的基础上选择材料，蜗杆传动的滑动速度的估算公式为

$$v_s = (0.025 \sim 0.03)\sqrt[3]{P_1 n_1^2} \tag{2-1}$$

式中：

n_1 ——蜗杆的转速，单位为 r/min；

P_1 ——传递的功率，单位为 kW。

（2）确定蜗杆传动尺寸后，应校核其滑动速度和传动效率，若与初估值有较大出入，则应重新修正有关计算数据，同时应检查所选材料是否合适。

（3）为便于加工，蜗杆和蜗轮的螺旋线方向应尽量取为右旋。

（4）当蜗杆的圆周速度 $v \leqslant 4$ m/s 时，一般将蜗杆下置；$v > 4$ m/s 时，一般将蜗杆上置。

（5）闭式蜗杆传动连续工作时发热量大，易胶合，因此在完成蜗杆减速器装配底图后，应进行热平衡计算。

2.2.4　轴径初算

轴的结构设计是在初步计算的轴径的基础上进行的，故应先初算轴径。在设计轴的结构之前，轴上零件的位置尚未确定，所以可按照轴承受纯转矩来初步估算轴的最小直径 d，计算公式为

$$d \geqslant C\sqrt[3]{\frac{P}{n}} \tag{2-2}$$

式中：

C ——由轴的材料和受载情况确定的常数，常用材料的 C 值如表 2-1 所示；

P ——轴所传递的功率，单位为 kW；

n ——轴的转速，单位为 r/min。

表 2-1　常用材料的 C 值

轴的材料	Q235	35	45	40Cr、35SiMn
C	135～160	118～135	107～118	98～107

注：当轴只承受转矩或作用在轴上的弯矩比转矩小时，C 取较小值；反之，C 取较大值。

当轴上有键槽时，应考虑键槽对轴强度的削弱作用。对于 $d \leqslant 100$ mm 的轴，当轴上有一个键槽时，d 值应增大 5%～7%；当轴上有两个键槽时，d 值应增大 10%～15%。对于 $d > 100$ mm 的轴，当轴上有一个键槽时，d 值应增大 3%；当轴上有两个键槽时，d 值应增大 7%。

当高速轴与电动机轴相连时，可取 $d = (0.8\sim1)\,d_{电}$，其中 $d_{电}$ 为电动机外伸轴的直径。若轴的外伸端装有联轴器，则 d 值必须与所选联轴器的孔径相符。若轴的外伸端装有带轮、链轮或齿轮，则 d 值应圆整为标准值。

2.2.5 滚动轴承类型的选择

滚动轴承

滚动轴承的类型应根据所受载荷的方向、大小、性质，轴的转速及其工作要求进行选择。例如，若轴承主要承受径向载荷，同时也承受较小的轴向载荷，则可选择深沟球轴承；若轴承承受径向载荷和单向轴向载荷，则可选择角接触球轴承；若轴承只承受径向载荷，则可选择圆锥滚子轴承。

项目实施

设计一级圆柱齿轮减速器的传动零件

【项目描述】

根据项目 1“项目实施”中的原始数据、工作条件和设计计算结果，设计减速器外的带传动和减速器内的齿轮传动。

【实施流程】

1）设计减速器外的带传动

文献［1］中的相关图表

（1）确定设计功率 P_d。根据工作条件“三班制连续工作，载荷平稳，有轻微冲击，设计寿命为 10 年”，查文献［1］中表 4-9“工况系数 K_A”得 $K_A = 1.3$。带传动传递的功率即为电动机的输出功率 $P_0 = 5.06$ kW，则设计功率 $P_d = K_A P_0 = 1.3 \times 5.06 \approx 6.58$ (kW)。

（2）选择 V 带的型号。根据 $P_d = 6.58$ kW 和小带轮转速 $n_1 = 960$ r/min，查文献［1］中图 4-16“普通 V 带选型图”，选取 V 带的型号为 A 型。

（3）确定 V 带轮的基准直径。由文献［1］中图 4-16 可知，A 型 V 带小带轮的基准直径 d_{d1} 的取值范围为 112～140 mm。查文献［1］中表 4-11“V 带轮的基准直径 d_d”，取 $d_{d1} = 125$ mm，可得带速 v 为

$$v = \frac{\pi d_{d1} n_1}{60 \times 1\,000} = \frac{\pi \times 125 \times 960}{60 \times 1\,000} \approx 6.28\ (\text{m/s})$$

5 m/s $< v <$ 25 m/s，故无须重选小带轮的基准直径。

带传动分配的传动比 $i_1=3.1$，则大带轮的基准直径 d_{d2} 为

$$d_{d2}=i_1 d_{d1}=3.1\times125=387.5\ (\text{mm})$$

查文献［1］中表 4-11，取 $d_{d2}=400\ \text{mm}$。

（4）确定中心距和 V 带的基准长度。设计时，初定中心距 C_0 的取值范围为 $0.7(d_{d1}+d_{d2})\leqslant C_0\leqslant 2(d_{d1}+d_{d2})$，代入数值可得 $367.5\ \text{mm}\leqslant C_0\leqslant 1\,050\ \text{mm}$，故可选定初定中心距 C_0 为 600 mm。则 V 带的初定基准长度 L_{d0} 为

$$\begin{aligned}L_{d0}&=2C_0+\frac{\pi}{2}(d_{d1}+d_{d2})+\frac{(d_{d2}-d_{d1})^2}{4C_0}\\&=2\times600+\frac{\pi\times(125+400)}{2}+\frac{(400-125)^2}{4\times600}\\&\approx2\ 056.18\ (\text{mm})\end{aligned}$$

查文献［1］中表 4-3“普通 V 带的基准长度 L_d 和带长修正系数 K_L”，对于 A 型 V 带，选用基准长度 $L_d=2\ 200\ \text{mm}$。则实际中心距 C 为

$$C\approx C_0+\frac{L_d-L_{d0}}{2}=600+\frac{2\ 200-2\ 056.18}{2}\approx672\ (\text{mm})$$

（5）验算小带轮包角。小带轮包角 θ_1 为

$$\theta_1=180^\circ-\frac{d_{d2}-d_{d1}}{C}\times57.3^\circ=180^\circ-\frac{400-125}{672}\times57.3^\circ\approx157^\circ$$

因为 $\theta_1>120^\circ$，故中心距合适。

（6）确定 V 带的根数。根据小带轮转速 $n_1=960\ \text{r/min}$ 和基准直径 $d_{d1}=125\ \text{mm}$，查文献［1］中表 4-5“单根 A 型 V 带的基本额定功率 P_1 和由传动比引起的功率增量 ΔP_1 的推荐值”，根据线性插值法计算得基本额定功率 $P_1\approx1.84\ \text{kW}$。根据小带轮转速和传动比，查文献［1］中表 4-5，根据线性插值法计算得功率增量 $\Delta P_1\approx0.12\ \text{kW}$。由小带轮包角 $\theta_1\approx157^\circ$，查文献［1］中表 4-8“包角修正系数 K_θ”，取 $K_\theta=0.94$；由 A 型 V 带基准长度 $L_d=2\ 200\ \text{mm}$，查文献［1］中表 4-3，取带长修正系数 $K_L=1.06$，则有

$$Z=\frac{P_d}{P_r}=\frac{P_d}{(P_1+\Delta P_1)K_L K_\theta}=\frac{6.58}{(1.84+0.12)\times1.06\times0.94}\approx3.37$$

将计算结果向上圆整，取 $Z=4$。

（7）计算单根 V 带的初拉力。查文献［1］中表 4-2“不同型号 V 带的截面基本尺寸”，得带的单位长度质量 $m=0.105\ \text{kg/m}$，则每根 V 带的初拉力 F_0 为

$$\begin{aligned}F_0&=500\times\frac{(2.5-K_\theta)P_d}{K_\theta\times Z\times v}+mv^2\\&=500\times\frac{(2.5-0.94)\times6.58}{0.94\times4\times6.28}+0.105\times6.28^2\\&\approx221.50\ (\text{N})\end{aligned}$$

（8）计算 V 带作用在轴上的力。V 带作用在轴上的力 F_Q 为

$$F_Q = 2ZF_0\sin\frac{\theta_1}{2} = 2\times4\times221.50\times\sin\frac{157°}{2} \approx 1\,736.43\ (\text{N})$$

带传动的主要设计计算结果如表 2-2 所示。

表 2-2　带传动的主要设计计算结果

带的型号	带的基准长度 L_d /mm	带的根数 Z	带轮的基准直径 d_d /mm		实际中心距 C/mm	初拉力 F_0 /N	带作用在轴上的力 F_Q /N
			小带轮 d_{d1}	大带轮 d_{d2}			
A 型普通 V 带	2 200	4	125	400	672	221.50	1 736.43

2）设计减速器内的齿轮传动

（1）选择齿轮材料和精度等级。由于齿轮传动的传动功率较小，考虑制造方便，故采用软齿面齿轮。大、小齿轮均采用 45 钢，均经调质处理。带式输送机属于一般机械，查文献［1］中表 5-4“常用的齿轮精度等级”，可选齿轮精度等级为 8 级。

（2）确定接触疲劳许用应力$[\sigma_H]$。对于闭式软齿面齿轮传动，其主要失效形式为齿面点蚀，故按齿面接触疲劳强度进行设计计算，按齿根弯曲疲劳强度进行校核。查文献［1］中表 5-3“常用的齿轮材料及其性能”，取 $\sigma_{Hlim1} = 600\ \text{MPa}$ ，$\sigma_{Hlim2} = 550\ \text{MPa}$ 。按一年工作 250 天计算，应力循环次数为

$$N_1 = 60n_1 jL_h = 60\times309.68\times1\times(8\times250\times24) = 8.92\times10^8$$

$$N_2 = N_1/i_2 = 8.92\times10^8/5.16 \approx 1.72\times10^8$$

查文献［1］中图 5-17“接触疲劳强度寿命系数”，取 $Z_{N1} = 1.1$、$Z_{N2} = 1.11$。按一般可靠度要求，取 $S_{Hmin} = 1$，则

$$[\sigma_{H1}] = \frac{\sigma_{Hlim1}}{S_{Hmin}}Z_{N1} = \frac{600}{1}\times1.1 = 660\ (\text{MPa})$$

$$[\sigma_{H2}] = \frac{\sigma_{Hlim2}}{S_{Hmin}}Z_{N2} = \frac{550}{1}\times1.11 = 610.5\ (\text{MPa})$$

因为$[\sigma_{H2}]<[\sigma_{H1}]$，故取$[\sigma_H] = 610.5\ \text{MPa}$ 。

（3）确定弯曲疲劳许用应力$[\sigma_F]$。查文献［1］中表 5-3，取 $\sigma_{Flim1} = 450\ \text{MPa}$ 、$\sigma_{Flim2} = 420\ \text{MPa}$ 。按一般可靠度要求，查文献［1］中表 5-8“最小安全系数 S_{Hmin} 和 S_{Fmin} ”，取 $S_{Fmin} = 1.25$。查文献［1］中图 5-19“弯曲疲劳强度寿命系数”，取 $Y_{N1} = Y_{N2} = 1$，则

$$[\sigma_{F1}] = \frac{\sigma_{Flim1}}{S_{Fmin}}Y_{N1} = \frac{450}{1.25}\times1 = 360\ (\text{MPa})$$

$$[\sigma_{F2}] = \frac{\sigma_{Flim2}}{S_{Fmin}}Y_{N2} = \frac{420}{1.25}\times1 = 336\ (\text{MPa})$$

因为$[\sigma_{F2}]<[\sigma_{F1}]$，故取$[\sigma_F] = 336\ \text{MPa}$ 。

（4）按齿面接触疲劳强度进行设计计算。根据设计公式 $d_1 \geqslant \sqrt[3]{\frac{2KT_1}{\phi_d}\left(\frac{Z_E Z_H}{[\sigma_H]}\right)^2 \frac{u \pm 1}{u}}$ 确定相关参数。

① 载荷系数 K。查文献［1］中表 5-5“载荷系数 K”，取 $K = 1.1$。

② 小齿轮转矩 T_1。小齿轮转矩 $T_1 = 149.87\ \text{N}\cdot\text{m}$。

③ 齿宽系数 ϕ_d。齿轮相对轴承对称布置，查文献［1］中表 5-7“齿宽系数 ϕ_d”，取 $\phi_d = 1.17$。

④ 弹性系数 Z_E。两齿轮材料均为碳钢，查文献［1］中表 5-6“弹性系数 Z_E”，取 $Z_E = 189.8\sqrt{\text{MPa}}$。

⑤ 节点区域系数 Z_H。该齿轮为标准直齿圆柱齿轮，故 $Z_H = 2.5$。

将相关参数代入设计公式中可得

$$d_1 \geqslant \sqrt[3]{\frac{2\times1.1\times149.87\times10^3}{1.17}\times\left(\frac{189.8\times2.5}{610.5}\right)^2\times\frac{5.16+1}{5.16}} \approx 58.79\ (\text{mm})$$

取 $d_1 = 58.79\ \text{mm}$。

（5）确定主要参数。

① 齿数 z。取 $z_1 = 20$，则 $z_2 = iz_1 = 5.16\times20 = 103.2$，经圆整后，取 $z_2 = 103$。

② 模数 m。$m = \frac{d_1}{z_1} = \frac{58.79}{20} = 2.94\ (\text{mm})$，查文献［1］中表 5-1“标准模数系列”，取 $m = 3\ \text{mm}$。

③ 中心距 a。$a = \frac{m}{2}(z_1 + z_2) = \frac{3\times(20+103)}{2} = 184.5\ (\text{mm})$。

④ 分度圆直径 d。$d_1 = mz_1 = 3\times20 = 60\ (\text{mm})$，$d_2 = mz_2 = 3\times103 = 309\ (\text{mm})$。

⑤ 齿宽 b。$b = \phi_d d_1 = 1.17\times60 = 70.2\ (\text{mm})$，取 $b_1 = 70\ \text{mm}$，$b_2 = 65\ \text{mm}$。

（6）按齿根弯曲疲劳强度进行校核。根据校核公式 $\sigma_{F1} = \frac{2KT_1}{bz_1m^2}Y_{F1}Y_{S1}$ 确定相关参数。

① 齿廓系数 Y_F。查文献［1］中表 5-9“标准外齿轮的齿廓系数 Y_F 和应力修正系数 Y_S”得 $Y_{F1} = 2.80$、$Y_{F2} = 2.18$。

② 应力修正系数 Y_S。查文献［1］中表 5-9 得 $Y_{S1} = 1.55$、$Y_{S2} = 1.79$。

将相关参数代入校核公式中可得

$$\sigma_{F1} = \frac{2KT_1}{b_1z_1m^2}Y_{F1}Y_{S1} = \frac{2\times1.1\times149.87\times10^3}{70\times20\times3^2}\times2.80\times1.55 \approx 37.86\ (\text{MPa})$$

$$\sigma_{F2} = \sigma_{F1}\frac{Y_{F2}Y_{S2}}{Y_{F1}Y_{S1}} = 37.86\times\frac{2.18\times1.79}{2.80\times1.55} \approx 34.04\ (\text{MPa})$$

$\sigma_{F1} < [\sigma_F]$，$\sigma_{F2} < [\sigma_F]$，故齿根弯曲疲劳强度校核合格。

齿轮传动的主要设计计算结果如表 2-3 所示。

表 2-3　齿轮传动的主要设计计算结果

模数 m/mm	齿数		分度圆直径/mm		齿顶圆直径/mm		齿根圆直径/mm		齿宽/mm		中心距 a/mm
	z_1	z_2	d_1	d_2	d_{a1}	d_{a2}	d_{f1}	d_{f2}	b_1	b_2	
3	20	103	60	309	66	315	52.5	301.5	70	65	184.5

学习成果评价

请进行学习成果评价，并将评价结果填入表 2-4 中。

表 2-4　学习成果评价表

班级		姓名		学号	
评价项目	评价内容		分值	自我评分	老师评分
知识（40%）	带传动、链传动和开式齿轮传动的设计要点		10		
	圆柱齿轮传动、圆锥齿轮传动和蜗杆传动的设计要点		10		
	联轴器类型选择的方法		10		
	轴径初算和滚动轴承类型选择的方法		10		
技能（40%）	能够根据设计要求，合理设计减速器外的传动零件（如带传动、链传动和开式齿轮传动等）		20		
	能够根据设计要求，合理设计减速器内的传动零件（如圆柱齿轮传动、圆锥齿轮传动和蜗杆传动等）		20		
素质（20%）	积极参加教学活动，按要求完成学习任务		5		
	具有团队精神，能够积极与他人合作		5		
	积极、认真参加实践活动，按时完成实践任务		5		
	具有创新精神，能够积极参加创新活动		5		
合　计			100		
总分（自我评分×40%+老师评分×60%）					
自我评价					
老师评价					

项目3

减速器的类型、结构、润滑和密封

项目引言

减速器又称减速箱，是一种封闭在箱体内的齿轮传动或蜗杆传动减速装置，一般安装在原动机和工作机之间。减速器具有可降低转速、增加扭矩，不易污损、润滑良好、便于维修等特点，应用十分广泛。在课程设计中，减速器的设计是非常重要的一个环节。在设计减速器前，应掌握减速器的一些基础知识，如减速器的类型、结构、润滑和密封等。

知识目标

（1）了解减速器的类型。

（2）掌握减速器的结构。

（3）了解减速器中传动零件和滚动轴承的润滑。

（4）了解减速器箱体的密封。

能力目标

（1）能够根据已知条件，计算箱体的主要结构尺寸。

（2）能够根据减速器的类型，为传动零件和滚动轴承选择合适的润滑方式。

素质目标

（1）通过学习减速器的结构，知道每一种零件都有其存在的价值，明白无论在学校还是在社会中，每个人都扮演着不可或缺的角色，从而自觉摆正个人位置，明确自己的责任和使命。

（2）通过完成“确定一级圆柱齿轮减速器箱体的主要结构尺寸”实训任务，培养一丝不苟、严谨细致的工作作风。

项目引入

由于小王不了解减速器的真实结构，因此他在设计减速器时总是感到困惑。于是，老师让他到实训室观看减速器。小王仔细查看了减速器的结构，并了解了有关减速器润滑和密封的知识。随着对减速器了解的逐渐深入，小王对设计减速器这项任务不再感到困惑，而是充满了期待。他知道，这不仅仅是一次课程设计，更是他迈向成为机械工程师之路的重要一步。

3.1 减速器的类型和结构

3.1.1 减速器的类型

常用减速器的类型、特点和应用如表 3-1 所示。

表 3-1 常用减速器的类型、特点和应用

类型	简图	推荐传动比范围	特点和应用
一级圆柱齿轮减速器		1～6	箱体多用铸铁铸造，支承多采用滚动轴承；直齿轮用于速度较低、载荷较小的传动中，斜齿轮用于高速传动的场合，人字齿轮用于重载传动的场合
二级展开式圆柱齿轮减速器		8～40	结构简单，齿轮相对轴承不对称布置，轴具有较大的刚度；高速级齿轮常布置在远离转矩输入端的一边，以减少因轮齿弯曲变形所引起的载荷沿齿宽分布不均的现象；一般用于载荷较平稳的场合
二级同轴式圆柱齿轮减速器		8～40	结构较复杂，轴向尺寸大，横向尺寸较小，中间轴较长、刚度差，两个大齿轮浸油深度可以大致相同，中间轴承润滑较困难；适用于重载、低速传动的场合

（续表）

类型	简图	推荐传动比范围	特点和应用
一级圆锥齿轮减速器		1～5	传动比一般不大，以减小大齿轮的尺寸并方便加工；适用于输入轴和输出轴相交传动的场合
圆锥-圆柱齿轮减速器		8～15	圆锥齿轮一般布置在高速级，以减小圆锥齿轮尺寸并方便加工；具有传动比较大、传动效率高、承载能力强、使用寿命长等特点；适用于输入轴与输出轴相交传动的场合
一级蜗杆减速器	下置式蜗杆减速器　上置式蜗杆减速器	10～40	传动比较大，结构紧凑，但传动效率低，适用于中小功率、输入轴与输出轴垂直交错传动的场合。下置式蜗杆减速器润滑、冷却条件较好，应优先选用；当 $v > 4$ m/s 时，适合采用上置式蜗杆减速器
蜗杆-齿轮减速器		60～90	传动比较一级蜗杆减速器大，适用于大扭矩、低速传动，或高精度、低噪声传动的场合

3.1.2　减速器的结构

图 3-1 为一级圆柱齿轮减速器的结构示意图。由此图可以看出，减速器主要由箱体、轴系零部件及附件三大部分组成。

3.1.2.1　箱体

减速器箱体主要用以支承和固定轴系零件，是保证传动零件准确啮合、良好润滑和密封的重要零件。

按结构的不同，箱体可分为整体式箱体和剖分式箱体，前者加工量小，但装配复杂；后者分为箱盖和箱座，有利于轴系零部件的装配。按毛坯制造方法的不同，箱体可分为铸造箱体和焊接箱体，前者多采用铸铁，易于加工，但制造周期较长，重量大；后者制作周期短，重量小，但制作工艺复杂。课程设计中常采用剖分式铸造箱体。

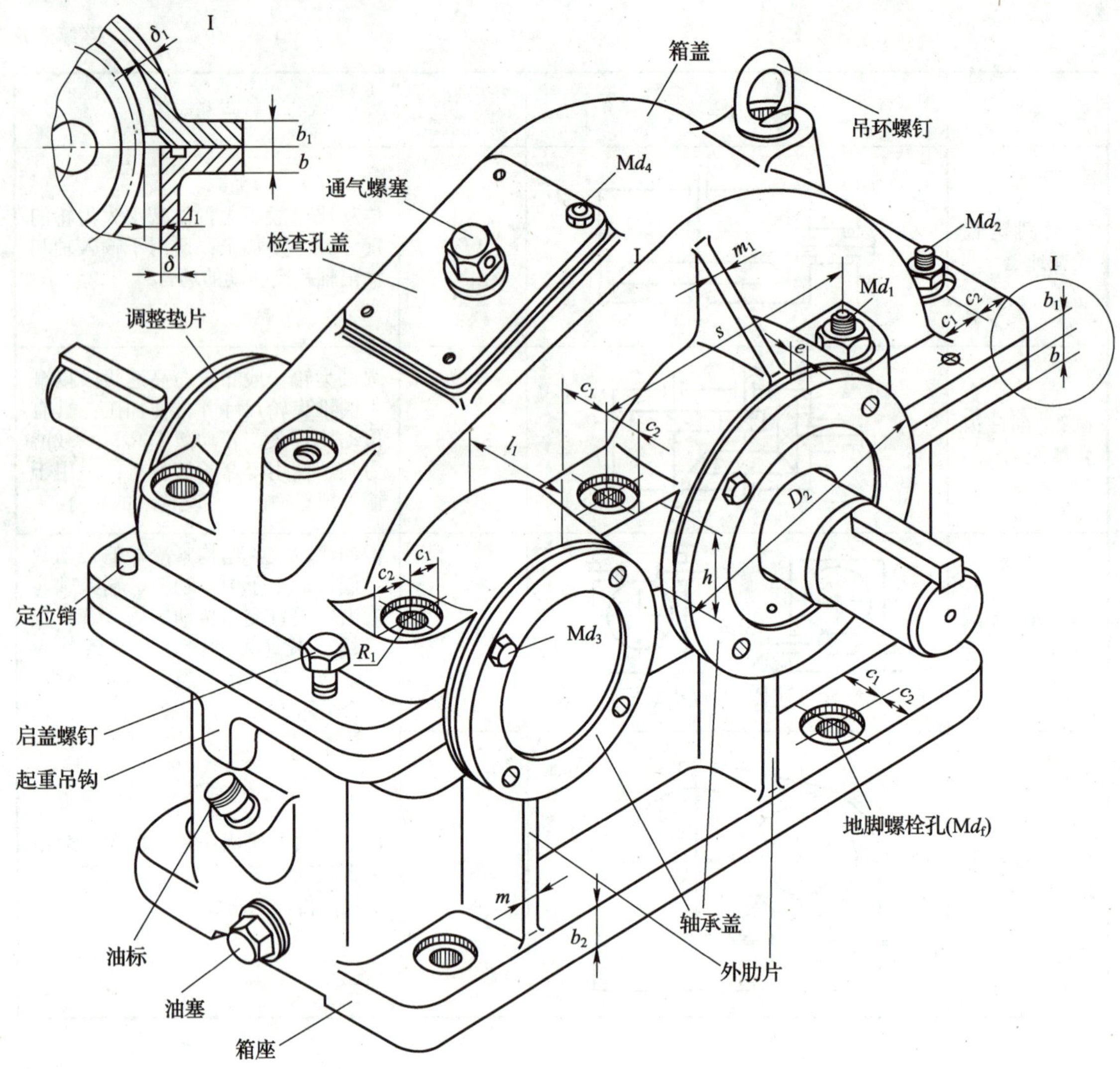

图 3-1　一级圆柱齿轮减速器的结构示意图

为便于轴系零部件的装卸，剖分式铸造箱体通常沿轴心线水平剖分为箱盖和箱座，两者用普通螺栓连接，用圆锥销定位。剖分式铸造箱体的主要结构尺寸如表 3-2 所示。

表 3-2　剖分式铸造箱体的主要结构尺寸

单位：mm

<table>
<tr><th rowspan="2">名称</th><th rowspan="2">符号</th><th colspan="4">减速器类型和尺寸关系</th></tr>
<tr><th colspan="2">圆柱齿轮减速器</th><th>圆锥齿轮减速器</th><th>蜗杆减速器</th></tr>
<tr><td rowspan="3">箱座壁厚</td><td rowspan="3">δ</td><td>一级</td><td>$0.025a+1\geqslant 8$</td><td rowspan="3">$0.01(d_1+d_2)+1\geqslant 8$ 或 $0.0125(d_{1m}+d_{2m})+1\geqslant 8$
d_1、d_2 分别为小、大圆锥齿轮的大端直径，d_{1m}、d_{2m} 分别为小、大圆锥齿轮的平均直径</td><td rowspan="3">$0.04a+3\geqslant 8$</td></tr>
<tr><td>二级</td><td>$0.025a+3\geqslant 8$</td></tr>
<tr><td>三级</td><td>$0.025a+5\geqslant 8$</td></tr>
</table>

（续表）

<table>
<tr><th rowspan="2">名称</th><th rowspan="2">符号</th><th colspan="4">减速器类型和尺寸关系</th></tr>
<tr><th colspan="2">圆柱齿轮减速器</th><th>圆锥齿轮减速器</th><th>蜗杆减速器</th></tr>
<tr><td rowspan="3">箱盖壁厚</td><td rowspan="3">δ_1</td><td>一级</td><td>$0.02a+1\geqslant 8$</td><td rowspan="3">$0.0085(d_1+d_2)+1\geqslant 8$ 或
$0.01(d_{1m}+d_{2m})+1\geqslant 8$</td><td rowspan="3">上置式：
$\delta_1\approx\delta$
下置式：
$\delta_1=0.85\delta\geqslant 8$</td></tr>
<tr><td>二级</td><td>$0.02a+3\geqslant 8$</td></tr>
<tr><td>三级</td><td>$0.02a+5\geqslant 8$</td></tr>
<tr><td>箱座凸缘厚度</td><td>b</td><td colspan="4">1.5δ</td></tr>
<tr><td>箱盖凸缘厚度</td><td>b_1</td><td colspan="4">$1.5\delta_1$</td></tr>
<tr><td>箱座底凸缘厚度</td><td>b_2</td><td colspan="4">2.5δ</td></tr>
<tr><td>地脚螺栓直径</td><td>d_f</td><td colspan="2">$0.036a+12$</td><td>$0.015(d_1+d_2)+1\geqslant 12$ 或
$0.018(d_{1m}+d_{2m})+1\geqslant 12$</td><td>$0.036a+12$</td></tr>
<tr><td>地脚螺栓数目</td><td>n</td><td colspan="2">$a\leqslant 250$ 时，$n=4$
$a>250\sim500$ 时，$n=6$
$a>500$ 时，$n=8$</td><td>$n=\dfrac{\text{箱底座凸缘周长}}{400\sim600}\geqslant 4$</td><td>4</td></tr>
<tr><td>轴承旁连接螺栓直径</td><td>d_1</td><td colspan="4">$0.75d_f$</td></tr>
<tr><td>箱盖与箱座连接螺栓直径</td><td>d_2</td><td colspan="4">$(0.5\sim0.6)d_f$</td></tr>
<tr><td>连接螺栓 Md_2 的间距</td><td>l</td><td colspan="4">一般为 150～200</td></tr>
<tr><td>轴承盖螺栓直径</td><td>d_3</td><td colspan="4">$(0.4\sim0.5)d_f$</td></tr>
<tr><td>视孔盖螺栓直径</td><td>d_4</td><td colspan="4">$(0.3\sim0.4)d_f$</td></tr>
<tr><td>定位销直径</td><td>d</td><td colspan="4">$(0.7\sim0.8)d_2$</td></tr>
<tr><td>Md_f、Md_1、Md_2 至箱体外壁距离</td><td>c_1</td><td colspan="4">按各自直径分别查表 3-3</td></tr>
<tr><td>Md_f、Md_2 至箱体凸缘边缘距离</td><td>c_2</td><td colspan="4">按各自直径分别查表 3-3</td></tr>
<tr><td>轴承旁凸台半径</td><td>R_1</td><td colspan="4">c_2</td></tr>
<tr><td>凸台高度</td><td>h</td><td colspan="4">根据低速级轴承座外径确定，以便于扳手操作为准</td></tr>
<tr><td>箱体外壁至轴承座端面距离</td><td>l_1</td><td colspan="4">$c_1+c_2+(5\sim8)$</td></tr>
<tr><td>箱体内壁至轴承座端面距离</td><td>B</td><td colspan="4">$l_1+\delta$</td></tr>
<tr><td>大齿轮齿顶圆（蜗轮外圆）至箱体内壁的距离</td><td>Δ_1</td><td colspan="4">$\geqslant 1.2\delta$</td></tr>
<tr><td>小齿轮端面至箱体内壁的距离</td><td>Δ_2</td><td colspan="4">$\geqslant\delta$，一般 $\Delta_2=10\sim15$ mm</td></tr>
<tr><td>箱盖、箱座肋厚</td><td>m_1、m</td><td colspan="4">$m_1\approx0.85\delta_1$，$m\approx0.85\delta$</td></tr>
</table>

（续表）

名称	符号	减速器类型和尺寸关系		
		圆柱齿轮减速器	圆锥齿轮减速器	蜗杆减速器
轴承盖外径	D_2	凸缘式轴承盖：$D_2 = D + (5\sim5.5)d_3$ 嵌入式轴承盖：$D_2 = 1.25D + 10$，D 为轴承外径		
轴承旁连接螺栓距离	s	尽量靠近轴承，以 $\mathrm{M}d_1$ 和 $\mathrm{M}d_3$ 互不干涉为准，一般取 $s \approx D_2$		

注：对于多级传动，a 取低速级中心距；对于圆锥-圆柱齿轮减速器，a 取圆柱齿轮传动的中心距。

表 3-3　扳手空间

单位：mm

螺栓直径	M6	M8	M10	M12	M14	M16	M18	M20	M22	M24	M27	M30
$c_{1\min}$	12	13	16	18	20	22	24	26	30	34	36	40
$c_{2\min}$	10	11	14	16	18	20	22	24	26	28	32	34
沉头座直径	13	18	22	26	30	33	36	40	43	48	53	61

3.1.2.2　轴系零部件

减速器轴系零部件包括传动零件、轴和轴承组合等。

1．传动零件

减速器内的传动零件包括圆柱齿轮、圆锥齿轮、蜗杆、蜗轮等。传动零件决定了减速器的技术特性，故减速器通常以传动零件的种类来命名，如一级圆柱齿轮减速器、一级圆锥齿轮减速器等。

2．轴

减速器普遍采用阶梯轴，各轴段直径采用标准尺寸，轴和传动零件之间通常采用平键连接。

3．轴承组合

轴承组合包括轴承、轴承盖、密封装置和调整垫片等。

（1）轴承。轴承用以支承轴，可分为滑动轴承和滚动轴承。相较于滑动轴承，滚动轴承摩擦因数小、运转精度高、润滑和维护方便，故减速器通常采用滚动轴承。

（2）轴承盖。轴承盖用以固定轴承、承受轴向力和调整轴承间隙。

（3）密封装置。为了防止外部灰尘等杂质进入轴承内部和润滑油泄漏，在减速器输入轴和输出轴的外伸端，通常设有密封装置。

（4）调整垫片。为了调整轴承间隙和传动零件的轴向位置，需要在轴承旁放置一定数量的调整垫片。

3.1.2.3　附件

减速器箱体上设置了视孔和视孔盖、通气器、定位销、油标、放油孔和放油螺塞、启盖螺钉、起吊装置等附件。

1. 视孔和视孔盖

为了方便检查传动零件的啮合情况和向箱体内注入润滑油，应在箱盖顶部能够直接观察到传动零件啮合部位处设置视孔，如图 3-2 所示。为了防止污物进入箱体内部和润滑油飞溅出来，平时应用视孔盖将视孔封上。为防止漏油，应在视孔和视孔盖之间加纸质密封垫。视孔盖可用钢板或铸铁制成，其结构如图 3-3 所示。

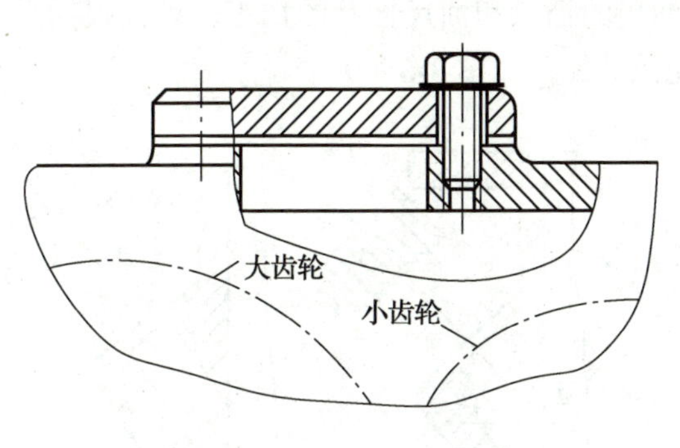

图 3-2　视孔的位置示意图

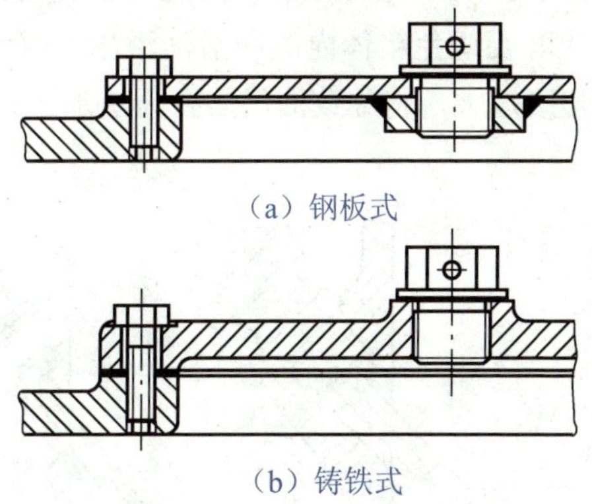

图 3-3　视孔盖的结构

2. 通气器

为了防止减速器内的润滑油因箱体内油温升高、气体膨胀、压力增大而发生渗漏，通常需要在箱盖上或视孔盖安装通气器。当通气器安装在钢板式视孔盖上时，为了防止螺母松脱后落到箱体内，需要在视孔盖上焊接一个圆螺母，如图 3-3（a）所示；当通气器安装在箱盖或铸铁式视孔盖上时，需要在铸件上加工出螺纹孔和端部平面，如图 3-3（b）所示。

3. 定位销

为了保证箱体轴承座孔的镗孔精度和装配精度，需要在箱盖和箱座凸缘长度方向的两端装配两个定位销。定位销有圆锥销和圆柱销两种，为了保证定位销与销孔的紧密性，一般采用圆锥销。装配好圆锥销后，其上、下两头应有一定的外伸量，如图 3-4 所示。

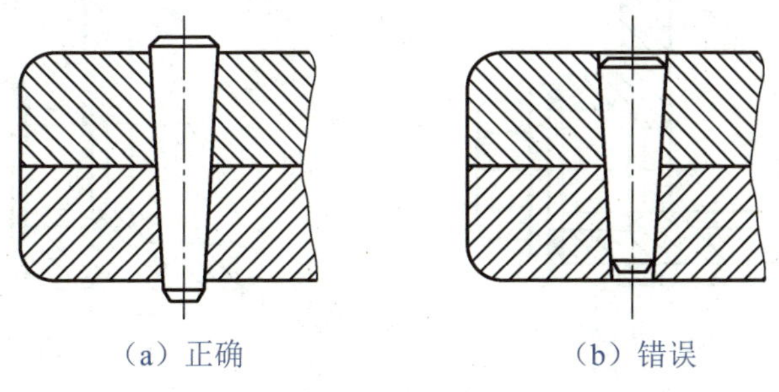

图 3-4　圆锥销

4. 油标

油标主要用于检查减速器内油面的高度，一般安装在箱体上便于观察油面或油面较稳定的部位，如低速轴附近。常见的油标有圆形油标、长形油标和油尺等。

圆形油标和长形油标为直接式油标，可直接通过这两种油标观察箱体内油面的高度。圆形油标的结构尺寸见附表 9-7，长形油标的结构尺寸见附表 9-8。当安装位置不受限制且箱座高度较小时，适合采用圆形油标和长形油标。

油尺为间接式油标，其结构简单，在减速器中应用较多。油尺上有表示最高及最低油面的刻度线，如图 3-5（a）所示。为了减轻油搅动对测量的影响，可以在油尺外安装隔离套，如图 3-5（b）所示。油尺多安装在箱体侧面，设计时应合理确定油尺插孔的位置和倾斜角度，既要避免箱体内的润滑油溢出，又要便于油尺的插取和油尺插孔的加工。若油尺插孔倾斜角度过大，将导致油尺插孔无法加工，油尺无法装配，如图 3-6 所示。

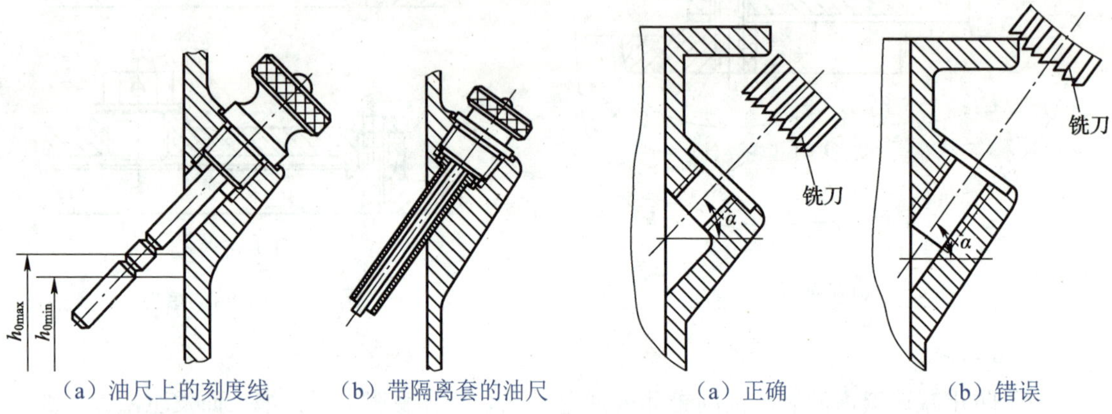

（a）油尺上的刻度线　（b）带隔离套的油尺

图 3-5　油　尺

（a）正确　（b）错误

图 3-6　油尺插孔的倾斜角度

5. 放油孔和放油螺塞

换油时，为排放污油和清洗剂，应在油池的最低位置处开设放油孔。平时，应用放油螺塞堵住放油孔，放油螺塞和箱体接合面间应加防漏油用的垫圈。放油孔中的螺纹小径应略低于箱座底面，并用扁铲铲出一块凹坑，如图 3-7（a）所示。图 3-7（b）中放油孔开设得过高，会导致放油孔下方的污油排不出去。

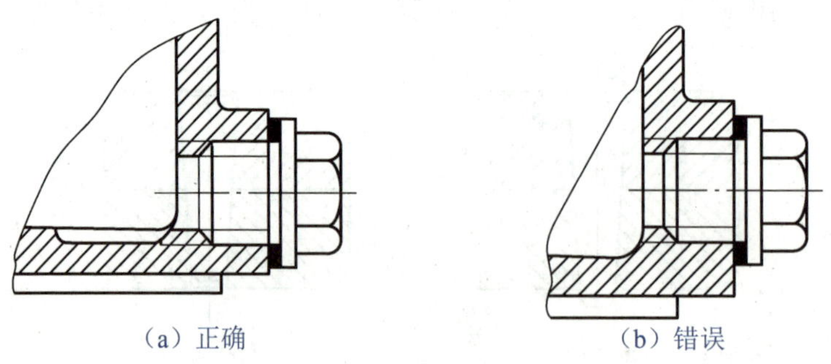

（a）正确　（b）错误

图 3-7　放油孔的位置

6. 启盖螺钉

为增强密封性，通常会在箱盖和箱座接合面处涂水玻璃或密封胶，但这会导致在拆卸箱盖时因接合面胶接紧密而难以开盖。因此，通常在箱盖凸缘的适当位置加工出 1～2 个螺孔，旋入启盖螺钉便可将箱盖顶起。

启盖螺钉的直径一般应等于凸缘连接螺栓的直径，螺纹有效长度应大于凸缘厚度。为了避免损伤螺纹，螺钉杆端部应制成圆形或半圆形，如图 3-8 所示。

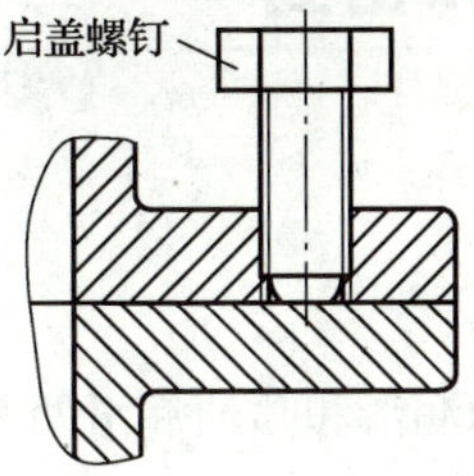

图 3-8　启盖螺钉

7. 起吊装置

当减速器重量超过 25 kg 时，为便于搬运，可在减速器箱盖上设置起吊装置。常用的起吊装置有吊钩、吊耳、吊环螺钉（见附表 3-8）等。箱盖吊钩、箱座吊钩和箱盖吊耳的结构尺寸如表 3-4 所示。

表 3-4　箱盖吊钩、箱座吊钩和箱盖吊耳的结构尺寸

类型	结构图	结构尺寸
箱盖吊钩	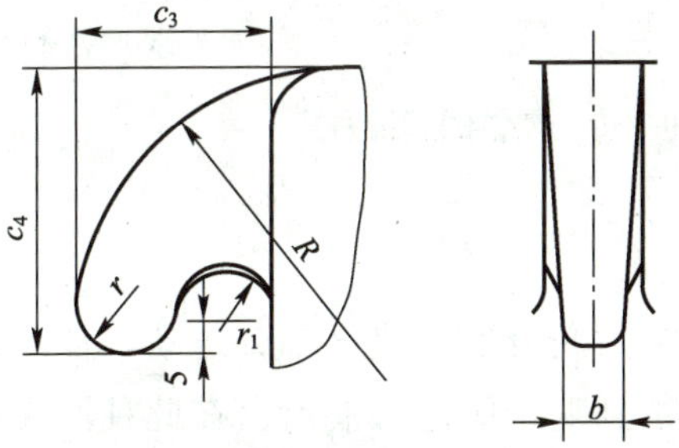	$c_3=(4\sim5)\delta_1$ $c_4=(1.3\sim1.5)c_3$ $b=(1.8\sim2.5)\delta_1$ $r_1\approx0.2c_3$；　$R\approx c_4$
箱座吊钩	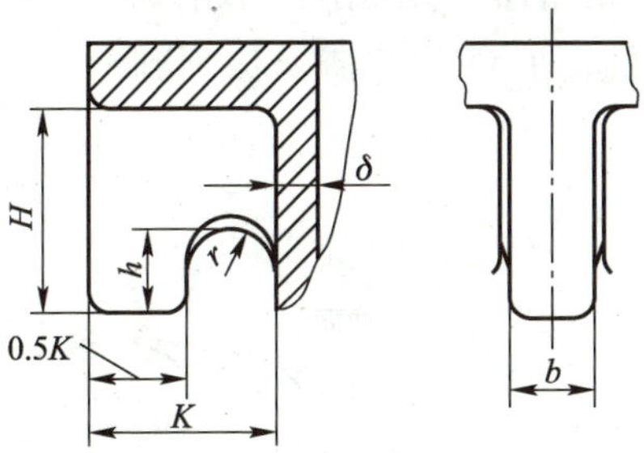	$K=c_1+c_2$ $H\approx0.8K$ $h\approx0.5H$ $r\approx0.25K$ $b\approx(1.8\sim2.5)\delta$
箱盖吊耳	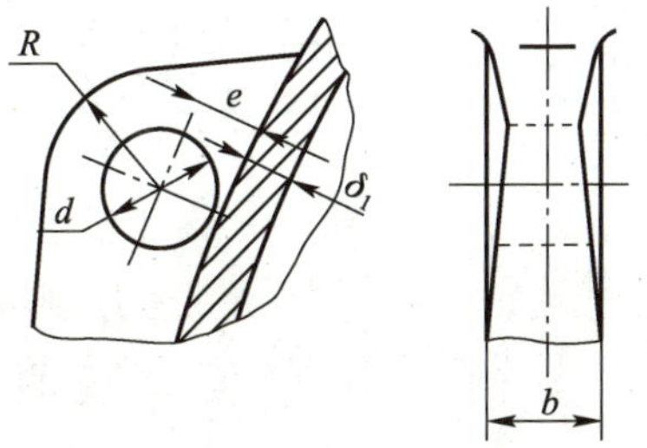	$d=b\approx(1.8\sim2.5)\delta_1$ $R\approx(1\sim1.2)d$ $e\approx(0.8\sim1)d$

3.2 减速器的润滑和密封

3.2.1 传动零件的润滑

传动零件的润滑方式主要有浸油润滑和喷油润滑两种，如图 3-9 所示。

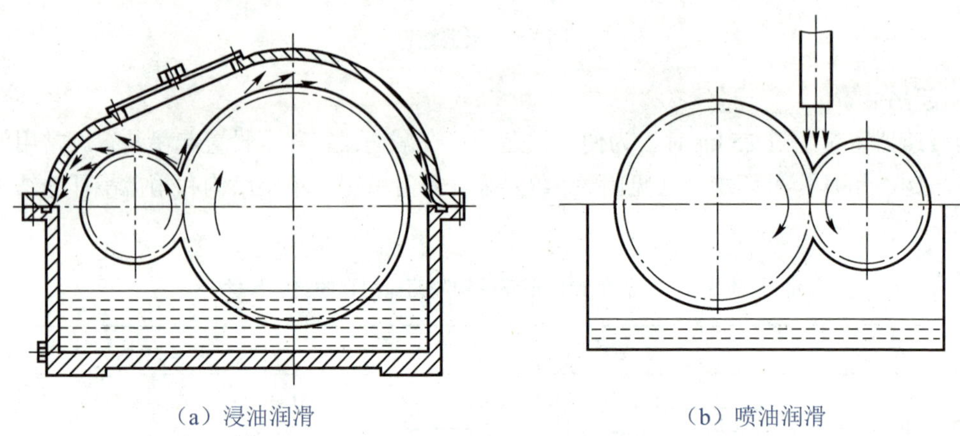

（a）浸油润滑　　（b）喷油润滑

图 3-9　传动零件的润滑方式

3.2.1.1 浸油润滑

浸油润滑是指在减速器内加注一定的润滑油，将一部分传动零件浸入油池中，当传动零件回转时，黏附在其上的润滑油被带到啮合区进行润滑。在此种润滑方式中，油池中的润滑油会被甩到箱壁上，有利于散热。浸油润滑适用于齿轮圆周速度 $v \leqslant 12$ m/s 和蜗杆圆周速度 $v \leqslant 10$ m/s 的场合。为了避免油搅动时泛起沉渣，齿顶到油池底面的距离 h' 应大于 30～50 mm，如图 3-10 所示。

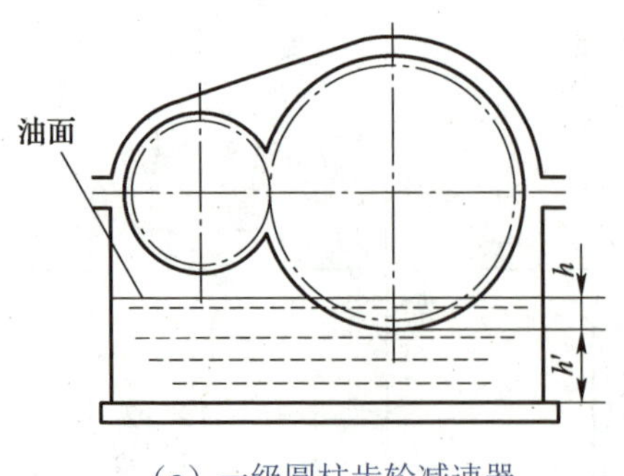

（a）一级圆柱齿轮减速器

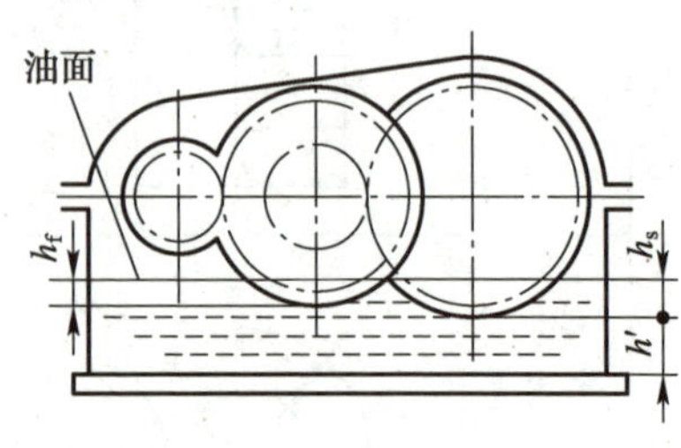

（b）二级圆柱齿轮减速器

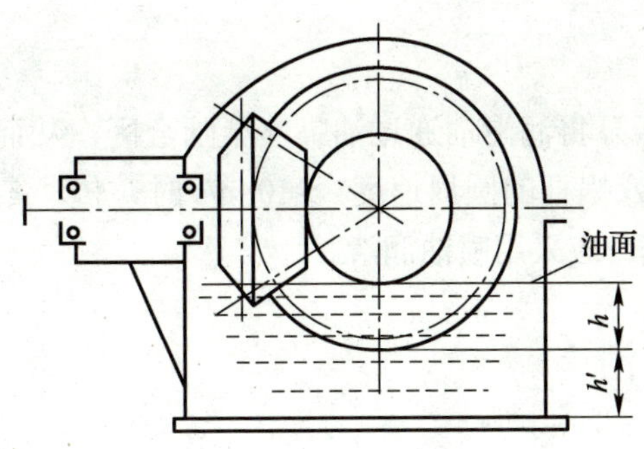

（c）圆锥齿轮减速器

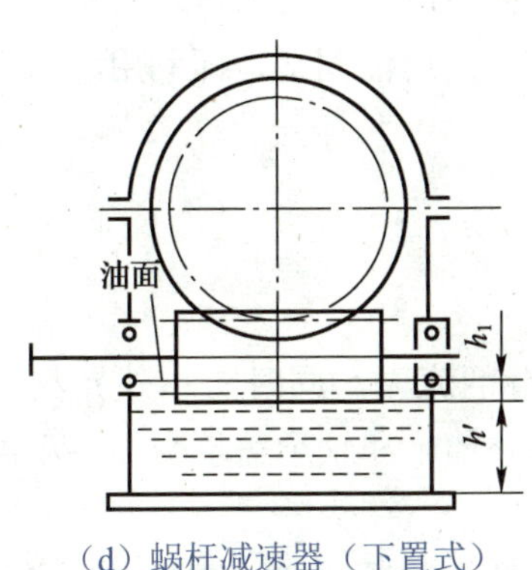

（d）蜗杆减速器（下置式）

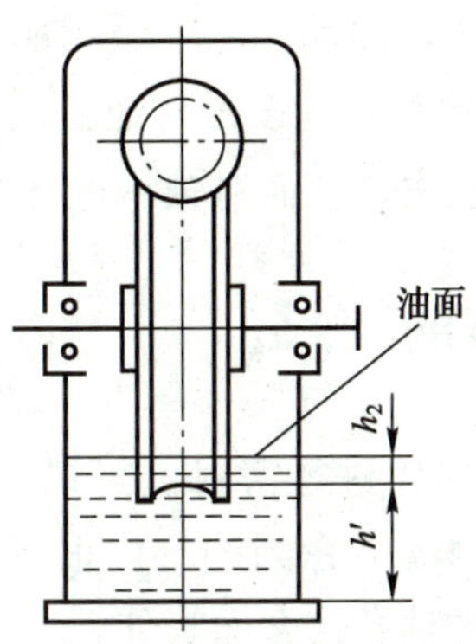

（e）蜗杆减速器（上置式）

图 3-10　浸油润滑

为了保证轮齿啮合处充分润滑，且避免搅油损失过大，减速器内的传动零件的浸油深度不宜太小或太大。传动零件浸油深度的推荐值如表 3-5 所示。

表 3-5　传动零件浸油深度的推荐值

减速器类型		传动零件浸油深度
一级圆柱齿轮减速器		$m<20$ mm 时，浸油深度 h 约为 1 个齿高，但不小于 10 mm $m\geqslant 20$ mm 时，浸油深度 h 约为 0.5 个齿高
二级或多级圆柱齿轮减速器		高速级大齿轮：浸油深度 h_f 约为 0.7 个齿高，但不小于 10 mm 低速级大齿轮：浸油深度 h_s 由圆周速度的大小而定，速度大的取小值。当 $v=0.8\sim1.2$ m/s 时，h_s 为 1 个齿高～1/6 齿轮半径；当 $v\leqslant 0.5\sim0.8$ m/s 时，$h_s\leqslant(1/6\sim1/3)$齿轮半径
圆锥齿轮减速器		整个齿宽（至少半个齿宽）浸入油中
蜗杆减速器	下置式	浸油深度 $h_1=(0.75\sim1)h$，h 为蜗杆齿高，但油面不应高于蜗杆轴承最低的一个滚动体的中心
	上置式	浸油深度 h_2 同低速级圆柱大齿轮的浸油深度 h_s

3.2.1.2 喷油润滑

喷油润滑是指利用液压泵将润滑油通过油嘴喷至啮合区，从而对传动零件进行润滑。当齿轮的圆周速度 $v>12$ m/s 或蜗杆的圆周速度 $v>10$ m/s 时，传动零件搅油剧烈，且黏附在传动零件上的润滑油易被甩掉，应采用喷油润滑。

3.2.2 滚动轴承的润滑

滚动轴承既可以采用脂润滑，也可以采用油润滑。对于齿轮减速器，当浸油齿轮的圆周速度 $v<2$ m/s 时，滚动轴承多采用脂润滑，且为防止箱体内的润滑油进入轴承而使润滑脂稀释流出，应在轴承内侧设置封油盘；当 $v\geqslant 2$ m/s 时，多采用油润滑，即利用浸油齿轮的旋转使润滑油飞溅出去，从而对轴承进行润滑。

3.2.3 箱体的密封

对减速器箱体进行密封，可以防止箱体内的润滑剂流失，同时防止外界灰尘等杂质进入。减速器箱体需要密封的部位很多，一般有减速器外伸轴和轴承盖接合面、箱盖和箱座接合面、视孔和放油孔接合面等处。

减速器外伸轴和轴承盖接合面处采用间隙配合，易使润滑油或润滑脂渗漏或外界灰尘、水分等进入，因此应设置密封装置。常见的密封方式有接触式密封和非接触式密封两类。接触式密封是在轴承盖内放置毛毡、唇形密封圈或橡胶圈等比较软的材料，与轴直接接触而起到密封作用。非接触式密封是一种密封装置不与轴直接接触的密封方式，包括沟槽密封、迷宫密封等，多用于轴转速较高的场合。

箱盖和箱座接合面处常用涂密封胶或水玻璃的方法进行密封，这对接合面的几何精度和表面粗糙度都有一定的要求。为了提高接合面的密封性，可在接合面上开油沟，使渗入接合面之间的润滑油重新流回箱体内部。

视孔和放油孔接合面处一般要加密封垫，以增强密封效果。

项目实施

确定一级圆柱齿轮减速器箱体的主要结构尺寸

【项目描述】

根据项目 2“项目实施”中的数据，确定减速器箱体的主要结构尺寸。

【实施流程】

减速器箱体的主要尺寸如下。

箱座壁厚 $\delta=0.025a+1=0.025\times184.5+1=5.61\,(\text{mm})$，取 $\delta=8$ mm。

箱盖壁厚 $\delta_1 = 0.02a + 1 = 0.02 \times 184.5 + 1 = 4.69\ (\text{mm})$，取 $\delta_1 = 8\ \text{mm}$。

箱座凸缘厚度 $b = 1.5\delta = 1.5 \times 8 = 12\ (\text{mm})$。

箱盖凸缘厚度 $b_1 = 1.5\delta_1 = 1.5 \times 8 = 12\ (\text{mm})$。

地脚螺栓直径 $d_\text{f} = 0.036a + 12 = 0.036 \times 184.5 + 12 = 18.642\ (\text{mm})$，查附表 3-1，取 $d_\text{f} = 20\ \text{mm}$。

地脚螺栓数目 $n = 4$。

轴承旁连接螺栓直径 $d_1 = 0.75d_\text{f} = 0.75 \times 20 = 15\ (\text{mm})$，查附表 3-1，取 $d_1 = 16\ \text{mm}$。查表 3-3，取 $c_1 = 22\ \text{mm}$，$c_2 = 20\ \text{mm}$。

箱体外壁至轴承座端面距离 $l_1 = c_1 + c_2 + (5\sim8) = 22 + 20 + (5\sim8) = 47\sim50\ (\text{mm})$，取 $l_1 = 47\ \text{mm}$，则箱体内壁至轴承座端面距离 $B = l_1 + \delta = 47 + 8 = 55\ (\text{mm})$。

小齿轮端面至箱体内壁的距离 $\Delta_2 = 10\sim15\ \text{mm}$，取 $\Delta_2 = 15\ \text{mm}$。

学习成果评价

请进行学习成果评价，并将评价结果填入表 3-6 中。

表 3-6　学习成果评价表

班级		姓名		学号	
评价项目	评价内容		分值	自我评分	老师评分
知识（40%）	减速器的类型		10		
	减速器的结构		10		
	减速器中传动零件和滚动轴承的润滑		10		
	减速器箱体的密封		10		
技能（40%）	能够根据已知条件，计算箱体的主要结构尺寸		20		
	能够根据减速器的类型，为传动零件和滚动轴承选择合适的润滑方式		20		
素质（20%）	积极参加教学活动，按要求完成学习任务		5		
	具有团队精神，能够积极与他人合作		5		
	积极、认真参加实践活动，按时完成实践任务		5		
	具有创新精神，能够积极参加创新活动		5		
合　计			100		
总分（自我评分×40%+老师评分×60%）					
自我评价					
老师评价					

项目 4

减速器装配图的设计与绘制

项目引言

为了确定减速器内、外所有零件的位置、形状和尺寸，并以此为依据绘制零件图，减速器的设计总是从绘制减速器装配图着手。在进行减速器的组装、调试、维护等工作时，减速器装配图也是重要的技术资料。因此，减速器装配图的设计与绘制是课程设计中的一个极为重要的环节。本项目将以一级圆柱齿轮减速器为例，介绍减速器装配图的设计与绘制的主要内容。

知识目标

（1）了解减速器装配底图的设计要点，包括合理布置视图，确定齿轮位置和箱体内、外壁线，确定轴承座的位置和宽度。

（2）掌握轴系零部件的设计要点，包括轴的结构设计，键、轴承和轴的校核，齿轮的结构设计，轴承的组合设计。

（3）了解减速器箱体结构及附件的设计要点，包括箱体结构设计、附件设计。

（4）了解减速器装配图中的尺寸标注、零部件序号标注、技术特性和技术要求的编写、标题栏和明细栏的填写等。

能力目标

（1）能够根据设计要求，合理设计减速器装配底图。

（2）能够根据设计要求，完成轴系零部件、减速器箱体结构及附件的设计。

（3）能够在设计的装配图中标注尺寸和零部件序号，编写技术特性和技术要求，填写标题栏和明细栏。

素质目标

（1）通过在设计减速器通用零件（轴、齿轮、螺栓等）的过程中反复计算和调整，认识到成功不是一蹴而就的，而是不断努力的结果。

（2）通过完成“确定一级圆柱齿轮减速器轴的结构形状和几何尺寸”实训任务，培养实践精神和精益求精的精神。

项目引入

了解减速器的结构后，小王准备独立设计与绘制一幅减速器装配图。小王首先设计了减速器的装配底图，他深知这是整个设计的基础。随后，他聚焦于轴系零部件的设计，确保它们能满足减速器工作性能的要求。小王同样也重视箱体结构及附件的设计，力求在结构布局上达到最优。完成这些步骤后，小王绘制出了一幅详尽的减速器装配图。通过设计与绘制减速器装配图，小王不仅锻炼了自己的机械设计能力，而且更加深刻地理解了减速器装配图设计与绘制的重要性。

4.1 减速器装配底图的设计

设计与绘制减速器装配底图的主要任务是绘制减速器箱体的主要轮廓线，确定轴上各零部件的关键位置尺寸，进行轴的结构设计，选择联轴器、轴承的型号，找出轴的支承点和轴上力的作用点，继而对轴、轴承和键进行校核，为绘制正式装配图做好准备。

为了确定减速器箱体中轴系相对于箱体的位置关系，以及轴上各零部件的位置和几何尺寸，在减速器装配底图中，主要绘制从减速器箱盖和箱座的剖分面剖开的俯视图。

齿轮、轴和轴承等轴系零部件是减速器的主要零部件，其他零部件的结构和尺寸均由这些零部件的位置和几何尺寸确定。因此，绘图时应先画主要零部件，后画次要零部件；先画箱体内的零部件，后画箱体外的零部件；先画零部件的中心线和轮廓线，后画箱座的内壁线等。

4.1.1 合理布置视图

绘图前，应估算减速器的轮廓尺寸，以判断采用 A0 还是 A1 图纸绘制装配底图。为增强真实感，尽量采用 1∶1 或 1∶2 的比例绘图。通常采用主视图、俯视图、左视图三个视图，并配以必要的剖视图来展示减速器的结构。视图布局参考图及尺寸如表 4-1 所示。

在绘图过程中，可能需要修改一些零件的几何尺寸和结构，所以下笔要轻，所画线条要细，以保持图面清洁。对于已标准化或规范化了的零部件（如螺栓、螺母、滚动轴承等），可先用示意图或简化画法表示其外形轮廓，不必画出零件的倒圆、倒角。但要注意，对于确定的零件，应严格按照比例精确绘制，以便获得准确的零件尺寸数据和零件间的相对位置尺寸数据等。

表 4-1 视图布局参考图及尺寸 单位：mm

视图布局参考图	减速器类型	尺寸		
		A	B	C
主视图、左视图、俯视图、技术特性、技术要求、明细栏、标题栏（图中标注 A、B、C）	一级圆柱齿轮减速器	3a	2a	2a
	二级圆柱齿轮减速器	4a	2a	2a
	圆锥-圆柱齿轮减速器	4a	2a	2a
	一级蜗杆减速器	2a	3a	2a

设计和绘制装配图涉及的内容较多，既包括结构设计，又包括校核，过程较为复杂，因此需要采用“由主到次、由粗到细”“边绘图、边计算、边修改”的方法逐渐完成。

4.1.2 确定齿轮位置和箱体内、外壁线

一级圆柱齿轮减速器各零件间的位置关系如图 4-1 所示。

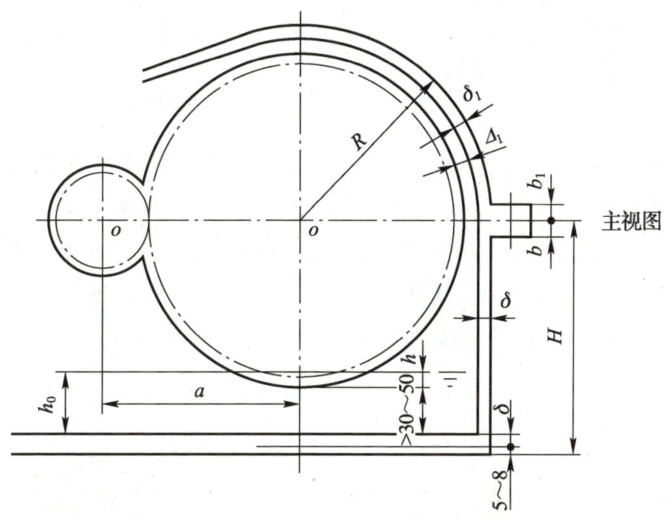

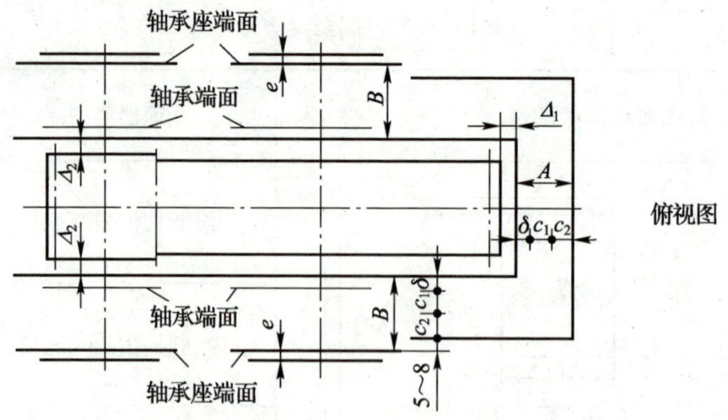

图 4-1　一级圆柱齿轮减速器各零件间的位置关系

4.1.2.1　画齿轮轮廓线

如图 4-1 所示，先在俯视图上画出齿轮的中心线、分度线、齿顶圆等轮廓线。然后在主视图上对应画出齿轮的中心线、分度圆、齿顶圆等。

4.1.2.2　画箱体内、外壁线

为避免齿轮和箱体内壁相碰，齿轮与箱体内壁之间应留有一定的距离，一般设大齿轮齿顶圆至箱体内壁的距离为 Δ_1，小齿轮端面至箱体内壁的距离为 Δ_2，Δ_1 和 Δ_2 的数值如表 3-2 所示。

如图 4-1 所示，在主视图中，距大齿轮齿顶圆 Δ_1 的距离画出箱体内壁线，距大齿轮齿顶圆 $\Delta_1+\delta_1$ 的距离画出箱体外壁线。在俯视图中，先沿箱体长度方向，距小齿轮端面 Δ_2 的距离画出两条箱体内壁线；然后沿箱体宽度方向，距大齿轮齿顶圆 Δ_1 的距离画出一条箱体内壁线；最后画出箱体宽度的中线。暂不画出小齿轮一侧的内壁线，待设计箱体结构时，按投影关系确定即可。

4.1.3　确定轴承座的位置和宽度

对于剖分式齿轮减速器，箱体轴承内端面常为箱体内壁。箱体由箱盖和箱座在剖分面凸缘处通过轴承旁的连接螺栓（Md_1）连接而成，所以轴承座的宽度要留有安装连接螺栓时所需的扳手空间 c_1 和 c_2，如图 4-2 所示。也就是说，轴承座的宽度 B（即箱体内壁至轴承座端面的距离）由箱座壁厚 δ 、安装连接螺栓所需的扳手空间 c_1 和 c_2 的尺寸，以及区分加工面与毛坯面所留出的距离（5～8 mm）组成，即 $B=\delta+c_1+c_2+(5\sim8)\ \text{mm}$ 。

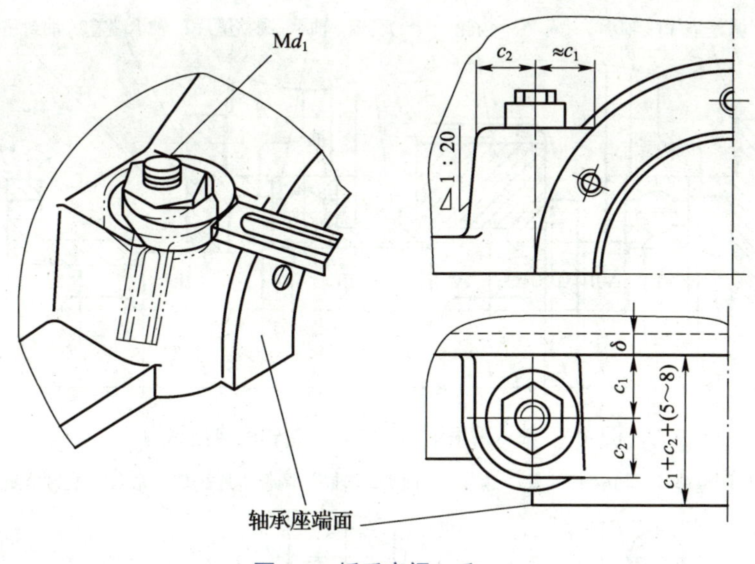

图 4-2　扳手空间 c_1 和 c_2

4.2 轴系零部件的设计

4.2.1　轴的结构设计

轴的结构设计通常分两步进行：先设计轴的结构形状，再设计轴的几何尺寸。此外，还应确定轴上键槽的尺寸和位置等。

小贴士

轴的结构特别是轴的几何尺寸，不是只经过计算就可确定的，还要在绘图的过程中逐渐完善。

4.2.1.1　轴的结构形状

通常将轴设计为阶梯轴，且中间粗，两端细。轴承采用油润滑和脂润滑时，大齿轮的典型结构分别如图 4-3 和图 4-4 所示。

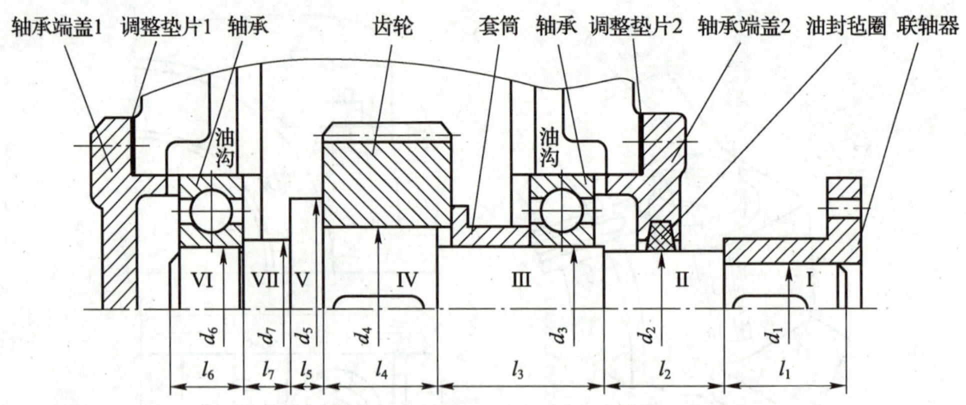

图 4-3　轴承采用油润滑时大齿轮轴的典型结构

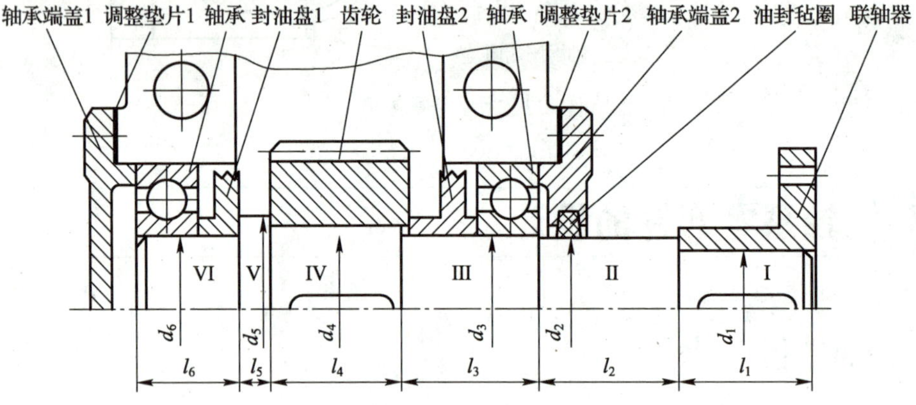

图 4-4　轴承采用脂润滑时大齿轮轴的典型结构

4.2.1.2　轴的几何尺寸

轴的几何尺寸包括径向尺寸和轴向尺寸两类。

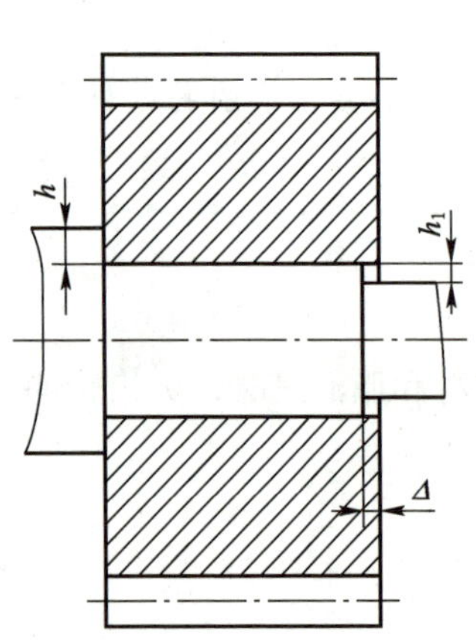

图 4-5　定位轴肩和非定位轴肩

1. 径向尺寸

轴的径向尺寸主要包括定位轴肩的高度、非定位轴肩的高度、轴颈的直径和其他轴段的直径等。

（1）定位轴肩的高度。定位轴肩用于固定轴上零件或承受轴向力，其高度 h 要大一些，一般取 $h \geqslant (3\sim5)$ mm，如图 4-5 所示。用于定位滚动轴承的轴肩高度时，必须查附表 7-1、附表 7-2、附表 7-3 确定。

（2）非定位轴肩的高度。非定位轴肩主要是为了方便轴上零件装拆或区分加工表面而设置的，其高度 h_1 小一些，一般取 $h_1 = (0.5\sim2)$ mm 。

（3）轴颈的直径。轴颈是轴与轴承相配合的部位，确定该部位尺寸时，要考虑与之相配合的滚动轴承的类型和尺寸。在初选轴承型号时，该尺寸就被确定。

（4）其他轴段的直径。需要车制螺纹的轴段，应留出螺纹退刀槽；需要磨削的轴段，应在相应轴段留出砂轮越程槽。两者的尺寸可分别查附表 3-20 和附表 3-21 确定。

2．轴向尺寸

轴的轴向尺寸主要包括与轴上零件相配合的轴段的长度、安装轴承的轴段的长度、外伸轴段的长度等。

（1）与轴上零件相配合的轴段的长度。为保证对轴上零件进行可靠的定位与固定，该轴段的长度应比轴上零件的轮毂宽度小 1～3 mm。

（2）安装轴承的轴段的长度。该轴段的长度与轴承采用的润滑方式有关。轴承的润滑方式有油润滑和脂润滑两种，如图 4-6 所示。采用油润滑时，轴承内侧端面至箱体内壁的距离 $\Delta_3 = 2～3$ mm；采用脂润滑时，轴承内侧端面至箱体内壁的距离 $\Delta_3 = 8～12$ mm。

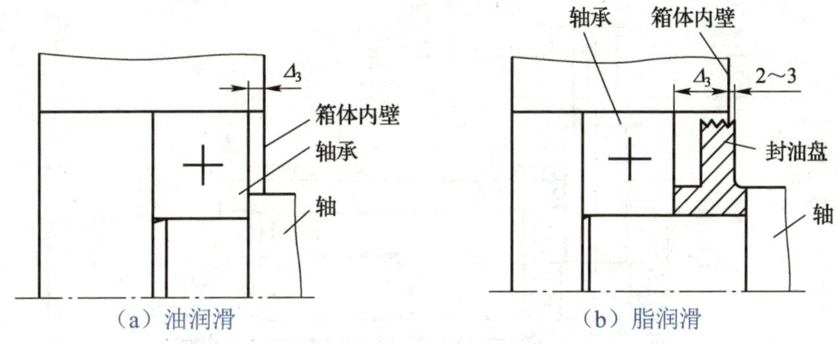

（a）油润滑　　（b）脂润滑

图 4-6　轴承的润滑方式

（3）外伸轴段的长度。该轴段的长度与外接零件和轴承盖的结构有关。如图 4-7（a）所示，若采用凸缘式轴承盖，则必须考虑拆卸轴承盖螺栓（Md_3）所需的长度，以便在不拆卸联轴器的情况下，可以打开减速器的箱盖，可取 $l_2' = (3.5～4)d_3$。如图 4-7（b）所示，若轴段上的零件不影响螺栓等的拆卸，则 l_2' 可适当取小一些，可取 $l_2' = (0.15～0.25)d_2$，d_2 为轴的直径。如图 4-7（c）所示，若轴头上装有弹性套柱销联轴器，则必须留有装拆弹性套柱销的最短长度 A，A 值可查附表 6-3 获得。

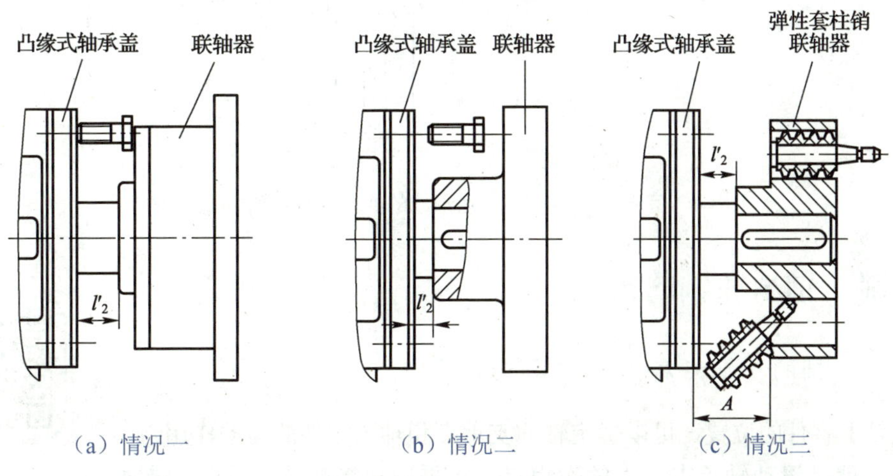

（a）情况一　　（b）情况二　　（c）情况三

图 4-7　外伸轴段长度的确定

4.2.1.3 轴上键槽的位置和尺寸

带轮、齿轮和联轴器等零件一般通过普通平键与轴进行周向固定，以传递运动和转矩。普通平键的键长应比零件轮毂宽度略小，且为标准键长。键槽应开在靠近零件装入一侧的轴段端部，以便装配时轮毂上的键易与轴上的键槽对准。应尽量避免将键槽开在过渡圆角处，以防增加应力集中程度。同一轴上沿键长方向分布多个键槽时，为便于一次装夹加工，各键槽应布置在同一母线上。

按照上述方法确定各轴的阶梯结构和各轴段的直径和长度、轴上键槽的位置和尺寸后，即可形成完整的轴的结构图，此时可进一步完善减速器装配底图。完成轴的结构设计后形成的典型的减速器装配底图如图 4-8 所示。

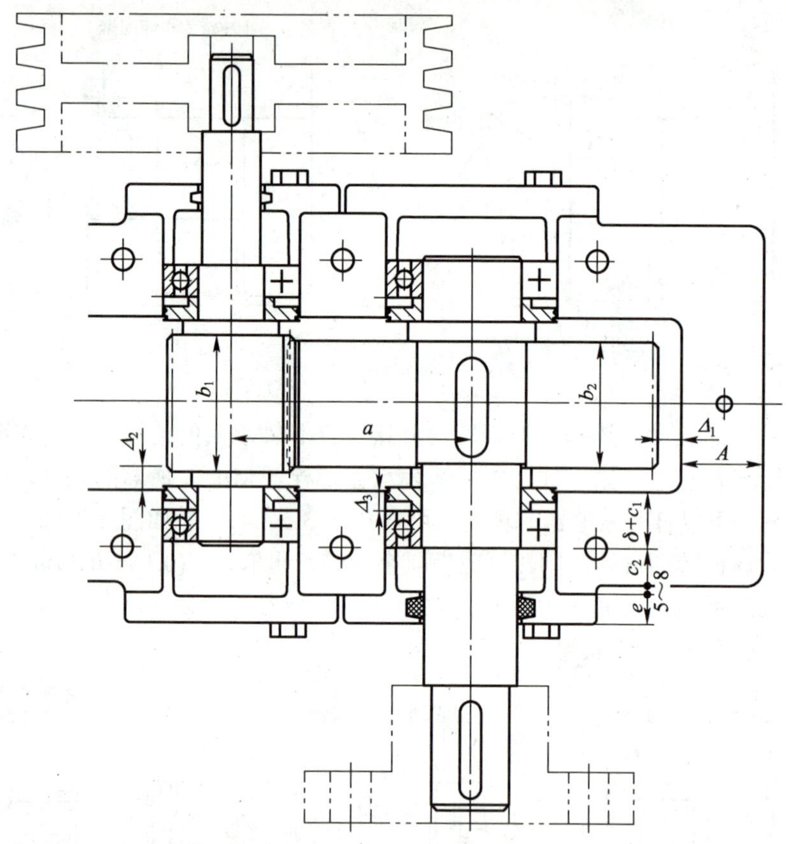

图 4-8 完成轴的结构设计后形成的典型的减速器装配底图

4.2.2 键、轴承和轴的校核

导向平键连接

4.2.2.1 轴的支承点和力的作用点的确定

根据轴上零件的位置，可以确定轴的支承点和轴上零件的力的作用点。轴的支承点就是滚动轴承支反力的作用点，当采用角接触球轴承时，支承

点在距轴承端面距离为 a 处，a 值可查附表 7-2 确定；当采用深沟球轴承时，支承点可近似认为在轴承宽度的中点。带轮、齿轮、联轴器等零件的力的作用点可取在轮毂宽度的中点。

4.2.2.2 键连接的强度校核

半圆键连接

键连接的主要失效形式是工作侧面被压溃，因此需要校核其挤压强度。若经校核发现强度不够，当相差较小时，可适当增加键长（不得超过轮毂宽度）；当相差较大时，可采用双键。

4.2.2.3 轴承的寿命校核

在选定轴承的型号、确定其工作条件后，需要确定每个轴承所受的当量动载荷，并选取同一根轴上当量动载荷大者进行轴承的寿命校核。若轴承寿命小于减速器的使用期限，可以改用其他尺寸系列的轴承，必要时可选用其他类型的轴承或改变轴承的内径。

4.2.2.4 轴的强度校核

通过受力分析确定轴上所受力的大小和方向，画出轴的受力简图、弯矩图、转矩图、当量弯矩图等，判定一个或几个危险截面，按弯扭合成强度进行强度校核。若经校核发现轴的强度不满足要求，则可对轴的一些参数（如轴径等）进行适当修改；若强度富余较大，则应综合考虑轴承寿命、键连接的强度，以决定是否修改轴的结构尺寸。

4.2.3 齿轮的结构设计

齿轮的结构设计与齿轮的几何尺寸（如齿数、模数、分度圆直径、齿宽等）、所采用的材料、毛坯的大小和制造方法等有关。通常先根据齿轮直径的大小选取结构形式，然后根据推荐的经验数据进行结构设计。

课程设计中的齿轮多为中小直径齿轮，采用锻造毛坯。根据尺寸不同，齿轮有齿轮轴式、实心式、腹板式、轮辐式四种结构形式。当齿轮的分度圆直径与轴径相差不大，且齿轮的齿根圆至键槽底部的距离 $x \leqslant (2\sim2.5)m$（m 为模数）时，可将齿轮与轴制成一体，即制成齿轮轴式结构，如图 4-9（a）所示；当齿轮的齿顶圆直径 $d_a \leqslant 200$ mm 时，可采用实心式结构，如图 4-9（b）所示；当齿轮的齿顶圆直径 200 mm $< d_a \leqslant 500$ mm 时，可采用腹板式结构，如图 4-9（c）所示；当齿轮的齿顶圆直径 $d_a > 500$ mm 时，可采用轮辐式结构，如图 4-9（d）所示。

（a）齿轮轴式结构

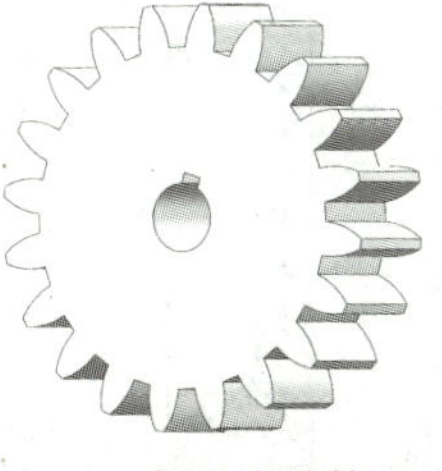

（b）实心式结构

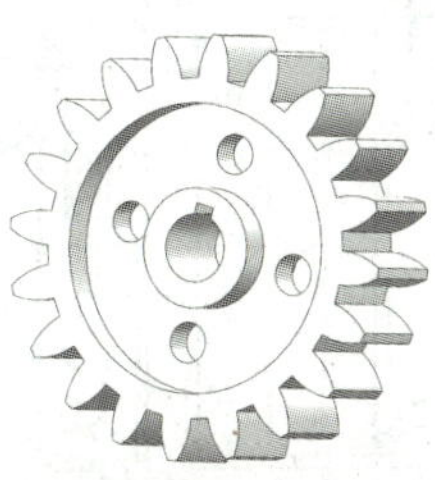

（c）腹板式结构

（d）轮辐式结构

图 4-9 齿轮的结构形式

4.2.4 轴承的组合设计

4.2.4.1 轴系零部件的轴向固定

对于普通齿轮减速器，其轴的支承点跨距较小，轴系零部件常采用两端固定支承的方式。轴承内圈在轴上可用轴肩或套筒进行轴向定位，轴承外圈用轴承盖进行轴向固定。轴承盖与轴承座外端面之间，装有由不同厚度的软钢片组成的一组调整垫片（见图 4-10），用来补偿轴系零件轴向尺寸的制造误差，同时也可用来调整轴承游隙和齿轮的轴向位置。

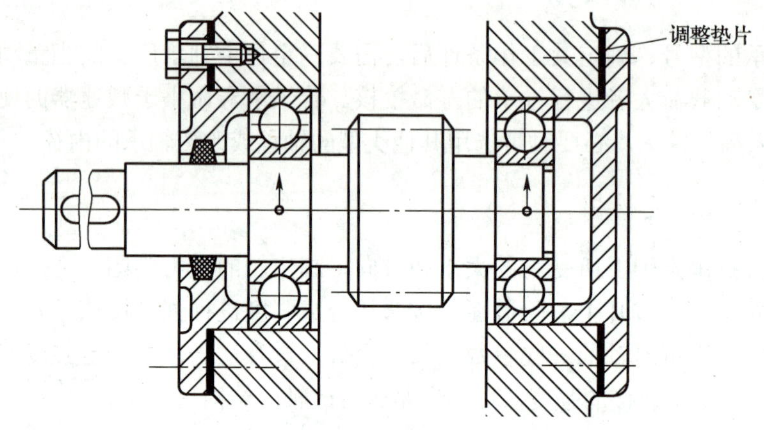

图 4-10　轴承盖与轴承座外端面之间的调整垫片

4.2.4.2 轴承盖的结构设计

轴承盖的结构形式有凸缘式和嵌入式两种，每种形式的轴承盖按中心有无通孔，又可分为透盖和闷盖。凸缘式轴承盖需要通过螺栓固定在箱体上，轴承间隙的调整比较方便，密封性能好，应用广泛。嵌入式轴承盖结构简单，不需要螺栓固定，重量小且外伸轴的伸出长度短，有利于提高轴的强度和刚度，但密封性能不好，轴承间隙的调整也比较麻烦，只适用于游隙不可调的轴承。轴承盖的结构尺寸如表 4-2 和表 4-3 所示。

表 4-2　凸缘式轴承盖的结构尺寸

单位：mm

图例	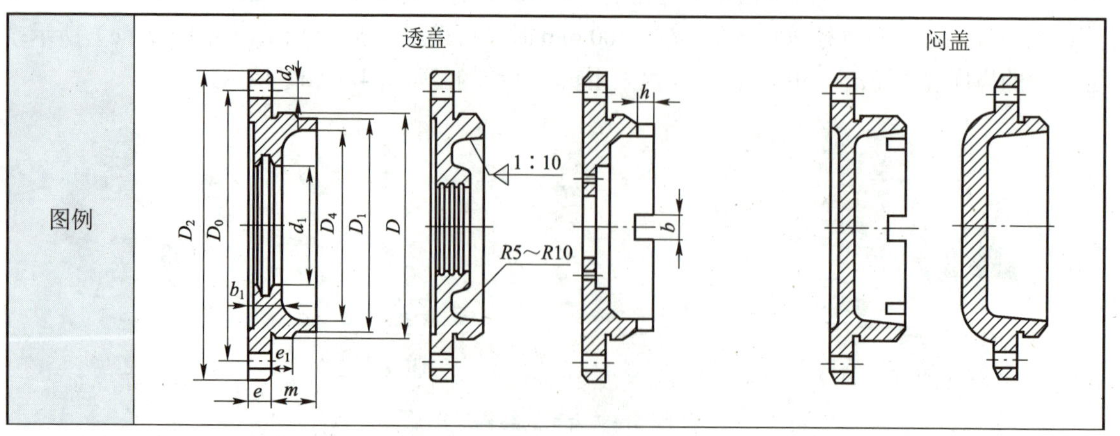

（续表）

		轴承外径 D	螺栓直径 d_3	螺栓数目
尺寸	$d_2 = d_3 + 1$；$D_0 = D + 2.5d_3$；$D_2 = D_0 + 2.5d_3$；$e = 1.2d_3$；$e_1 \geqslant e$；m 由结构决定；$D_1 = D - (3\sim4)$；$D_4 = D - (10\sim15)$；b_1、d_1 由密封装置的尺寸确定；$b = 5\sim10$；$h = (0.8\sim1)b$；材料为 HT150	45～65	6	4 个
		70～100	8	4～6 个
		110～140	10	6 个
		150～230	12～16	6 个

表 4-3　嵌入式轴承盖的结构尺寸

单位：mm

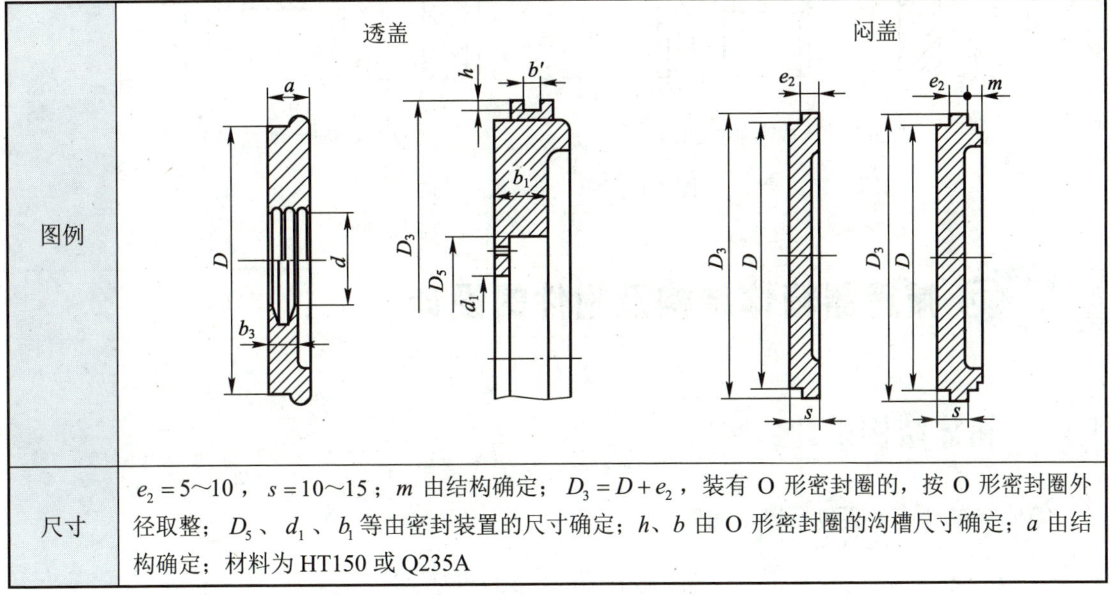

尺寸	$e_2 = 5\sim10$，$s = 10\sim15$；m 由结构确定；$D_3 = D + e_2$，装有 O 形密封圈的，按 O 形密封圈外径取整；D_5、d_1、b_1 等由密封装置的尺寸确定；h、b 由 O 形密封圈的沟槽尺寸确定；a 由结构确定；材料为 HT150 或 Q235A

4.2.4.3　封油盘和挡油盘的设计

轴承采用脂润滑时，需在轴上设计封油盘。封油盘的宽度由轴的结构设计确定，其他结构尺寸如图 4-11 所示。

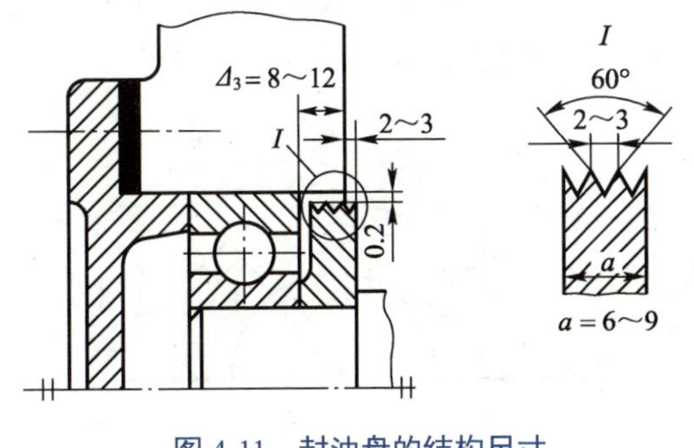

图 4-11　封油盘的结构尺寸

轴承采用油润滑时，如果小齿轮布置在轴承旁边且其齿顶圆直径小于轴承的外径，为防止齿轮啮合时所挤出的高温油冲击轴承，对轴承的运动形成阻力，需要在小齿轮和轴承之间设置挡油盘。挡油盘既可以用薄钢板冲压而成，也可以用圆钢车制而成，两种挡油盘的结构如图 4-12 所示。

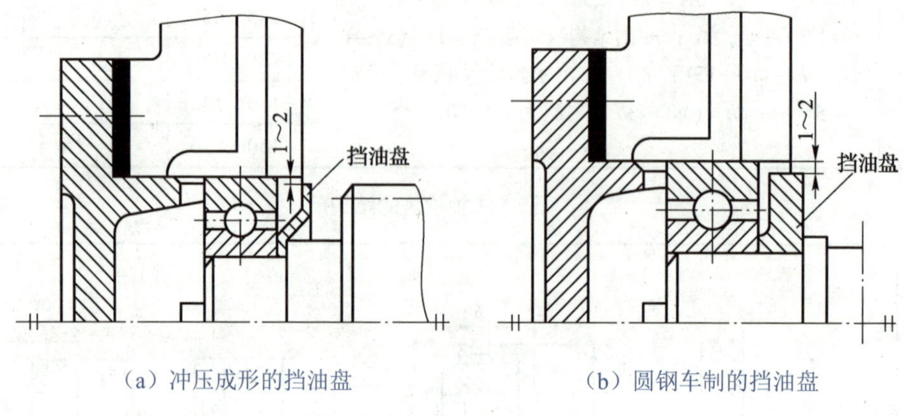

（a）冲压成形的挡油盘　　（b）圆钢车制的挡油盘

图 4-12　两种挡油盘的结构

4.3 减速器箱体结构及附件的设计

4.3.1　箱体结构设计

箱体结构设计主要包括以下内容。

4.3.1.1　确定轴承座孔旁连接螺栓凸台的结构尺寸

为了提高剖分式箱体轴承座的连接刚度，轴承座孔旁连接螺栓（Md_1）在不与轴承盖螺栓孔相干涉的前提下，其两侧的距离 s（见图 4-13）应尽可能小，通常取 $s = D_2$，D_2 为凸缘式轴承盖的外径。在尺寸最大的轴承座孔旁两侧作连接螺栓的中心线，然后根据连接螺栓的直径 d_1 确定 c_1 和 c_2 的值，便可确定凸台的结构尺寸，作图过程如图 4-14 所示。为了制造方便，凸台高度均按最大轴承座凸台高度确定。

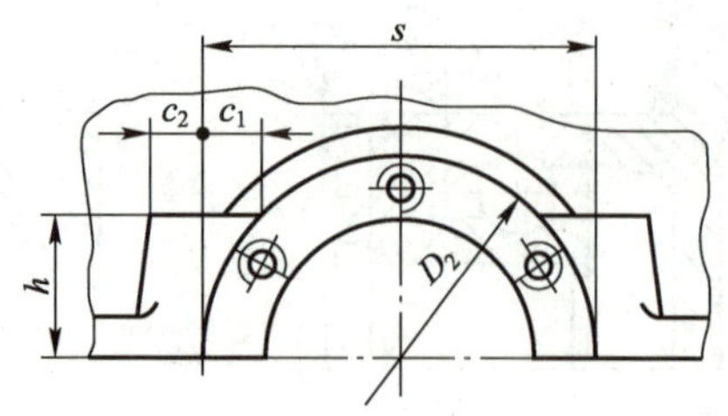

图 4-13　轴承座孔两侧连接螺栓的距离 s

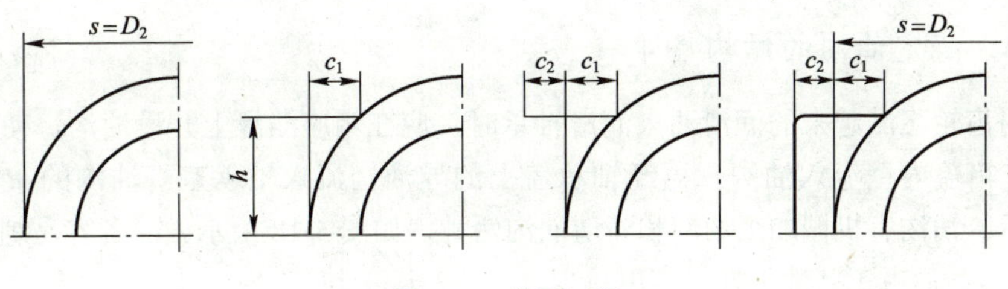

图 4-14 作图过程

4.3.1.2 确定箱盖顶部外表面的轮廓

铸造箱体的箱盖顶部一般为圆弧形。通常情况下，大齿轮一侧的轴承座孔两侧的凸台均在箱盖外轮廓圆弧之内，可以大齿轮中心为圆心，以 $d_a/2+\Delta_1+\delta_1$ 为半径画圆弧，此圆弧将作为箱盖顶部的部分轮廓。小齿轮一侧的箱盖外轮廓圆弧半径往往不能通过计算获得，需根据作图法确定，轮廓圆弧半径 R 通常大于小齿轮中心到凸台处的距离 R'，如图 4-15 所示。画出小、大齿轮两侧的圆弧后，可作出两圆弧的切线，以确定箱盖顶部轮廓曲线。确定主视图中小齿轮一侧箱盖的结构后，将有关部分投影到俯视图上，便可画出箱体内壁、外壁等结构。

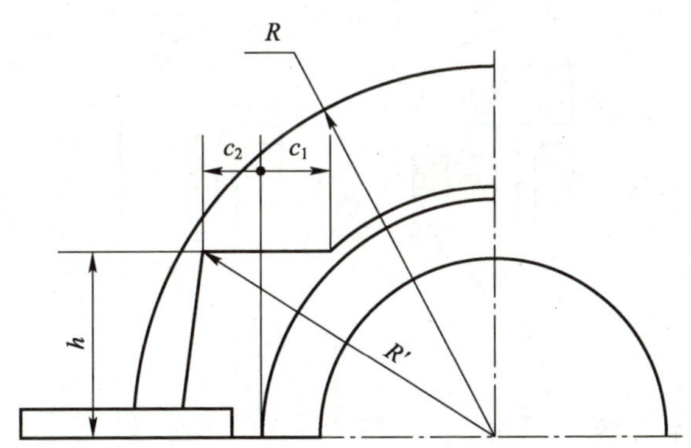

图 4-15 小齿轮一侧轮廓圆弧

4.3.1.3 确定箱体的高度和箱座底凸缘的尺寸

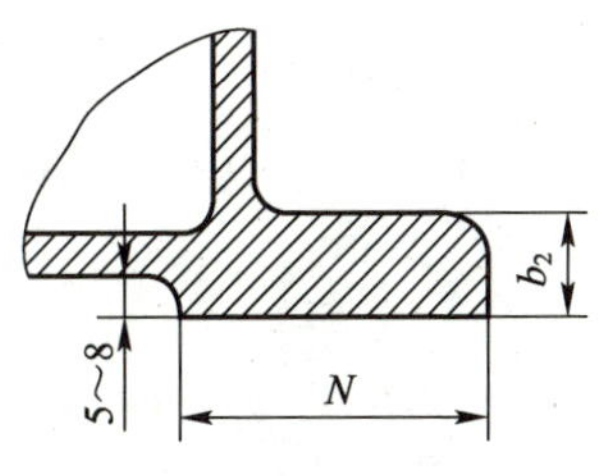

图 4-16 箱座底凸缘

根据大齿轮齿顶圆与油池底面（即箱座内底面）的距离大于 30～50 mm、箱座壁厚为 δ，可确定箱座外底面的位置。通常将箱体支承底面作为设计、制造和安装的基准面，支承底面需要切削加工，故箱座底会制作出凸缘，如图 4-16 所示。凸缘底面比箱座外底面向下凸出 5～8 mm，由此可以确定箱体的高度。箱座底凸缘的厚度 b_2 可参考表 3-2，宽度 N 应超过箱体内壁位置，一般取 $N=c_1+c_2+2\delta$。

4.3.1.4　确定油沟的结构尺寸

当利用齿轮飞溅起来的润滑油来润滑轴承时，应在箱座凸缘上开设油沟，使飞溅起来的润滑油沿着箱盖内壁流入油沟，再经轴承盖上的导油槽流入轴承室。油沟的布置和尺寸如图 4-17 所示。油沟有机械加工油沟和铸造油沟两种，如图 4-18 所示。前者容易制造，工艺性好，应用较多；后者工艺性不好，应用较少。

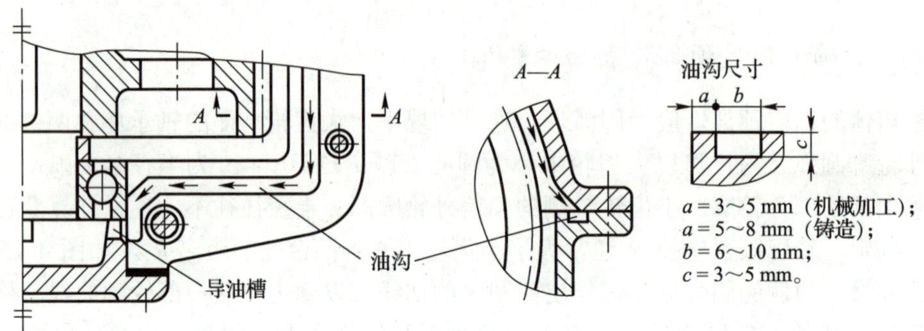

图 4-17　油沟的布置和尺寸

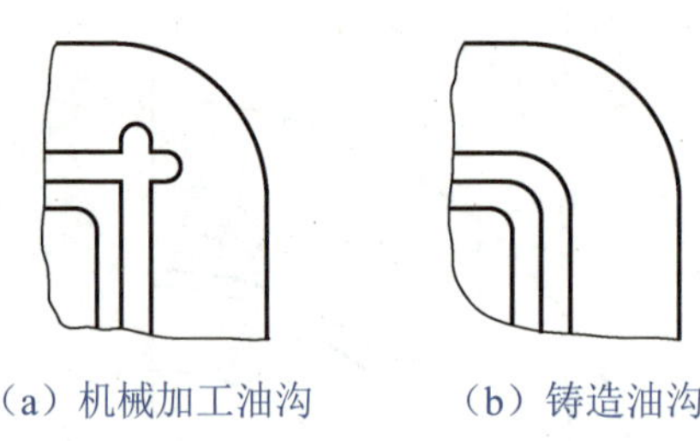

（a）机械加工油沟　　（b）铸造油沟

图 4-18　油沟的结构

4.3.1.5　确定箱体凸缘的尺寸

为了保证箱盖和箱座的连接刚度，箱体凸缘的厚度应大于箱体壁厚，如图 4-19 所示。箱座凸缘厚度 b、箱盖凸缘厚度 b_1、连接螺栓的中心线到箱体外壁的距离 c_1、连接螺栓的中心线到箱体凸缘边缘的距离 c_2 可参考表 3-2 和表 3-3。

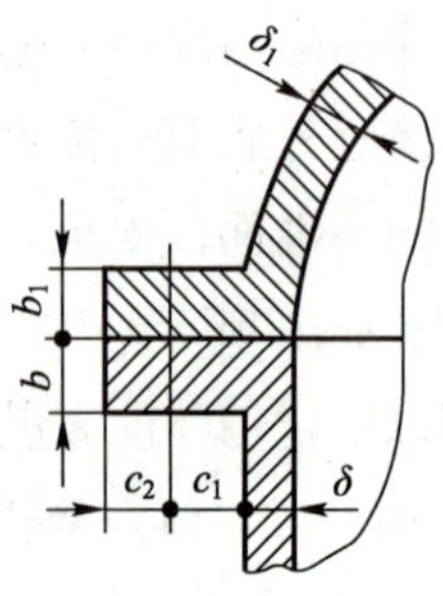

图 4-19　箱体凸缘

4.3.1.6　确定箱体凸缘连接螺栓的布置

为保证箱盖和箱座连接的紧密性，箱体凸缘连接螺栓的间距不宜过大。对于中、小型减速器来说，连接螺栓的间距一般不大于 150 mm；对于大型减速器来说，连接螺栓的间距可取 150～200 mm。布置箱体凸缘连接螺栓时，应尽量使其分布均匀对称，并注意不要与吊耳、吊钩和定位销等发生干涉。

4.3.2　附件设计

减速器内附件的设计方法可参考本书第 3.1 节、附录 3 和附录 9 等有关内容。完成后的减速器装配底图如图 4-20 所示。

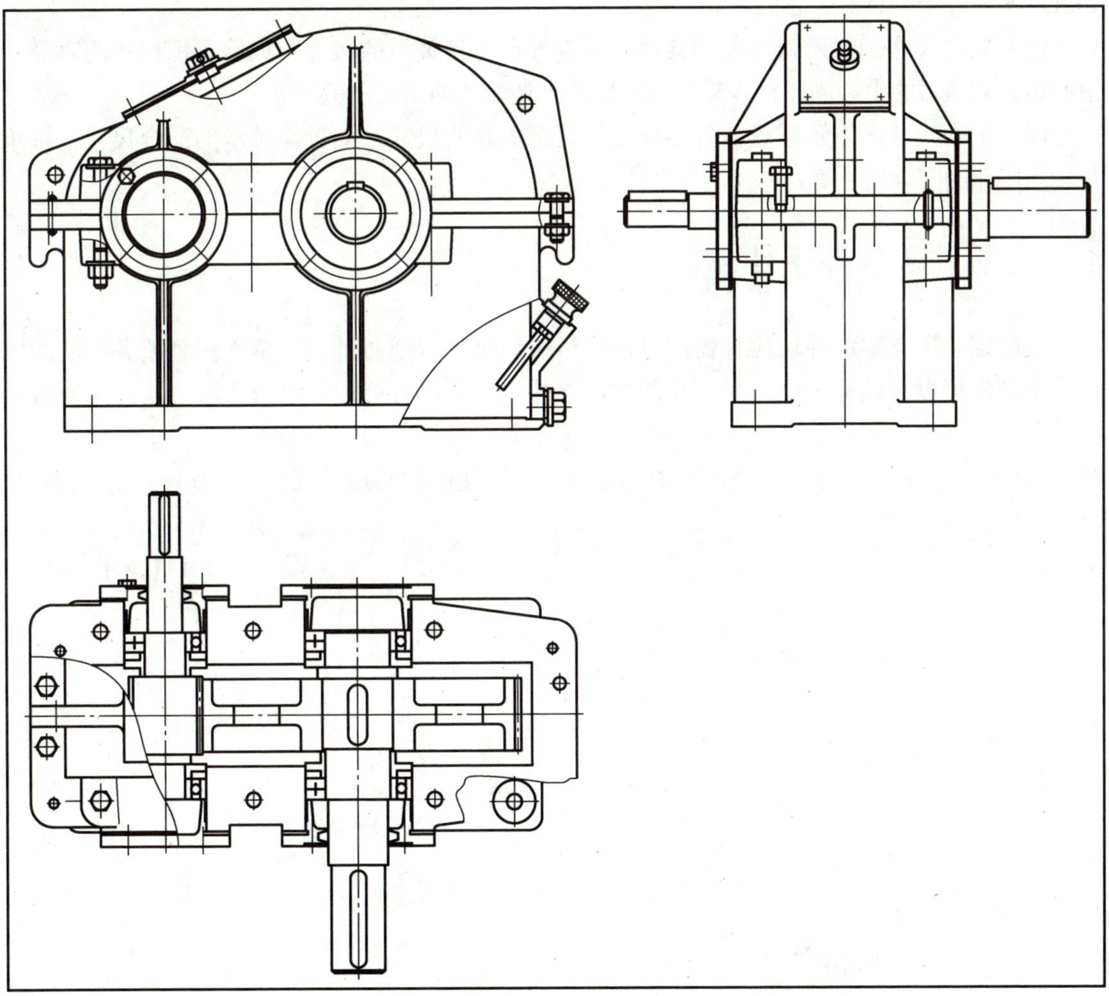

图 4-20　减速器装配底图

4.4 减速器装配图的完善

4.4.1 标注尺寸

在装配图中应标注的尺寸主要有以下四类。

（1）规格（性能）尺寸：表示减速器的规格（性能）的尺寸，如传动零件的中心距及其偏差等。

（2）外形尺寸：表示减速器所占空间的尺寸，供安装时布置机组和运输装箱时做参考，如减速器的总长、总宽、总高等。

（3）安装尺寸：表示减速器和其他有关零部件连接关系的尺寸，如地脚螺栓孔的直径和中心距、减速器的中心高、输入轴和输出轴的外伸端的伸出长度等。

（4）配合尺寸：表示减速器各零件之间装配关系的尺寸，如轴与轴承的配合尺寸、轴承与轴承座孔的配合尺寸等。

4.4.2 标注零部件序号

装配图中所有零部件均应标出序号，序号按顺时针或逆时针方向依次排列整齐；装配图中一个部件可以只编写一个序号；相同的零部件用一个序号标注，且只标注一次；序号数字可比尺寸数字大一号或两号；序号指引线互不相交，也不能与剖面线平行；对于装配关系清楚的零件组（如螺栓、螺母和垫圈组成的零件组）可使用公共指引线标注，如图 4-21 所示。

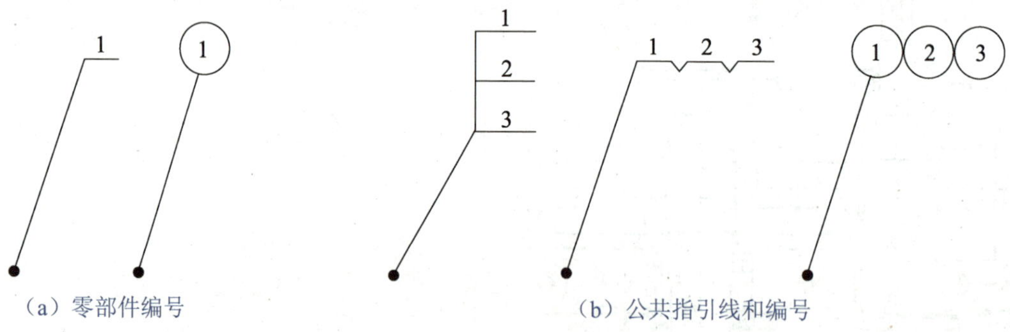

（a）零部件编号　　（b）公共指引线和编号

图 4-21　零部件序号的标注方法

4.4.3 编写技术特性

应在装配图的适当位置写上减速器的技术特性，包括减速器的输入功率、输入转速、效率和传动比等。通常采用表格形式来描述减速器的技术特性，如表 4-4 所示。

表 4-4 一级圆柱齿轮减速器的技术特性

输入功率 P/kW	输入转速 n/（r•min^{-1}）	效率 η	传动比 i	模数 m/mm	齿数比 z_2/z_1	精度等级

4.4.4 编写技术要求

技术要求主要包括以下几个方面。

4.4.4.1 装配前对零件表面的要求

（1）用煤油、汽油等将所有零件表面清洗干净。

（2）在箱体内壁和齿轮等未加工表面涂防侵蚀的涂料。

（3）洗净零件配合面后应涂润滑油。

4.4.4.2 安装和调整要求

（1）安装滚动轴承时，要保证有一定的轴向间隙或游隙。对于游隙不可调的轴承，一般轴向间隙取 0.1～0.4 mm；对于游隙可调的轴承，其轴向间隙可查相关设计手册。

（2）安装齿轮或蜗轮蜗杆时，应根据传动精度等级对齿侧间隙和齿面接触斑点提出具体数值要求，以供安装后检验使用。

齿面接触斑点是指装配好的齿轮副在轻微的制动下运转后，齿面上分布的接触擦亮痕迹。

4.4.4.3 润滑要求

注明传动零件和轴承所用的润滑剂牌号、用量、补充或更换时间。

4.4.4.4 密封要求

减速器所有接触面和密封处均不允许漏油。箱体剖分面允许涂密封胶或水玻璃，不允许使用任何垫片。

4.4.4.5 试验要求

装配好后，应先做空载试验，正、反转各 1 h，要求运转平稳、噪声小、连接固定处不松动；然后做负载试验，要求油池温升不得超过 35℃，轴承温升不得超过 40℃。

4.4.4.6 包装和运输要求

（1）箱体表面应涂漆。

（2）外伸轴和其他零件需要涂油并包装严密。

（3）减速器在包装箱内应固定牢靠。

（4）包装箱外应写明“不可倒置”“防雨淋”等字样。

4.4.5 填写标题栏和明细栏

标题栏可用来说明减速器的名称、图号、比例、重量、件数等，应置于图纸的右下角。标题栏的格式如图 4-22 所示。

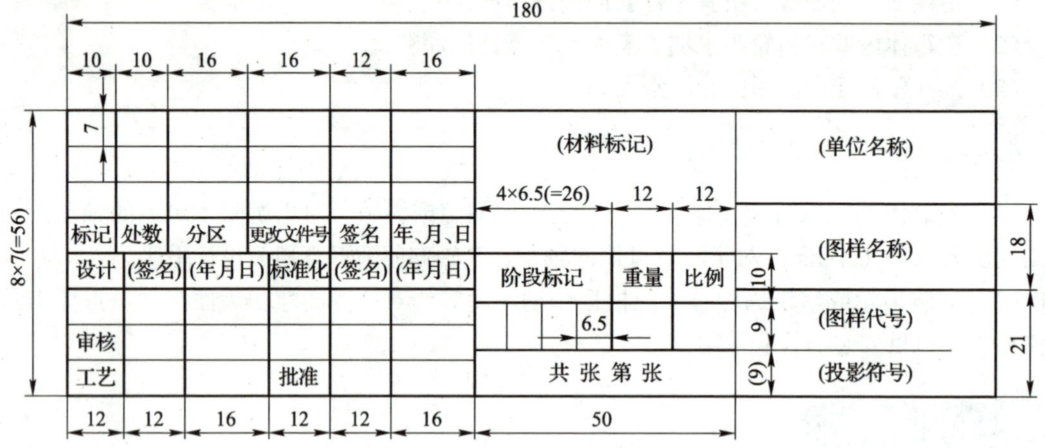

图 4-22 标题栏的格式

明细栏是减速器所有零部件的详细目录。明细栏应由下向上填写，标准件必须按规定的标记方法标记，材料应注明牌号，齿轮必须注明模数、齿数等主要参数。明细栏的格式如图 4-23 所示。

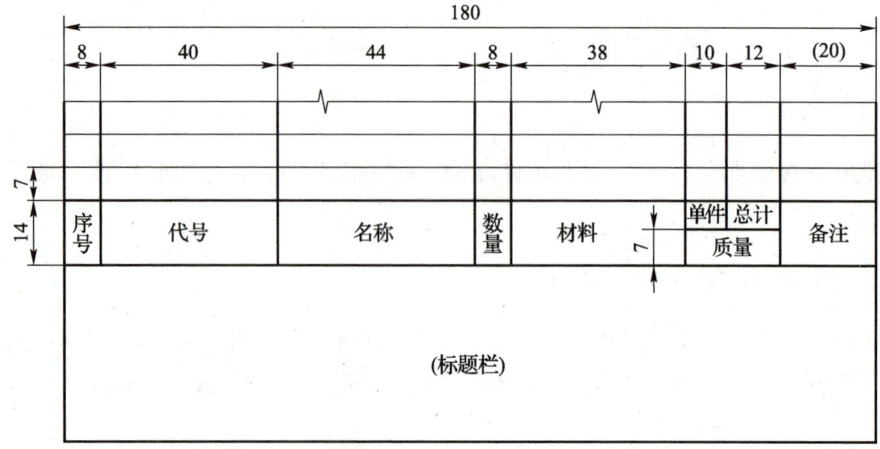

图 4-23 明细栏的格式

项目实施

确定一级圆柱齿轮减速器轴的结构形状和几何尺寸

【项目描述】

由前文“项目实施”的结果可知，齿轮传动的传动比 $i=5.16$，小齿轮传递的输入功率 $P_1=4.86\ \text{kW}$，输入转矩 $T_1=149.87\ \text{N}\cdot\text{m}$，转速 $n_1=309.68\ \text{r/min}$；大齿轮传递的输入功率 $P_2=4.62\ \text{kW}$，输入转矩 $T_2=735.10\ \text{N}\cdot\text{m}$，转速 $n_2=60.02\ \text{r/min}$。箱体内壁至轴承座端面距离 $B=55\ \text{mm}$，小齿轮端面至箱体内壁的距离 $\varDelta_2=15\ \text{mm}$。其他几何尺寸如表 2-3 所示。已知轴承选用脂润滑，试确定两轴的结构形状和几何尺寸。

【实施流程】

1）确定小齿轮轴的结构形式和几何尺寸

（1）确定结构形式。由于轴承选用脂润滑，故选择图 4-24 所示的结构形式。

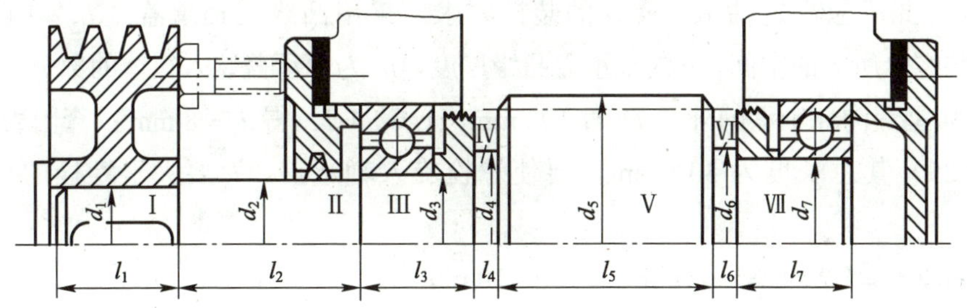

图 4-24　小齿轮轴的结构形式

（2）选择材料。因传递功率不大，故材料选择 45 钢，经调质处理。

（3）初步估算最小轴径。利用公式 $d \geqslant C\sqrt[3]{\dfrac{P}{n}}$，查文献［1］中表 8-2“常用材料的$[\tau]$值和 C 值”得 C 的取值范围为 107～118，取 $C=115$，则

文献［1］中的相关表

$$d_{\min} \geqslant C\sqrt[3]{\frac{P_1}{n_1}}=115\times\sqrt[3]{\frac{4.86}{309.68}}\approx 28.79\ (\text{mm})$$

考虑到轴上有键槽，轴径增大 5%，则

$$d_{\min} \geqslant 28.79\times(1+5\%)=30.23\ (\text{mm})$$

（4）确定各轴段的直径。

轴段Ⅰ：因该轴头安装大带轮，为了与大带轮的中心孔径相配合，查附表 1-4，取 $d_1=34\ \text{mm}$。

轴段Ⅱ：轴段Ⅱ和轴段Ⅰ之间形成的轴肩为定位轴肩，其高度要取大一些。轴承采用脂

润滑，轴径圆周速度较小时采用油封毡圈密封，查附表 9-10，取轴径 $d_2 = 42$ mm，此时轴径的圆周速度 $v = \dfrac{\pi d_2 n_1}{60 \times 1\,000} = \dfrac{\pi \times 42 \times 309.68}{60 \times 1\,000} \approx 0.68$ (m/s)。0.68 m/s < 5 m/s，满足油封毡圈密封条件。

轴段Ⅲ：轴段Ⅲ和轴段Ⅱ之间形成的轴肩为非定位轴肩，其高度可取小一些，但轴段Ⅲ要安装轴承标准件，故取 $d_3 = 45$ mm。查附表 7-1，初选轴承型号为 6309。

轴段Ⅳ：轴肩高度不得超过轴承内圈，以方便轴承拆卸，可取 $d_4 = 50$ mm。

轴段Ⅴ：由于 $d_{f1} - d_4 = 52.5 - 50 = 2.5\ (\text{mm}) < 2m = 2 \times 3 = 6\ (\text{mm})$，故小齿轮宜与轴做成一体，即做成齿轮轴，则此段直径 $d_5 = 60$ mm（分度圆直径）。

轴段Ⅵ：$d_6 = d_4 = 50$ mm。

轴段Ⅶ：$d_7 = d_3 = 45$ mm。

（5）确定各轴段的长度。

轴段Ⅰ：带轮与轴配合的轮毂长度 $L = (1.5 \sim 2)d_1 = (51 \sim 68)$ mm，取 $L = 60$ mm，为保证带轮轴向定位可靠，轴段Ⅰ的长度应略小于轮毂宽 1～3 mm，故取该轴段长 $L_1 = 58$ mm。

轴段Ⅱ：此段应满足轴承盖螺栓的装拆要求。采用凸缘式轴承盖，$L_2 = l + e + m$，其中，l 为安装螺栓所需的空间，e 为轴承盖凸缘厚度，m 为轴承盖装入箱体的部分。

① 6309 型深沟球轴承的外径 D 为 100 mm，查表 4-2，得 $d_3 = 8$ mm；查附表 3-4，选择螺栓 M8×25，其总长度为 30.3 mm。要使螺栓旋入轴承盖，l 要大于螺栓的总长度，取 $l = 35$ mm。

② $e = 1.2d_3 = 1.2 \times 8 = 9.6\ (\text{mm})$，取 $e = 10$ mm。

③ $m = B - \Delta_3 -$ 轴承宽度。其中，箱体内壁至轴承座端面距离 $B = 55$ mm；轴承内侧端面至箱体内壁的距离 $\Delta_3 = 8 \sim 12$ mm，取 $\Delta_3 = 10$ mm；6309 型深沟球轴承的宽度为 25 mm，则 $m = 55 - 10 - 25 = 20\ (\text{mm})$，可得

$$L_2 = l + e + m = 35 + 10 + 20 = 65\ (\text{mm})$$

轴段Ⅲ：$L_3 =$ 轴承宽度 $+ \Delta_3 + (2 \sim 3)$，则可取 $L_3 = 25 + 10 + 3 = 38\ (\text{mm})$。

轴段Ⅳ：$L_4 = \Delta_2 - 3$。小齿轮端面至箱体内壁的距离 $\Delta_2 = 15$ mm，则 $L_4 = 12$ mm。

轴段Ⅴ：该轴段的长度 L_5 等于小齿轮的齿宽，即 $L_5 = 70$ mm。

轴段Ⅵ：$L_6 = L_4 = 12$ mm。

轴段Ⅶ：$L_7 = L_3 = 38$ mm。

（6）确定平键尺寸。轴段Ⅰ上安装有平键，其轴径 $d_1 = 34$ mm，查附表 4-1，得键的尺寸 $b \times h = 10\ \text{mm} \times 8\ \text{mm}$，根据轴的长度 $L_1 = 58$ mm 和键长系列值，取键长 $L = 50$ mm。

小齿轮轴的结构尺寸如图 4-25 所示。

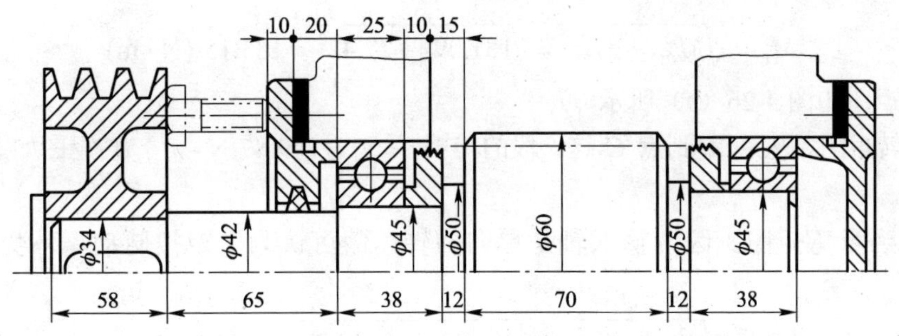

图 4-25　小齿轮轴的结构尺寸

2）校核小齿轮轴的强度

（1）确定轴的支承点和力的作用点距离。受力简图如图 4-26（a）所示。6309 型深沟球轴承的宽度为 25 mm，两轴承中心（点 B、点 D）到齿轮中心（点 C）的距离均为 72.5 mm，带轮轴孔中心（点 A）到最近轴承的距离为 107.5 mm。

（2）计算作用在齿轮上的力。齿轮传递的转矩按轴的输入转矩计算，则小齿轮上的圆周力为

$$F_{t1}=\frac{2T_1}{d_5}=\frac{2\times 149.87\times 10^3}{60}\approx 4\ 995.67\ (\mathrm{N})$$

小齿轮上的径向力为

$$F_{r1}=F_{t1}\tan\alpha=4\ 995.67\times\tan 20°\approx 1818.28\ (\mathrm{N})$$

（3）计算轴承支承反力。轴承关于齿轮对称布置，故两端支承反力相等。

① 计算水平面的支承反力 F_{BH} 和 F_{DH}。水平面受力图如图 4-26（b）所示，轴承水平面的支承反力为

$$F_{BH}=F_{DH}=F_{t1}/2=4\ 995.67/2\approx 2\ 497.84\ (\mathrm{N})$$

② 计算垂直面的支承反力 F_{BV} 和 F_{DV}。垂直面受力图如图 4-26（d）所示，带轮上作用的力 $F_Q=1\ 736.43\ \mathrm{N}$，由力矩平衡可知

$$F_Q\times 107.5-F_{DV}\times(72.5+72.5)-F_{r1}\times 72.5=0$$

解得 $F_{DV}\approx 378.21\ \mathrm{N}$。由垂直面的力平衡可知

$$F_Q+F_{r1}-F_{BV}+F_{DV}=0$$

解得 $F_{BV}=3\ 932.92\ \mathrm{N}$。

（4）画弯矩图。

① 画水平面弯矩图。水平面内最大弯矩发生在 C 处，此处的弯矩大小为

$$M_{CH}=F_{BH}\times 72.5\times 10^{-3}=2\ 497.84\times 72.5\times 10^{-3}\approx 181.09\ (\mathrm{N\cdot m})$$

A、B、D 处的弯矩均为 0，水平面弯矩图如图 4-26（c）所示。

② 画垂直面弯矩图。

$$M_{BV}=F_Q\times 107.5\times 10^{-3}=1\ 736.43\times 107.5\times 10^{-3}\approx 186.67\ (\mathrm{N\cdot m})$$

$$M_{CV}=F_{DV}\times 72.5\times 10^{-3}=378.21\times 72.5\times 10^{-3}\approx 27.42\ (\mathrm{N\cdot m})$$

A、D 处的弯矩均为 0，垂直面弯矩图如图 4-26（e）所示。

③ 画合成弯矩图。

$$M_B=M_{BV}=186.67\ \mathrm{N\cdot m}$$

$$M_{C}=\sqrt{M_{CH}^{2}+M_{CV}^{2}}=\sqrt{181.09^{2}+27.42^{2}}\approx 183.15\ (\text{N}\cdot\text{m})$$

合成弯矩图如图 4-26（f）所示。

（5）画转矩图。从点 A 到点 C 这一段的转矩 $T=T_1=149.87\ \text{N}\cdot\text{m}$，转矩图如图 4-26（g）所示。

（6）画当量弯矩图。因为输入轴是单向回转，故可认为转矩按脉动循环变化，取 $\alpha=0.6$，则

$$M_{Ae}=\sqrt{0^{2}+(\alpha T_{1})^{2}}=\sqrt{0^{2}+(0.6\times 149.87)^{2}}\approx 89.92\ (\text{N}\cdot\text{m})$$

$$M_{Be}=\sqrt{M_{BV}^{2}+(\alpha T_{1})^{2}}=\sqrt{186.67^{2}+(0.6\times 149.87)^{2}}\approx 207.20\ (\text{N}\cdot\text{m})$$

$$M_{C左e}=\sqrt{M_{C}^{2}+(\alpha T_{1})^{2}}=\sqrt{183.15^{2}+(0.6\times 149.87)^{2}}\approx 204.03\ (\text{N}\cdot\text{m})$$

$$M_{C右e}=\sqrt{M_{C}^{2}+0}=183.15\ (\text{N}\cdot\text{m})$$

当量弯矩图如图 4-26（h）所示。

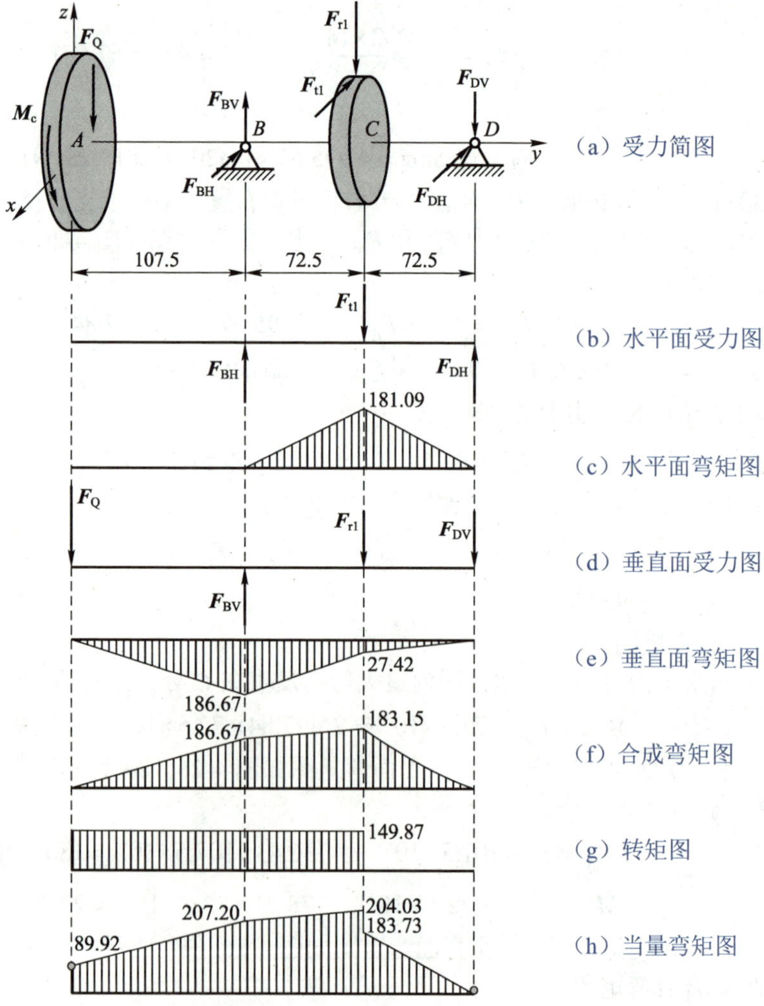

图 4-26　小齿轮轴的弯矩图和转矩图

（7）按弯扭合成强度校核小齿轮轴的强度。由以上计算可知，点 C 处当量弯矩最大，点 A 处轴径最小，故需要校核这两处轴的强度。轴强度的校核公式为

$$\sigma_e=\frac{M_e}{W_z}=\frac{M_e}{0.1d^3}\leqslant[\sigma_{-1b}]$$

查文献［1］中表 8-4“轴的许用弯曲应力”取$[\sigma_{-1b}]=60\,\text{MPa}$，则

$$\sigma_{Ae}=\frac{M_{Ae}}{W_A}=\frac{89.92\times10^3}{0.1\times34^3}\approx22.88\ (\text{MPa})<60\ \text{MPa}$$

$$\sigma_{Ce}=\frac{M_{C左e}}{W_C}=\frac{204.03\times10^3}{0.1\times60^3}\approx9.45\ (\text{MPa})<60\ \text{MPa}$$

故强度足够。

3）校核小齿轮轴上轴承的寿命

小齿轮轴上的深沟球轴承 6309 承受纯径向载荷（轴支承处的总的支承反力），且两轴承所受力的大小相等。

（1）计算当量动载荷。B、D 两处轴承的径向力分别为

$$F_{rB}=\sqrt{F_{BH}^2+F_{BV}^2}=\sqrt{2\,497.84^2+3\,932.92^2}$$

$$F_{rD}=\sqrt{F_{DH}^2+F_{DV}^2}=\sqrt{2\,497.84^2+378.21^2}$$

因为$F_{rB}>F_{rD}$，故轴承当量动载荷$P=F_{rB}\approx4\,659.08\ \text{N}$。

（2）计算基本额定动载荷。深沟球轴承的寿命系数$\varepsilon=3$；轴承在100℃油温下工作时，查文献［1］中表 9-10“温度系数 f_t”得 $f_t=1$，查文献［1］中表 9-11“载荷系数 f_p”取 $f_p=1$；轴承工作年限为 8 年，每年工作 250 天，三班制工作，每天工作 24 h，则

$$L_h'=8\times250\times24=48\,000\ (\text{h})$$

$$C'=\frac{f_p}{f_t}P\sqrt[\varepsilon]{\frac{60n_1L_h'}{10^6}}=4\,659.08\times10^{-3}\times\sqrt[3]{\frac{60\times309.68\times48\,000}{10^6}}\approx44.85\ (\text{kN})$$

6309 型深沟球轴承的基本额定动载荷$C_r=52.8\ \text{kN}$，$C'<C_r$，故轴承的寿命足够。

4）确定大齿轮轴的结构形式和几何尺寸

（1）确定结构形式。选择图 4-27 所示的结构形式。

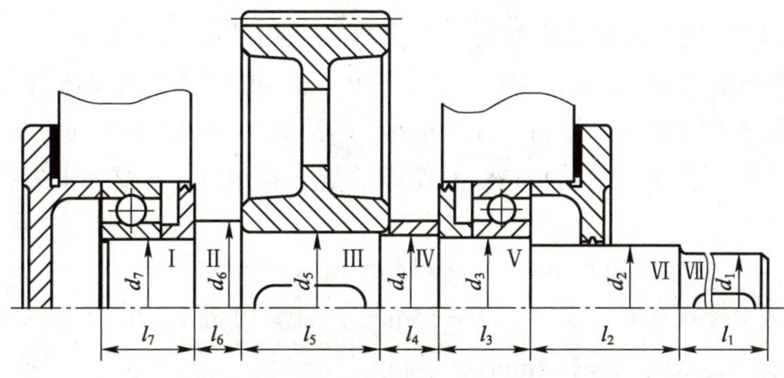

图 4-27　大齿轮轴的结构形式

（2）选择材料。因传递功率不大，故材料选择45钢，经调质处理。

（3）初步估算最小轴径。利用公式$d \geqslant C\sqrt[3]{\frac{P}{n}}$，查文献［1］中表 8-2 得 C 的取值范围为 107～118，取$C=110$，则

$$d_{\min} \geqslant C\sqrt[3]{\frac{P_2}{n_2}} = 110 \times \sqrt[3]{\frac{4.62}{60.02}} \approx 46.79\ (\mathrm{mm})$$

考虑到轴上有键槽，轴径增大5%，故

$$d_{\min} \geqslant 46.79 \times (1+5\%) \approx 49.13\ (\mathrm{mm})$$

（4）确定各轴段的直径。

轴段Ⅰ：为缓冲减振，选择弹性套柱销联轴器。查文献［1］中表 10-10“工作情况系数 K”得$K=1.3$，选择联轴器的计算转矩$T_c = KT_2 = 1.3 \times 735.10 = 955.63\ (\mathrm{N \cdot m})$。根据$T_c = 955.63\ \mathrm{N \cdot m}$、转速$n_2 = 60.02\ \mathrm{r/min}$、轴径$d_{\min} \geqslant 49.13\ \mathrm{mm}$，查附录 6 中有关联轴器的相关标准，选用 Y 型轴孔 LT8 联轴器，其公称转矩$T_n = 1\,120\ \mathrm{N \cdot m}$、许用转速$[n] = 3\,000\ \mathrm{r/min}$，符合所需的转矩和转速要求；其轴孔直径有 40 mm、42 mm、45 mm、48 mm、50 mm、55 mm、60 mm、63 mm、65 mm 等规格，取轴径$d_1 = 50\ \mathrm{mm}$，对应轴孔长度$L = 84\ \mathrm{mm}$。

轴段Ⅱ：轴段Ⅱ和轴段Ⅰ之间形成定位轴肩，对联轴器进行定位；由轴承采用脂润滑和轴径圆周速度较小时采用油封毡圈密封，查附表 9-10，取轴径$d_2 = 55\ \mathrm{mm}$，此时轴径的圆周速度$v = \frac{\pi d_2 n_2}{60 \times 1\,000} = \frac{\pi \times 55 \times 60.02}{60 \times 1\,000} \approx 0.17\ (\mathrm{m/s})$，$0.17\ \mathrm{m/s} < 5\ \mathrm{m/s}$，满足油封毡圈密封条件。

轴段Ⅲ：轴段Ⅲ和轴段Ⅱ之间形成的轴肩为非定位轴肩，非定位轴肩的高度可取小一些，但轴段Ⅲ要安装轴承标准件，故取$d_3 = 60\ \mathrm{mm}$。查附表 7-1，初选轴承型号为 6312。

轴段Ⅳ：轴段Ⅳ和轴段Ⅲ之间形成的轴肩为非定位轴肩，取轴径$d_4 = 63\ \mathrm{mm}$。

轴段Ⅴ：轴段Ⅴ和轴段Ⅳ之间形成的轴肩为非定位轴肩，取轴径$d_5 = 65\ \mathrm{mm}$。

轴段Ⅵ：此段为齿轮的轴向定位段，取轴径$d_6 = 75\ \mathrm{mm}$。

轴段Ⅶ：$d_7 = d_3 = 60\ \mathrm{mm}$。

（5）确定各轴段的长度。

轴段Ⅰ：轴段Ⅰ的长度应略小于轮毂宽 1～3 mm，故取该轴段长$L_1 = 82\ \mathrm{mm}$。

轴段Ⅱ：此段应满足轴承盖螺栓的装拆要求。采用凸缘式轴承盖，$L_2 = l + e + m$。其中，l 为安装螺栓所需的空间，e 为轴承盖凸缘厚度，m 为轴承盖装入箱体的部分。

① 6312 型深沟球轴承的外径 D 为 130 mm，查表 4-2，得$d_3 = 10\ \mathrm{mm}$；查附表 3-4，选择螺栓 M10×25，其总长度为 31.4 mm。要使螺栓旋入轴承盖，l 要大于螺栓的总长度，取$l = 35\ \mathrm{mm}$。

② $e = 1.2d_3 = 1.2 \times 10 = 12\ (\mathrm{mm})$，取$e = 12\ \mathrm{mm}$。

③ $m = B - \Delta_3 -$ 轴承宽度。其中，$B = 55\ \mathrm{mm}$，$\Delta_3 = 10\ \mathrm{mm}$，6312 型深沟球轴承的宽度为 31 mm，则$m = 55 - 10 - 31 = 14\ (\mathrm{mm})$。

可得

$$L_2 = l + e + m = 35 + 12 + 14 = 61\ (\mathrm{mm})$$

轴段Ⅲ：L_3 = 轴承宽度 + Δ_3 + (2～3)，则可取 $L_3 = 31 + 10 + 3 = 44\ (\mathrm{mm})$。

轴段Ⅴ：该轴段的长度应比大齿轮的齿宽（65 mm）小 1～3 mm，取 $L_5 = 63\ \mathrm{mm}$。

轴段Ⅳ和Ⅵ：由小齿轮轴各段的长度可知，箱体的宽度为 100 mm，通过画图可知，$L_4 = \frac{100}{2} - \frac{65}{2} - 3 + (65 - 63) = 16.5\ (\mathrm{mm})$，$L_6 = \frac{100}{2} - \frac{65}{2} - 3 = 14.5\ (\mathrm{mm})$。

轴段Ⅶ：$L_7 = L_3 = 44\ \mathrm{mm}$。

（6）确定平键尺寸。

① 轴段Ⅰ上装有平键，实现联轴器与轴的周向连接。轴段Ⅰ的直径 $d_1 = 50\ \mathrm{mm}$，查附表 4-1，得键的尺寸 $b \times h = 14\ \mathrm{mm} \times 9\ \mathrm{mm}$，根据轴的长度 $L_1 = 82\ \mathrm{mm}$ 和键长系列值，取键长 $L = 70\ \mathrm{mm}$。

② 轴段Ⅴ上装有平键，实现齿轮与轴的连接，其轴径 $d_5 = 65\ \mathrm{mm}$，查附表 4-1，得键的尺寸 $b \times h = 18\ \mathrm{mm} \times 11\ \mathrm{mm}$，根据轴的长度 $l_4 = 63\ \mathrm{mm}$ 和键长系列值，取键长 $L = 56\ \mathrm{mm}$。

大齿轮轴的结构尺寸如图 4-28 所示。

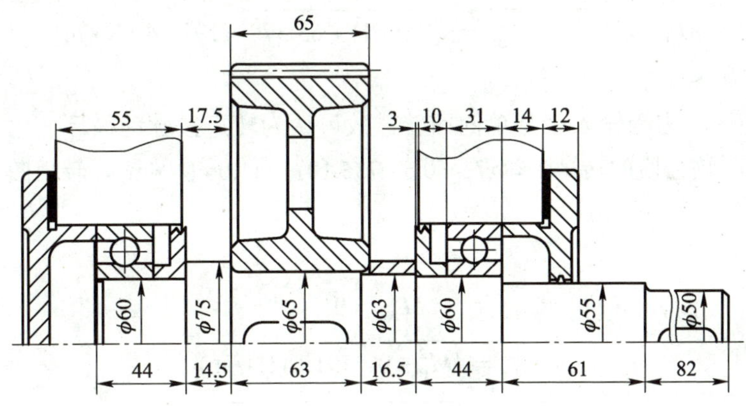

图 4-28　大齿轮轴的结构尺寸

5）校核大齿轮轴的强度

（1）确定轴的支承点和力的作用点距离。受力简图如图 4-29（a）所示。两轴承中心（点 A、点 C）到齿轮中心（点 B）的距离均为 75.5 mm，联轴器轴孔中心（点 D）到最近轴承的距离为 118.5 mm。

（2）计算作用在齿轮上的力。齿轮传递的转矩就是该轴的输入转矩，则大齿轮上的圆周力为

$$F_{t2} = \frac{2T_2}{d_2} = \frac{2 \times 735.10 \times 10^3}{309} \approx 4\,757.93\ (\mathrm{N})$$

大齿轮上的径向力为

$$F_{r2} = F_{t2} \tan\alpha = 4\,757.93 \times \tan 20^\circ \approx 1\,731.74\ (\mathrm{N})$$

（3）计算轴承支承反力。轴承关于齿轮对称布置，故两端支承反力相等。

① 计算水平面的支承反力 F_{AH} 和 F_{CH}。水平面受力图如图 4-29（b）所示，轴承水平面的支承反力为

$$F_{AH} = F_{CH} = F_{t2}/2 = 4\,757.93/2 \approx 2\,378.97\ (\text{N})$$

② 计算垂直面的支承反力 F_{AV} 和 F_{CV}。垂直面受力图如图 4-29（d）所示，轴承垂直面的支承反力为

$$F_{AV} = F_{CV} = F_{r2}/2 = 1\,731.74/2 \approx 865.87\ (\text{N})$$

（4）画弯矩图。

① 画水平面弯矩图。水平面内最大弯矩发生在 B 处，此处的弯矩大小为

$$M_{BH} = F_{AH} \times 75.5 \times 10^{-3} = 2\,378.97 \times 75.5 \times 10^{-3} \approx 179.61\ (\text{N} \cdot \text{m})$$

C、D 处的弯矩均为 0，水平面弯矩图如图 4-29（c）所示。

② 画垂直面弯矩图。垂直面内最大弯矩也发生在 B 处，此处的弯矩大小为

$$M_{BV} = F_{AV} \times 75.5 \times 10^{-3} = 865.87 \times 75.5 \times 10^{-3} \approx 65.37\ (\text{N} \cdot \text{m})$$

A、C、D 处的弯矩均为 0，垂直面弯矩图如图 4-29（e）所示。

③ 画合成弯矩图。

$$M_B = \sqrt{M_{BH}^2 + M_{BV}^2} = \sqrt{179.61^2 + 65.37^2} \approx 191.14\ (\text{N} \cdot \text{m})$$

合成弯矩图如图 4-29（f）所示。

（5）画转矩图。因为输入轴是单向回转，故可认为转矩按脉动循环变化，取 $\alpha = 0.6$，则从点 B 到点 D 这一段的转矩 $T = \alpha T_2 = 0.6 \times 735.10 = 441.06\ (\text{N} \cdot \text{m})$，转矩图如图 4-29（g）所示。

（6）画当量弯矩图。

$$M_{Ae} = 0$$

$$M_{B左e} = \sqrt{M_B^2 + 0} = 191.14\ (\text{N} \cdot \text{m})$$

$$M_{B右e} = \sqrt{M_B^2 + (\alpha T_2)^2} = \sqrt{191.14^2 + (0.6 \times 735.10)^2} \approx 480.70\ (\text{N} \cdot \text{m})$$

$$M_{Ce} = M_{De} = \sqrt{0 + (\alpha T_2)^2} = 441.06\ (\text{N} \cdot \text{m})$$

当量弯矩图如图 4-29（h）所示。

（7）按弯扭合成强度校核轴的强度。由以上计算可知，B 处当量弯矩最大，D 处轴径最小，故需要校核这两处轴的强度，即

$$\sigma_{Be} = \frac{M_{Be}}{W_B} = \frac{480.70 \times 10^3}{0.1 \times 65^3} \approx 17.50\ (\text{MPa}) < 60\ \text{MPa}$$

$$\sigma_{De} = \frac{M_{De}}{W_D} = \frac{441.06 \times 10^3}{0.1 \times 50^3} \approx 35.28\ (\text{MPa}) < 60\ \text{MPa}$$

故强度足够。

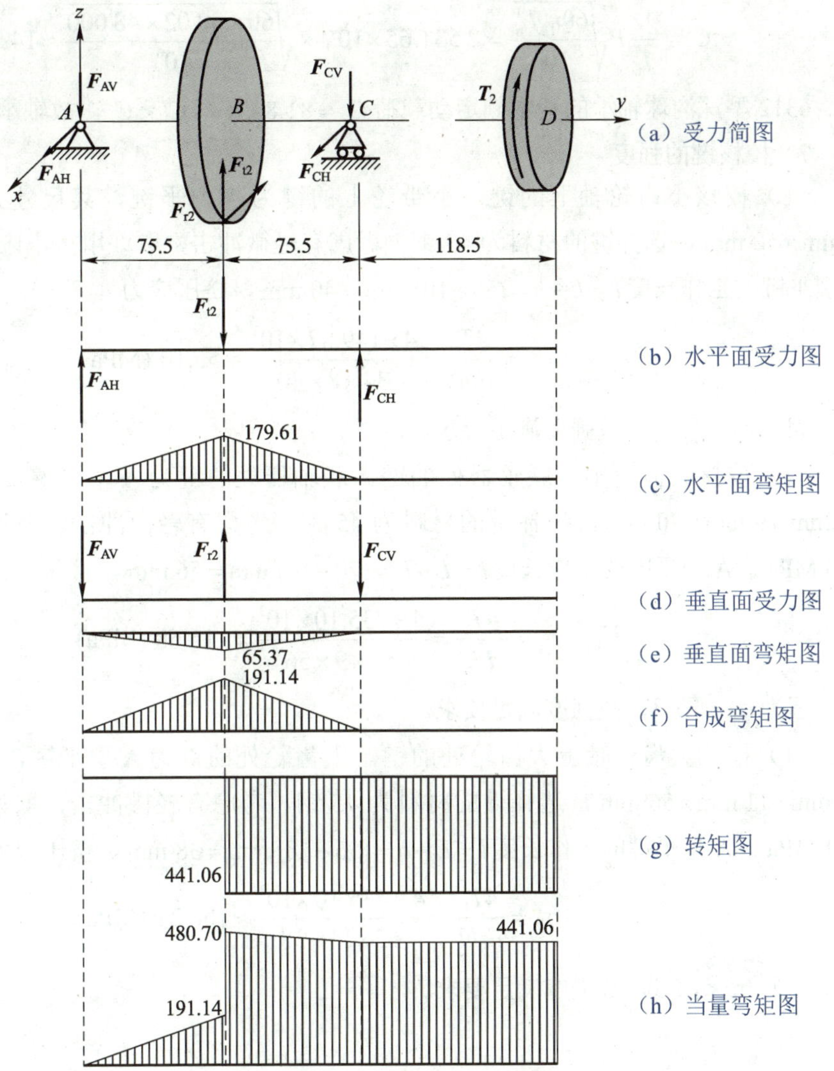

图 4-29　大齿轮轴的弯矩图和转矩图

6）校核大齿轮轴上轴承的寿命

大齿轮轴上的 6312 型深沟球轴承只承受径向载荷（轴支承处的总的支承反力），且两轴承所受力的大小相等。

（1）计算当量动载荷。由图 4-29 可知，A、C 两处轴承的径向力分别为

$$F_{rA}=\sqrt{F_{AH}^2+F_{AV}^2}=\sqrt{2\ 378.97^2+865.87^2}\approx 2\ 531.65\ (\mathrm{N})$$

$$F_{rC}=\sqrt{F_{CH}^2+F_{CV}^2}=\sqrt{2\ 378.97^2+865.87^2}\approx 2\ 531.65\ (\mathrm{N})$$

因为 $F_{rA}=F_{rC}$，故轴承当量动载荷 $P=2\ 531.65\ \mathrm{N}$。

（2）计算基本额定寿命。取寿命系数 $\varepsilon=3$，轴承在100℃油温下工作时，$f_t=1$，$f_p=1$，轴承工作年限为 8 年，每年工作 250 天，三班制工作，每天工作 24 h，则

$$L_h'=8\times 250\times 24=48\ 000\ (\mathrm{h})$$

$$C' = \frac{f_p}{f_t} P \sqrt[\varepsilon]{\frac{60 n_2 L_h'}{10^6}} = 2\,531.65 \times 10^{-3} \times \sqrt[3]{\frac{60 \times 60.02 \times 48\,000}{10^6}} \approx 14.10\ (\text{kN})$$

6312 型深沟球轴承的基本额定动载荷 $C_r = 81.8\ \text{kN}$，$C' < C_r$，故轴承的寿命足够。

7）校核键的强度

（1）校核小齿轮轴上的键。小带轮上的键为 A 型平键，其尺寸为 $b \times h \times L = 10\ \text{mm} \times 8\ \text{mm} \times 50\ \text{mm}$，选择键的材料为 45 钢。考虑有轻微冲击，取许用挤压应力 $[\sigma_P] = 120\ \text{MPa}$。A 型平键的工作长度 $l = L - b = (50 - 10)\ \text{mm} = 40\ \text{mm}$，挤压应力

$$\sigma_P = \frac{4T_1}{d_1 h l} = \frac{4 \times 149.87 \times 10^3}{34 \times 8 \times 40} \approx 55.10\ (\text{MPa})$$

因为 $\sigma_P < [\sigma_P]$，故强度满足要求。

（2）校核大齿轮轴上联轴器处的键。联轴器处的键为 A 型平键，其尺寸为 $b \times h \times L = 14\ \text{mm} \times 9\ \text{mm} \times 70\ \text{mm}$，选择键的材料为 45 钢。考虑有轻微冲击，取许用挤压应力 $[\sigma_P] = 120\ \text{MPa}$。A 型平键的工作长度 $l = L - b = (70 - 14)\ \text{mm} = 56\ \text{mm}$，挤压应力

$$\sigma_P = \frac{4T_2}{d_1 h l} = \frac{4 \times 735.10 \times 10^3}{50 \times 9 \times 56} \approx 116.68\ (\text{MPa})$$

因为 $\sigma_P < [\sigma_P]$，故强度满足要求。

（3）校核大齿轮轴上大齿轮处的键。大齿轮处的键为 A 型平键，其尺寸为 $b \times h \times L = 18\ \text{mm} \times 11\ \text{mm} \times 56\ \text{mm}$，选择键的材料为 45 钢。考虑有轻微冲击，取许用挤压应力 $[\sigma_P] = 120\ \text{MPa}$。A 型平键的工作长度 $l = L - b = (56 - 18)\ \text{mm} = 38\ \text{mm}$，挤压应力

$$\sigma_P = \frac{4T_2}{d_5 h l} = \frac{4 \times 735.10 \times 10^3}{65 \times 11 \times 38} \approx 108.22\ (\text{MPa})$$

因为 $\sigma_P < [\sigma_P]$，故强度满足要求。

学习成果评价

请进行学习成果评价，并将评价结果填入表4-5中。

表4-5　学习成果评价表

班级		姓名		学号		
评价项目	评价内容			分值	自我评分	老师评分
知识（40%）	减速器装配底图的设计要点，包括合理布置视图，确定齿轮位置和箱体内、外壁线，确定轴承座的位置和宽度			10		
	轴系零部件的设计要点，包括轴的结构设计，键、轴承和轴的校核，齿轮的结构设计，轴承的组合设计			10		
	减速器箱体结构及附件的设计要点，包括箱体结构设计、附件设计			10		
	减速器装配图中的尺寸标注、零部件序号标注、技术特性和技术要求的编写、标题栏和明细栏的填写			10		
技能（40%）	能够根据设计要求，合理设计减速器装配底图			15		
	能够根据设计要求，完成轴系零部件、减速器箱体结构及附件的设计			15		
	能够在设计的装配图中标注尺寸和零部件序号，编写技术特性和技术要求，填写标题栏和明细栏			10		
素质（20%）	积极参加教学活动，按要求完成学习任务			5		
	具有团队精神，能够积极与他人合作			5		
	积极、认真参加实践活动，按时完成实践任务			5		
	具有创新精神，能够积极参加创新活动			5		
合　计				100		
总分（自我评分×40%+老师评分×60%）						
自我评价						
老师评价						

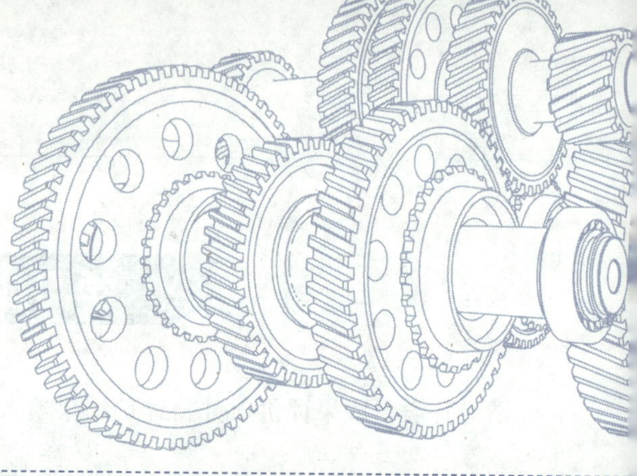

项目5

减速器零件图的设计

项目引言

零件图是零件工作图的简称，是表示零件结构、大小和技术要求的图样。它是制造、检验零件和制订零件工艺规程的依据，正确、合理地设计零件图，对提高产品的力学性能、降低成本等至关重要。本项目将介绍减速器中的轴、齿轮、箱体等典型零件的零件图的设计要点。

知识目标

（1）了解轴类零件图的设计要点。

（2）了解齿轮类零件图的设计要点。

（3）了解箱体类零件图的设计要点。

能力目标

（1）能够根据设计要求，完成轴类零件图的设计与绘制。

（2）能够根据设计要求，完成齿轮类零件图的设计与绘制。

（3）能够根据设计要求，完成箱体类零件图的设计与绘制。

素质目标

（1）通过学习尺寸、公差、表面粗糙度的标注，明白细节决定成败的道理，培养注重细节、精益求精的品质。

（2）通过完成“绘制一级圆柱齿轮圆柱减速器大齿轮轴零件图”实训任务，明白做事情之前应做好规划，从而增强规划意识，树立大局观。

项目引入

绘制完装配图后，小王迅速绘制出了减速器中的主要零件的零件图。然而，老师发现这些零件图存在许多问题：有的视图选择得不合理，导致零件结构表达得不清楚；有的几何公差和表面粗糙度标注得不合理，可能会增大设备运转时的噪声和磨损；对材料力学性能的要求和加工的要求不匹配；等等。老师语重心长地对小王说："在实际生产中，人们会按照零件图中的图形、尺寸及技术要求等进行加工制造。如果零件图有问题，那么制造出来的零件就有问题，会直接影响零件的装配和设备的运行，甚至还可能导致设备报废。零件图同装配图一样重要，绘制零件图时必须认真负责、一丝不苟。"听了老师的话，小王一步一步地改正自己绘制的零件图，最终绘制出了正确的零件图。

5.1 轴类零件图的设计要点

5.1.1 视图的选择

对于轴类零件，一般只需要绘制一个主视图。在主视图中，应将轴线水平横置，且使键槽朝上。在键槽或孔处，应绘制必要的剖视图；对于某些不易表达清楚的细部结构（如退刀槽、砂轮越程槽等），必要时应绘制局部放大图。

5.1.2 尺寸的标注

轴类零件主要标注各轴段的径向尺寸和轴向尺寸。

（1）径向尺寸的标注。必须逐一标注各轴段的径向尺寸，对于轴径完全相同的轴段，不应省略标注。

（2）轴向尺寸的标注。轴类零件主要是在车床上加工的。考虑到加工工序（见表 5-1），应以工艺基准面作为标注轴向尺寸的主要基准面，并使尺寸标注符合轴的加工工艺和测量要求。此外，还应注意不能标注成封闭尺寸链，通常将最不重要的轴段的轴向尺寸空出不标。

表 5-1 轴的加工工序

工序号	工序名称	工序示意图	所需尺寸
1	下料，车外圆，车端面，钻中心孔	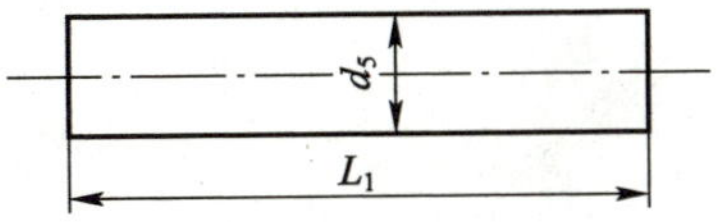 d_5、L_1	L_1、d_5

（续表）

工序号	工序名称	工序示意图	所需尺寸
2	夹住一头，量 L_7，车 d_4	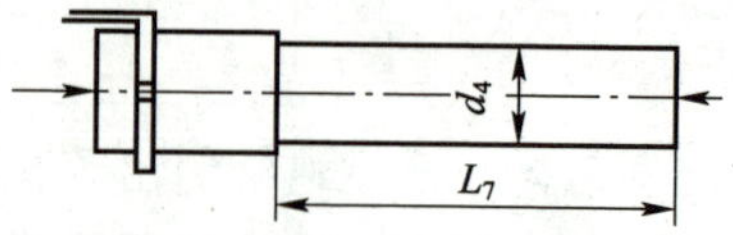 d_4 L_7	L_7、d_4
3	量 L_4，车 d_3	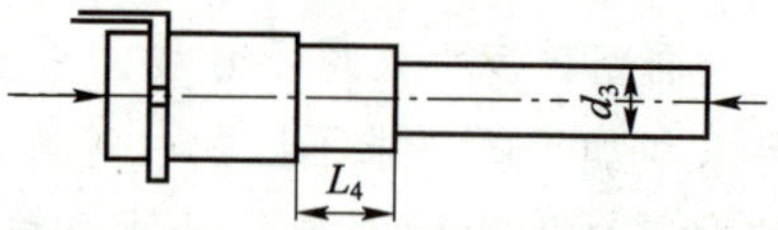 d_3 L_4	L_4、d_3
4	量 L_2，车 d_2	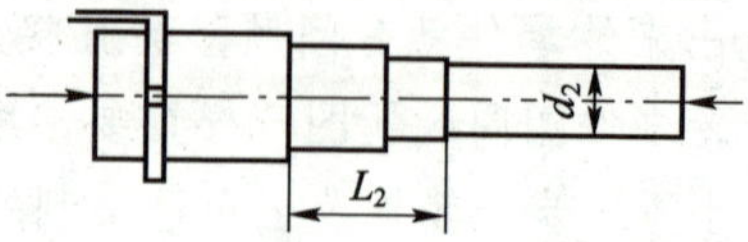 d_2 L_2	L_2、d_2
5	量 L_6，车 d_1	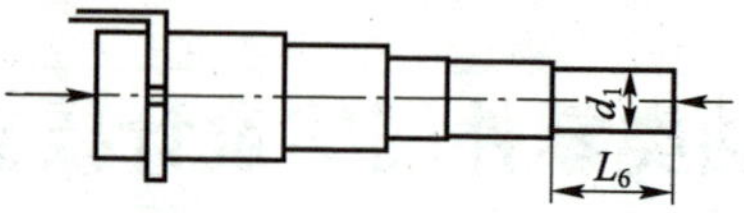 d_1 L_6	L_6、d_1
6	掉头量 L_5，车 d_6	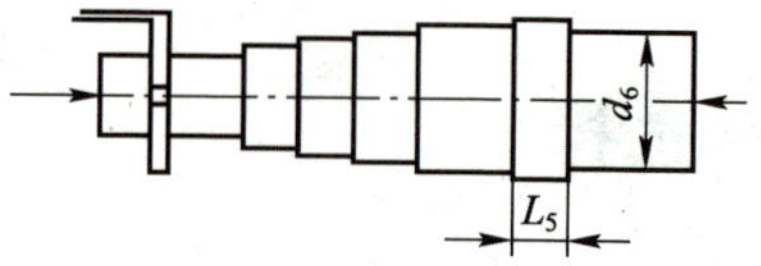 d_6 L_5	L_5、d_6
7	量 L_3，车 d_7	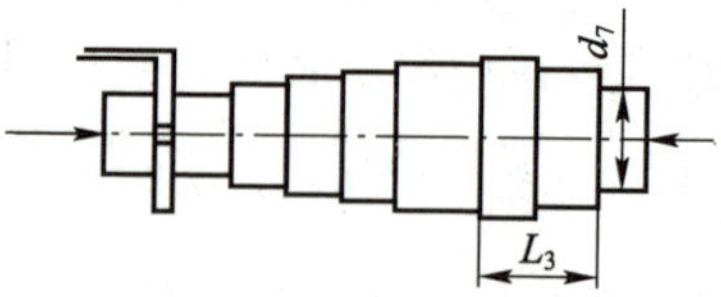 d_7 L_3	L_3、d_7

小贴士

封闭尺寸链是指由互相联系的尺寸按一定顺序首尾相接排列而成的封闭尺寸组。

图 5-1 为减速器输出轴的尺寸标注示例，其中齿轮轮毂与轴肩的接触面为主要基准面。尺寸 L_2、L_3、L_4、L_5 和 L_7 等都是以基准面为基准标注的，加工时可减少加工误差。轴段 II 和Ⅶ的长度误差不影响轴的装配和使用，故这两轴段的尺寸空出不标。

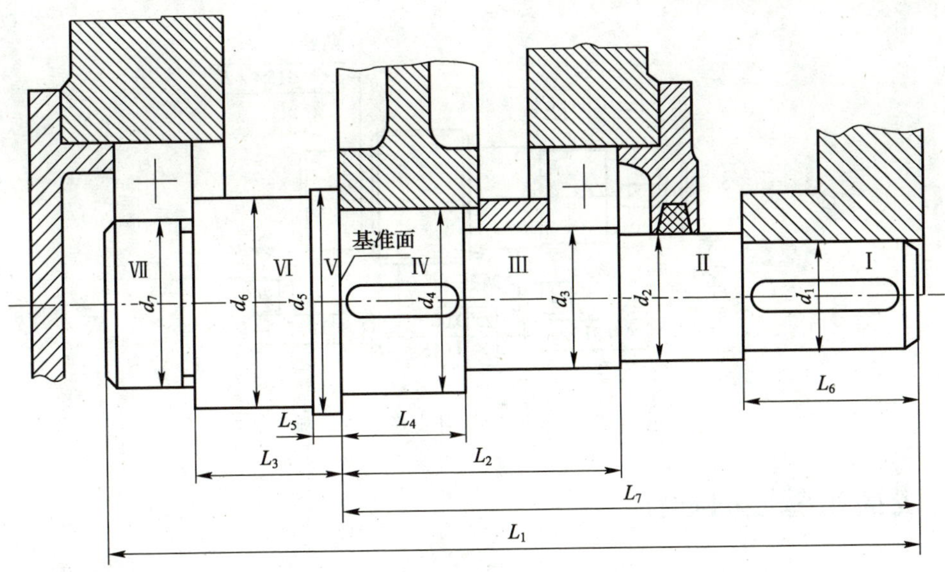

图 5-1　输出轴的尺寸标注示例

5.1.3　公差的标注

（1）尺寸公差的标注。对于轴的重要尺寸（如安装齿轮、带轮、联轴器和轴承的轴段的直径），应根据装配图所选的配合性质查出公差值，并标注在零件图上；对于键槽的尺寸公差，应根据键连接标准公差（见附表 4-1 和附表 4-2）的规定进行标注。在普通减速器设计中，对于轴的轴向尺寸，一般不标注尺寸公差，按未注公差处理。

（2）几何公差的标注。对于轴上各重要表面，应标注几何公差，以保证轴的加工精度和装配质量。表 5-2 为轴的几何公差项目和推荐公差等级，图 5-2 为齿轮轴的几何公差标注示例，供设计时参考。

表 5-2　轴的几何公差项目和推荐公差等级

公差类别	公差项目	符号	推荐公差等级	作用
形状公差	与轴承孔相配合表面的圆柱度	⌭	*	影响轴承与轴配合的松紧和对中性
	与传动零件轴孔相配合表面的圆柱度		IT7～IT8	影响传动零件与轴配合的松紧和对中性
位置公差	键槽两侧面对轴中心线的对称度	⌯	IT7～IT9	影响键受载均匀性和装拆难易程度
跳动公差	与轴承相配合的轴颈表面对轴中心线的径向圆跳动	↗	IT6～IT8	影响轴和轴承的回转同心性
	与传动零件相配合表面对轴中心线的径向圆跳动		IT6～IT8	影响传动零件的回转同心性
	齿轮、联轴器、轴承等零件定位端面对轴中心线的轴向圆跳动		IT6～IT8	影响轴承的定位和受载均匀性

注：“*”表示公差等级由轴的精度等级决定。

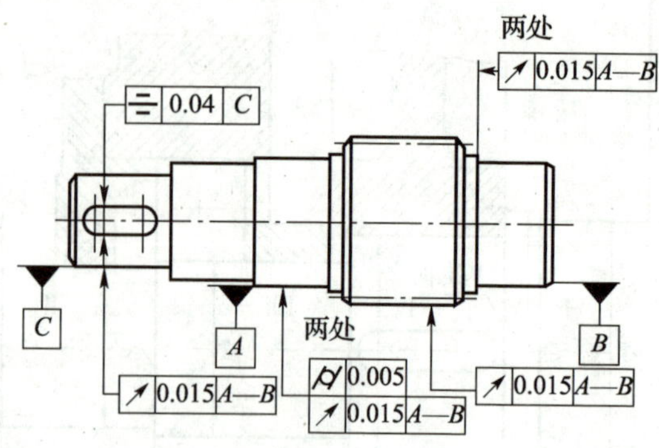

图 5-2 齿轮轴的几何公差标注示例

5.1.4 表面粗糙度的标注

轴表面粗糙度的荐用值如表 5-3 所示。

表 5-3 轴表面粗糙度的荐用值

单位：μm

<table>
<tr><th>加工表面</th><th colspan="4">表面粗糙度</th></tr>
<tr><td>与传动零件和联轴器轮毂相配合的表面</td><td colspan="4">0.8～3.2</td></tr>
<tr><td>与普通级轴承相配合的表面</td><td colspan="4">0.8～1.6</td></tr>
<tr><td>与传动零件和联轴器轮毂相配合的轴肩端面</td><td colspan="4">3.2～6.3</td></tr>
<tr><td>与普通级轴承相配合的轴肩端面</td><td colspan="4">3.2</td></tr>
<tr><td>平键键槽工作面</td><td colspan="4">1.6～3.2</td></tr>
<tr><td>平键键槽的底面</td><td colspan="4">6.3</td></tr>
<tr><td rowspan="4">密封处的表面</td><td>油封毡圈密封</td><td colspan="2">橡胶油封密封</td><td>间隙和迷宫密封</td></tr>
<tr><td colspan="3">与轴接触处的圆周速度/（$m\cdot s^{-1}$）</td><td rowspan="3">3.2～1.6</td></tr>
<tr><td>≤3</td><td>>3～5</td><td>5～10</td></tr>
<tr><td>3.2～1.6</td><td>1.6～0.8</td><td>0.8～0.4</td></tr>
</table>

5.1.5 技术要求的编写

轴零件图上的技术要求主要包括以下几个方面。

（1）对零件所用材料的化学成分的要求。

（2）对材料热处理方法和热处理后的硬度要求等。

（3）对加工的要求，如是否留中心孔等。

（4）对图中未注明的圆角、倒角尺寸和其他特殊要求的说明。

5.2 齿轮类零件图的设计要点

5.2.1 视图的选择

对于齿轮类零件，一般采用主视图和左视图两个视图表示。主视图主要表示轮毂、轮缘、轴孔、键槽等结构，左视图主要表示轴孔、键槽的形状和尺寸。左视图既可画出完整视图，也可只画出局部视图。齿轮轴的视图与轴类零件的零件图的画法类似。

5.2.2 尺寸的标注

齿轮类零件的轮毂孔不仅是装配的基准，也是切齿、检验加工精度的基准，所以径向尺寸应以齿轮轴线为基准标出。齿轮的端面是装配、切齿时的定位基准，所以齿宽方向的尺寸应以端面为基准标出。标注尺寸时应注意，齿轮类零件的分度圆虽然不能直接测量，但它是设计的基本尺寸，故应在图上标出；齿根圆是按齿轮参数切齿后形成的，故不用在图上标出。

5.2.3 公差的标注

（1）尺寸公差的标注。齿轮类零件的轴孔、齿顶圆是加工、装配的重要基准，尺寸精度要求高，故应标注出尺寸极限偏差。其中，轴孔极限偏差由精度等级和配合性质决定，齿顶圆极限偏差由其是否作为测量基准而定。一般而言，齿轮的精度为 6～8 级时，齿顶圆直径尺寸的公差带代号为 h8；齿轮的精度为 9～10 级时，齿顶圆直径尺寸的公差带代号为 h9。

（2）几何公差的标注。齿轮类零件的几何公差项目和推荐公差等级如表 5-4 所示。

表 5-4 齿轮类零件的几何公差项目和推荐公差等级

公差类别	公差项目	符号	推荐公差等级	作用
形状公差	轴孔的圆柱度	⌭	IT6～IT8	影响与轴配合的松紧和对中性
位置公差	轮毂键槽对孔中心线的对称度	⌯	IT7～IT9	影响键受载的均匀性和装拆难易程度
跳动公差	以齿顶圆作为测量基准时齿顶圆的径向圆跳动	↗	*	影响传动精度和载荷分布的均匀性
	齿轮基准端面对中心线的轴向圆跳动			

注：“*”表示公差等级由齿轮的精度等级和尺寸决定。

5.2.4 表面粗糙度的标注

齿轮类零件表面粗糙度的荐用值如表 5-5 所示。

表 5-5 齿轮类零件表面粗糙度的荐用值 单位：μm

加工表面		精度等级			
		6	7	8	9
轮齿工作面		< 0.8	0.8～1.6	1.6～3.2	3.2～6.3
齿顶圆	测量基准面	1.6	1.6～3.2	1.6～3.2	3.2～6.3
	非测量基准面	3.2	3.2～6.3	6.3	6.3～12.5
轴孔配合面		0.8～3.2		1.6～3.2	3.2～6.3
与轴肩配合的端面		0.8～3.2		1.6～3.2	3.2～6.3
其他加工面		1.6～6.3		3.2～6.3	6.3～12.5

5.2.5 啮合特性表

啮合特性表包括齿轮的主要参数、公差等级和检验项目等内容，一般布置在齿轮类零件图的右上角，其格式可参看附图 11-5。

5.2.6 技术要求的编写

齿轮类零件图上的技术要求主要包括以下几个方面。

（1）对铸件、锻件或其他类型毛坯的要求。

（2）对材料化学成分和力学性能的要求。

（3）对材料、齿部热处理方法和热处理后的精度要求。

（4）对未注明的圆角、倒角的说明。

（5）对大型齿轮或高速齿轮的平衡试验要求等。

5.3 箱体类零件图的设计要点

5.3.1 视图的选择

箱体类零件一般比较复杂，为了将其内、外部结构表达清楚，通常需要采用主视图、俯视图和左（或右）视图三个视图，有时还需要加一定数量的局部剖视图或局部放大图。

5.3.2　尺寸的标注

箱体类零件的尺寸标注比较繁杂，标注尺寸时既不能遗漏又不能重复，应注意以下几点。

（1）尺寸标注基准的选择。选择尺寸标注基准时，应力求设计基准与加工基准一致，方便加工时测量。例如，可分别选择轴承孔中心线、箱体宽度方向的对称中心线和箱座底面作为长度方向、宽度方向和高度方向的尺寸基准来进行标注。

（2）形状尺寸的标注。形状尺寸是表示箱体各部分形状大小的尺寸，如箱体的长、宽、高及壁厚，螺孔的直径及其深度，圆弧和圆角半径，槽的深度，加强肋的厚度和高度等形状尺寸应直接标出。

（3）定位尺寸的标注。定位尺寸是确定箱体各部分相对位置的尺寸，如轴孔中心距、孔的中心线及其他有关部位的平面与基准的距离等。定位尺寸应从基准直接标出。

（4）各配合段的配合尺寸均应标注出极限偏差。

（5）所有圆角、倒角等都必须标注或在技术要求中说明。

（6）在标注尺寸时不能出现封闭尺寸链。

5.3.3　公差的标注

箱体类零件的几何公差项目和推荐公差等级如表 5-6 所示。

表 5-6　箱体类零件的几何公差项目和推荐公差等级

公差类别	公差项目	符号	推荐公差等级	作用
形状公差	轴承座孔的圆柱度	⌭	IT6～IT7	影响箱体与轴承的配合性能和对中性
	分箱面的平面度	⏥	IT7～IT8	影响剖分面的防渗漏性能和密合性
方向公差	轴承座孔端面对中心线的垂直度	⊥	IT7～IT8	影响轴承固定和轴向受载的均匀性
	两轴承座孔中心线间的垂直度			影响传动精度和载荷分布的均匀性
	两轴承座孔中心线间的平行度	//	*	影响齿面接触斑点和传动的平稳性
位置公差	两轴承座孔中心线的同轴度	◎	IT6～IT8	影响轴系安装和齿面载荷分布的均匀性

注：“*”表示公差等级由齿轮的精度等级和尺寸决定。

5.3.4　表面粗糙度的标注

箱体加工表面粗糙度的荐用值如表 5-7 所示。

表 5-7 箱体加工表面粗糙度的荐用值 单位：μm

加工表面	粗糙度	加工表面	粗糙度
箱体剖分面	1.6～3.2	箱体底面	6.3～12.5
轴承座孔面	0.8～1.6	轴承座孔外端面	3.2～6.3
圆锥销孔面	1.6～3.2	螺栓孔凸台面	6.3～12.5
轴承盖凸缘、槽面	3.2～6.3	油塞孔凸台面	6.3～12.5
视孔盖接触面	12.5	其他表面	>12.5

5.3.5 技术要求的编写

箱体类零件的技术要求主要包括以下几个方面。

（1）对箱座、箱盖配作（如配作定位销孔、轴承座孔和外端面等）的说明。

（2）对铸件质量的要求，如不允许有砂眼等。

（3）铸造后应清砂、去除毛刺等。

（4）箱体内表面需用煤油清洗后涂防锈漆。

（5）对未注明的铸造斜度及圆角半径、倒角的说明。

（6）其他必要的说明，如两轴承座孔中心线间的平行度或垂直度在图中未标注时，应在技术要求中说明。

项目实施

绘制一级圆柱齿轮减速器大齿轮轴零件图

【项目描述】

根据项目 4“项目实施”中的数据，绘制大齿轮轴零件图。

【实施流程】

（1）视图的选择。轴类零件一般只需要绘制主视图，并且轴的轴线一般在主视图中水平布置，以便在加工过程中看图。一般常用剖视图表示键槽、花键或其他结构的断面形状，用局部放大图表示轴上的一些细部结构。

（2）尺寸的标注。轴类零件的径向尺寸一般均以轴线为基准，轴向尺寸以重要的装配面为基准；不要标注成封闭尺寸链，要标注轴的全长。

（3）公差和表面粗糙度的标注。根据轴的加工和装配要求，注明轴各部分的加工精度、尺寸公差、几何公差、表面粗糙度等。

（4）技术要求的编写。应在零件图中标注轴的材质、热处理方法、要求硬度值及探伤等技术要求。

大齿轮轴的零件图如图 5-3 所示。

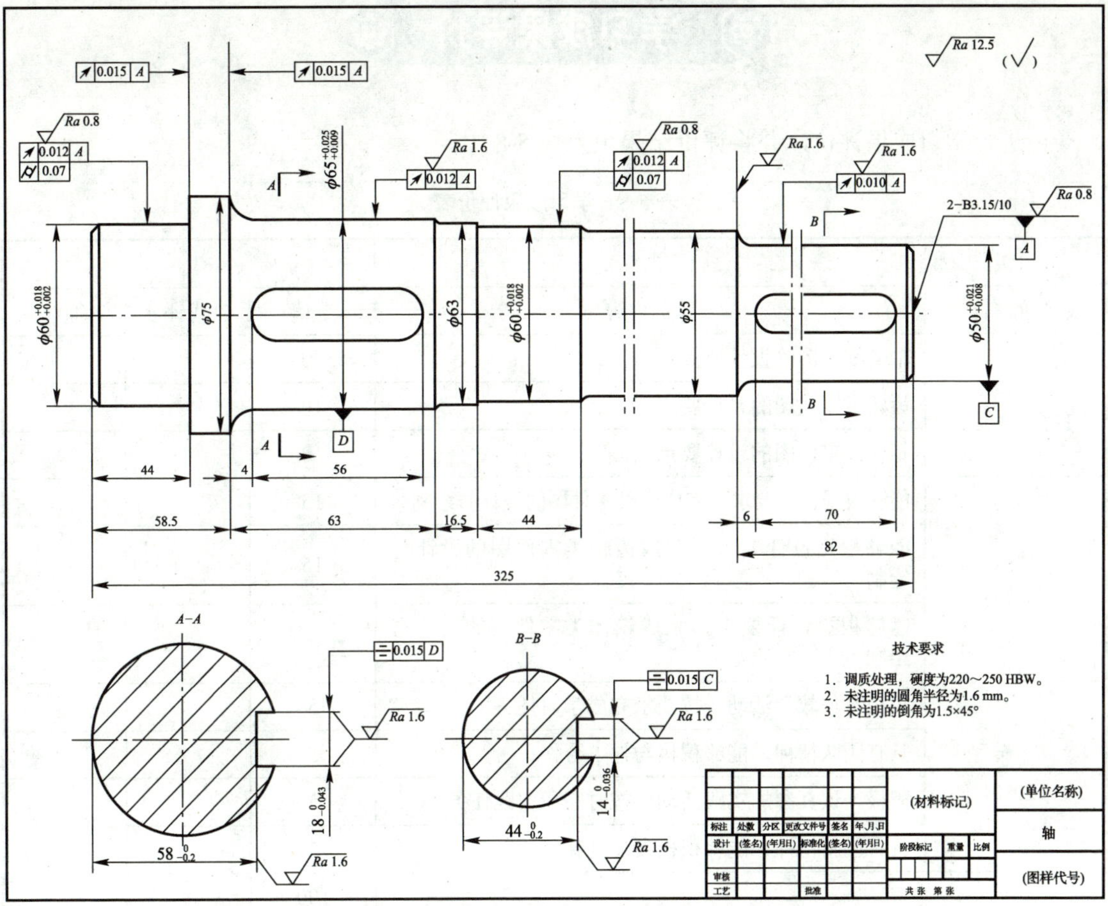

技术要求

1．调质处理，硬度为220～250 HBW。
2．未注明的圆角半径为1.6 mm。
3．未注明的倒角为1.5×45°

						(材料标记)			(单位名称)
标注	处数	分区	更改文件号	签名	年.月.日				轴
设计	(签名)	(年月日)	标准化	(签名)	(年月日)	阶段标记	重量	比例	
审核									(图样代号)
工艺			批准			共 张 第 张			

图 5-3　大齿轮轴的零件图

学习成果评价

请进行学习成果评价，并将评价结果填入表 5-8 中。

表 5-8　学习成果评价表

<table>
<tr><td>班级</td><td></td><td>姓名</td><td></td><td colspan="2">学号</td><td></td></tr>
<tr><td>评价项目</td><td colspan="3">评价内容</td><td>分值</td><td>自我评分</td><td>老师评分</td></tr>
<tr><td rowspan="3">知识
（40%）</td><td colspan="3">轴类零件图的设计要点</td><td>20</td><td></td><td></td></tr>
<tr><td colspan="3">齿轮类零件图的设计要点</td><td>10</td><td></td><td></td></tr>
<tr><td colspan="3">箱体类零件图的设计要点</td><td>10</td><td></td><td></td></tr>
<tr><td rowspan="3">技能
（40%）</td><td colspan="3">能够根据设计要求，完成轴类零件图的设计与绘制</td><td>15</td><td></td><td></td></tr>
<tr><td colspan="3">能够根据设计要求，完成齿轮类零件图的设计与绘制</td><td>15</td><td></td><td></td></tr>
<tr><td colspan="3">能够根据设计要求，完成箱体类零件图的设计与绘制</td><td>10</td><td></td><td></td></tr>
<tr><td rowspan="4">素质
（20%）</td><td colspan="3">积极参加教学活动，按要求完成学习任务</td><td>5</td><td></td><td></td></tr>
<tr><td colspan="3">具有团队精神，能够积极与他人合作</td><td>5</td><td></td><td></td></tr>
<tr><td colspan="3">积极、认真参加实践活动，按时完成实践任务</td><td>5</td><td></td><td></td></tr>
<tr><td colspan="3">具有创新精神，能够积极参加创新活动</td><td>5</td><td></td><td></td></tr>
<tr><td colspan="4">合　计</td><td>100</td><td></td><td></td></tr>
<tr><td colspan="4">总分（自我评分×40%+老师评分×60%）</td><td colspan="3"></td></tr>
<tr><td>自我评价</td><td colspan="6"></td></tr>
<tr><td>老师评价</td><td colspan="6"></td></tr>
</table>

项目 6

设计计算说明书的编制和答辩准备

项目引言

设计计算说明书是整个设计计算过程的整理和总结，是图纸设计的理论依据，也是审核设计是否合理的技术条件之一。在编写完课程设计计算说明书和完成全部图样后，学生应根据设计任务书的要求，对设计方案、设计计算等进行优缺点分析，并提出改进措施，从而提高自己的机械设计能力。同时，学生还应整理答辩资料，了解答辩问题，为即将到来的答辩做好充分准备。

知识目标

（1）了解设计计算说明书的内容。

（2）了解编制设计计算说明书的注意事项。

（3）了解设计计算说明书的书写。

（4）了解进行课程设计答辩应做的准备工作，如进行设计总结、整理答辩资料、了解答辩问题等。

能力目标

（1）能够独立完成设计计算说明书的编制。

（2）能够与他人合作完成课程设计的模拟答辩。

（3）能够根据模拟答辩中评委的意见完善课程设计。

素质目标

（1）通过编制设计计算说明书，增强科研写作能力，为日后从事相关工作打下坚实的基础。

（2）通过准备课程设计答辩，认识到在做事情之前应做好充分准备，这样才能确保事情顺利进行。

项目引入

机械设计基础课程设计即将进入尾声，小王面临着两项重要任务——编制设计计算说明书和准备课程设计答辩。在接下来的日子里，小王投入了大量的时间和精力。在编制设计计算说明书的过程中，小王深入研究了机械设计理论，精确计算各项参数，并将理论与实践相结合，以展示其设计的合理性和可行性。在准备答辩的过程中，小王不仅对设计计算说明书进行反复推敲，还积极地与同学们讨论、向老师请教，以确保答辩时能够清晰、准确地说明设计计算说明书的核心内容和价值。最终，小王在课程设计答辩中展示出自己最好的一面，为自己的课程设计画上了圆满的句号。

6.1 设计计算说明书的编制

6.1.1 设计计算说明书的内容

在设计计算说明书中，应写出全部计算过程、选择各种参数的依据和最后的结论，并且还应配有必要的插图。对于以减速器为主的机械传动装置设计，其设计计算说明书的内容大致包括以下几个方面。

（1）目录（标题和页次）。

（2）设计任务书。

（3）传动方案的分析和拟定，包括传动方案简图。

（4）电动机的选择，包括选择电动机的类型、功率和转速。

（5）传动装置的运动和动力参数计算（包括必要的结构图和计算简图）。

（6）传动零件的设计计算（包括必要的结构图和计算简图）。

（7）轴的设计计算。

（8）滚动轴承的选择和寿命计算。

（9）键连接的选择和计算。

（10）联轴器的选择。

（11）润滑方式、润滑油牌号和密封装置的选择。

（12）减速器箱体结构的设计。

（13）减速器附件的选择和说明。

（14）设计小结（对课程设计有何心得体会、该设计的优缺点和改进意见等）。

（15）参考文献（文献编号、作者、书名、出版单位和出版日期）。

设计计算说明书中还可以包括一些其他技术说明，如安装、拆卸时的注意事项，将采取的重要措施，等等。

6.1.2　编制设计计算说明书的注意事项

设计计算说明书要求计算正确、论述清楚、文字简练、插图简明、书写工整。编制设计计算说明书的注意事项如下。

（1）应以计算内容为主，不允许出现只有结果而没有运算过程的情况，并且应标出大、小标题。

（2）书写计算部分的内容时，首先应列出用文字符号表达的计算公式，再代入各文字符号的数值，中间运算过程不必写出，可直接写出计算结果，并注明单位。对于计算结果，应给出简短的结论，如“满足强度要求”等。

（3）对于重要的计算公式和数据，应注明其来源。

（4）应附有必要的简图。例如，在轴的设计计算部分，应画出轴的结构图、空间受力简图、水平面和垂直面受力图、水平面和垂直面弯矩图、合成弯矩图、扭矩图、当量弯矩图等，并且这些图应用同一比例绘制。

（5）一般用16开纸书写，且必须按规定的格式书写。图6-1为设计计算说明书的封面格式和书写格式示例。

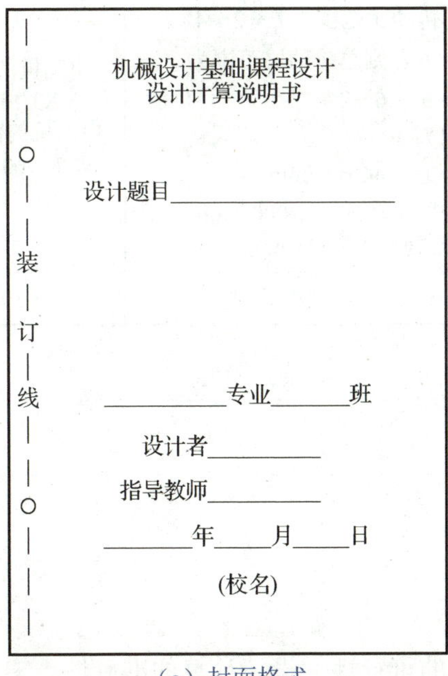

机械设计基础课程设计
设计计算说明书

设计题目__________________

装订线

__________专业______班

设计者__________

指导教师__________

______年____月____日

(校名)

（a）封面格式

计算项目	设计计算与说明	主要结果

（b）书写格式

图6-1　设计计算说明书的封面格式和书写格式示例

6.1.3 设计计算说明书的书写示例

设计计算说明书的书写示例如表 6-1 所示。

表 6-1 设计计算说明书的书写示例

计算项目	计算过程与说明	主要结果
…………	…………	…………
1．选择电动机的类型	根据工作条件和要求，选择 YX3 系列三相异步电动机	YX3 系列三相异步电动机
2．确定电动机的额定功率	（1）工作机所需功率为 $P_w=\frac{Tn}{9\,550}=\frac{700\times 60}{9\,550}\approx 4.40\ (kW)$ （2）求电动机到工作机之间的总效率。设 V 带传动、滚动轴承、齿轮传动（初定 8 级精度）、联轴器（初选弹性套柱销联轴器）的效率分别为η_1、η_2、η_3、η_4，查附表 1-10 取$\eta_1=0.96$、$\eta_2=0.98$、$\eta_3=0.97$、$\eta_4=0.99$，则电动机到工作机之间的总效率 $\eta=\eta_1\eta_2^3\eta_3\eta_4=0.96\times 0.98^3\times 0.97\times 0.99\approx 0.87$ （3）确定电动机的输出功率。电动机的输出功率为 $P_0=\frac{P_w}{\eta}=\frac{4.40}{0.87}\approx 5.06\ (kW)$ 电动机的额定功率应略大于电动机的输出功率，即$P\geqslant P_0$，查附表 8-1，选电动机的额定功率$P=5.5$ kW	工作机的功率 $P_w\approx 4.40$ kW $\eta_1=0.96$ $\eta_2=0.98$ $\eta_3=0.97$ $\eta_4=0.99$ 总效率$\eta\approx 0.87$ 电动机输出功率 $P_0\approx 5.06$ kW 电动机额定功率 $P=5.5$ kW
3．确定电动机的额定转速	（1）求总传动比范围。传动装置由带传动机构和一级闭式减速器组成，由表 1-1 可知，V 带传动的传动比范围为$i_1=2\sim 4$，一级闭式减速器的传动比范围为$i_2=3\sim 6$，则总传动比范围为 $i=i_1i_2=(2\sim 4)\times(3\sim 6)=6\sim 24$ （2）求转速范围。电动机的转速范围为 $n=in_w=(6\sim 24)\times 60=(360\sim 1\,440)\ (r/min)$ （3）确定额定转速。符合这一范围的同步转速为 1 000 r/min，于是选取 YX3-132M2-6 电动机，其额定转速为 960 r/min	电动机的型号为 YX3-132M2-6 电动机的额定转速为 960 r/min
…………	…………	…………

6.2 课程设计答辩准备

6.2.1 进行设计总结

（1）根据设计任务书的要求，分析设计方案的可行性、设计计算的准确性、零件结构设计的正确性等。

（2）认真检查和分析装配图、零件图和设计计算说明书。对于装配图，应着重检查和分析轴类零件、箱体和附件设计在结构、工艺性和制图等方面是否存在错误；对于零件图，应着重检查和分析尺寸和公差标注、表面粗糙度标注等是否存在错误；对于设计计算说明书，应着重检查和分析计算依据是否准确可靠、计算结果是否准确等。

（3）提出设计中的不足或错误之处，并提出改进措施。

（4）评价自己的设计结果是否满足设计任务书的要求。

（5）说明自己在设计过程中有所创新的内容。

（6）总结自己在设计过程中掌握了哪些设计方法，在设计能力方面有哪些明显的提高。

6.2.2　整理答辩资料

按照要求完成设计任务后，应认真整理和检查全部图样，将装订好的设计计算说明书和折叠好的图样装入资料袋中，认真填写资料袋封面信息后，将其交给指导老师。

6.2.3　了解答辩问题

完成课程设计后，可围绕以下问题准备答辩。

（1）减速器主要有哪几种类型？其特点如何？

（2）选择减速器类型的主要依据是什么？

（3）合理的传动比方案应满足哪些要求？

（4）如何确定传动装置的总效率？

（5）确定减速器的润滑方式时，应考虑哪些因素？

（6）你所设计的减速器中，哪里有密封装置？各采用什么密封形式？

（7）如何选择电动机的类型？如何确定电动机的功率和转速？

（8）你所设计的减速器中，各轴采用了什么材料？各齿轮采用了什么材料？

（9）为什么转轴多设计成阶梯轴？以高速轴为例，说明如何确定各轴段的直径和长度。

（10）轴零件图中哪些是定位轴肩，哪些是非定位轴肩？轴肩的高度如何确定？

（11）与轴相配合的各零件，它们的配合如何选择？各轴段表面粗糙度如何确定？

（12）联轴器的类别和具体型号如何选择？

（13）滚动轴承的类型如何选择？

（14）同一根轴上常用同一种型号的滚动轴承，为什么？

（15）如何计算轴承的寿命？若轴承的寿命不能满足要求，应如何解决？

（16）齿轮上所受力的方向是怎么确定的？

（17）设计 V 带传动时，如何确定 V 带的型号、带轮的结构形式、带轮直径、带轮轮毂长度？若带的根数过多，如何解决？

（18）闭式软齿面齿轮传动的主要失效形式和设计准则是什么？

（19）在齿轮设计中，若接触疲劳强度不足，应采取哪些措施？若弯曲疲劳强度不足，应采取哪些措施？

（20）在齿轮设计中，齿轮的齿数和模数应如何确定？

（21）在什么条件下采用齿轮轴？

（22）减速器箱体上安装油塞处和安装通气器处，为何要有凸台？

（23）为什么要在减速器上安装通气器？如何实现内、外通气？

（24）如何选择、确定键的类型和尺寸？若键连接的强度不足，可采取哪些措施？

（25）轴承盖有几种结构形式？各有哪些优缺点？

（26）凸缘式轴承盖和嵌入式轴承盖各有何优缺点？试从加工、装配、轴承间隙的调整等方面加以比较。

（27）视孔的大小和位置如何确定？

（28）减速器在什么情况下需要开设油沟？试说明润滑油的流向。

（29）定位销有什么功能？在箱体上应怎样布置？定位销的长度如何确定？

（30）检查孔的作用是什么？所开孔的大小和位置是根据什么条件确定的？

（31）减速器上吊钩、吊耳或吊环螺钉的作用是什么？

（32）装配图中应标注哪些尺寸？结合你所设计的图纸说明各尺寸的作用。

（33）轴的尺寸标注和加工工艺有什么关系？

（34）减速器箱体为什么采用剖分式设计？

项目实施

模拟课程设计答辩

【项目描述】

整理前几个项目“项目实施”的计算过程和结果，模拟课程设计答辩。

【实施流程】

（1）10 人一组，并选出一名小组长，再从剩余小组成员中选出 3 人担任评委。

（2）各小组根据前几个项目“项目实施”的计算过程和结果，完成一份设计计算说明书。

（3）各小组检查课程设计计算书，做好答辩准备（包括进行设计总结、了解答辩问题等）。

（4）各小组派出小组长演示答辩过程，具体包括说开场白与做自我介绍、讲解课程设计内容、回答评委提问、说结束语并致谢。

（5）老师对各小组的表现进行评价，各小组根据老师的评价总结答辩过程中的不足之处，以及完成课程设计过程中的收获与成长。

学习成果评价

请进行学习成果评价，并将评价结果填入表6-2中。

表6-2 学习成果评价表

<table>
<tr><td>班级</td><td></td><td>姓名</td><td></td><td>学号</td><td colspan="2"></td></tr>
<tr><td>评价项目</td><td colspan="3">评价内容</td><td>分值</td><td>自我评分</td><td>老师评分</td></tr>
<tr><td rowspan="4">知识
（40%）</td><td colspan="3">设计计算说明书的内容</td><td>10</td><td></td><td></td></tr>
<tr><td colspan="3">编制设计计算说明书的注意事项</td><td>10</td><td></td><td></td></tr>
<tr><td colspan="3">设计计算说明书的书写</td><td>10</td><td></td><td></td></tr>
<tr><td colspan="3">进行课程设计答辩应做的准备工作，如进行设计总结、整理答辩资料、了解答辩问题等</td><td>10</td><td></td><td></td></tr>
<tr><td rowspan="3">技能
（40%）</td><td colspan="3">能够独立完成设计计算说明书的编制</td><td>15</td><td></td><td></td></tr>
<tr><td colspan="3">能够与他人合作完成课程设计的模拟答辩</td><td>15</td><td></td><td></td></tr>
<tr><td colspan="3">能够根据模拟答辩中评委的意见完善课程设计</td><td>10</td><td></td><td></td></tr>
<tr><td rowspan="4">素质
（20%）</td><td colspan="3">积极参加教学活动，按要求完成学习任务</td><td>5</td><td></td><td></td></tr>
<tr><td colspan="3">具有团队精神，能够积极与他人合作</td><td>5</td><td></td><td></td></tr>
<tr><td colspan="3">积极、认真参加实践活动，按时完成实践任务</td><td>5</td><td></td><td></td></tr>
<tr><td colspan="3">具有创新精神，能够积极参加创新活动</td><td>5</td><td></td><td></td></tr>
<tr><td colspan="4">合　计</td><td>100</td><td></td><td></td></tr>
<tr><td colspan="4">总分（自我评分×40%+老师评分×60%）</td><td colspan="3"></td></tr>
<tr><td>自我评价</td><td colspan="6"></td></tr>
<tr><td>老师评价</td><td colspan="6"></td></tr>
</table>

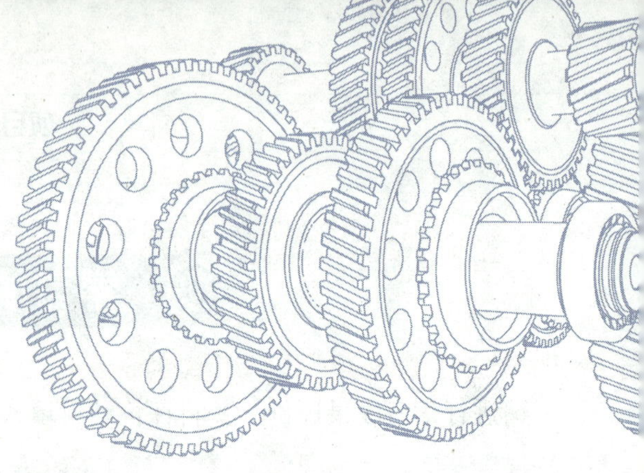

附 录

附录 1 一般标准和常用设计数据

附录 1.1 一般标准

附表 1-1 图框格式和幅面（摘自 GB/T 14689—2008） 单位：mm

图框格式

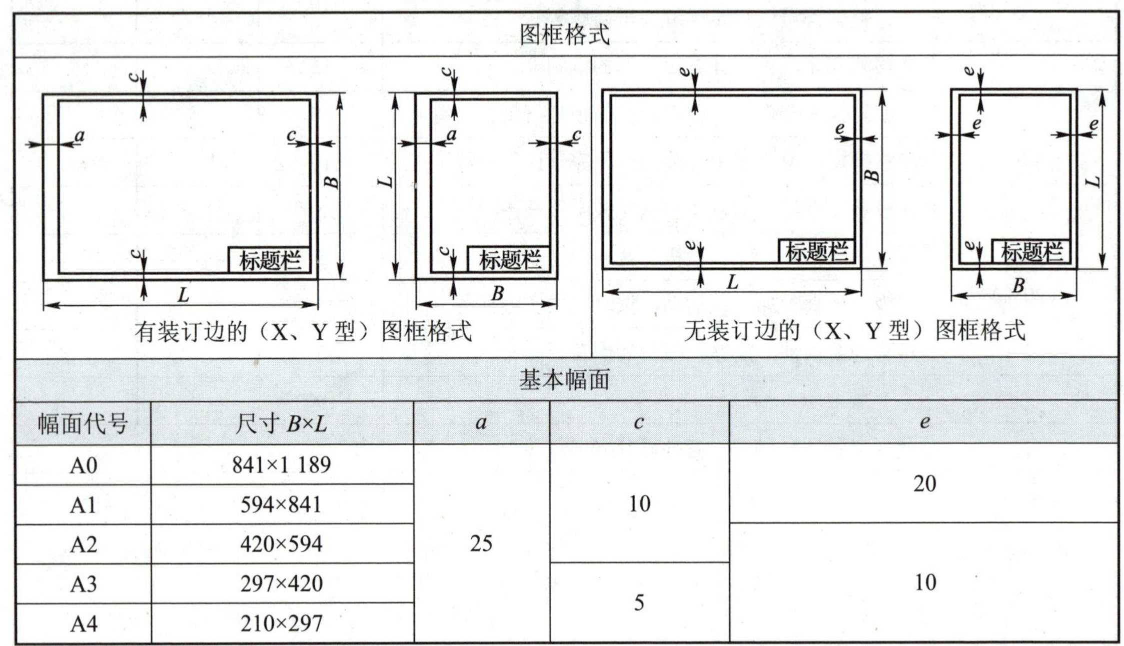

基本幅面				
幅面代号	尺寸 $B \times L$	a	c	e
A0	841×1 189	25	10	20
A1	594×841			
A2	420×594			10
A3	297×420		5	
A4	210×297			

附表 1-2 图样比例（摘自 GB/T 14690—1993）

种类	比例							
	一般选取			必要时选取				
原值比例	1∶1							
放大比例	5∶1 5×10^n∶1	2∶1 2×10^n∶1	1×10^n∶1	4∶1 4×10^n∶1		2.5∶1 2.5×10^n∶1		
缩小比例	1∶2 1∶2×10^n	1∶5 1∶5×10^n	1∶10 1∶1×10^n	1∶1.5 1∶1.5×10^n	1∶2.5 1∶2.5×10^n	1∶3 1∶3×10^n	1∶4 1∶4×10^n	1∶6 1∶6×10^n

注：n 为正整数。

附表 1-3　图线的名称、宽度、线型和一般应用（摘自 GB/T 4457.4—2002）

名称	宽度	线型	一般应用
细实线	*b*/2		尺寸线、尺寸界线、过渡线、指引线和基准线、辅助线、剖面线、螺纹牙底线等
细虚线	*b*/2		不可见轮廓线
细点画线	*b*/2		轴线、对称中心线、分度圆（线）、剖切线、孔系分布的中心线
波浪线	*b*/2		断裂处边界线、视图与剖视图的分界线
细双点画线	*b*/2		轨迹线、可动零件的极限位置的轮廓线、特定区域线等
粗实线	*b*		可见轮廓线、相贯线、螺纹牙顶线、螺纹长度终止线、齿顶圆（线）、剖切符号用线等
粗虚线	*b*		允许表面处理的表示线
粗点画线	*b*		限定范围表示线
双折线	*b*/2		断裂处边界线、视图与剖视图的分界线

附录 1.2　常用设计数据

附表 1-4　标准尺寸（摘自 GB/T 2822—2005）　　单位：mm

R			R′			R			R′			R			R′		
R10	R20	R40	R′10	R′20	R′40	R10	R20	R40	R′10	R′20	R′40	R10	R20	R40	R′10	R′20	R′40
2.50	2.50		2.5	2.5		16.0	16.0	16.0	16	16	16		45.0	45.0		45	45
	2.80			2.8				17.0			17			47.5			**48**
3.15	3.15		**3.0**	**3.0**			18.0	18.0		18	18	50.0	50.0	50.0	50	50	50
	3.55			**3.5**				19.0			19			53.0			53
4.00	4.00		4.0	4.0		20.0	20.0	20.0	20	20	20		56.0	56.0		56	56
	4.50			4.5				21.2			**21**			60.0			60
5.00	5.00		5.0	5.0			22.4	22.4		22	**22**	63.0	63.0	63.0	63	63	63
	5.60			**5.5**				23.6			**24**			67.0			67
6.30	6.30		**6.0**	**6.0**		25.0	25.0	25.0	25	25	25		71.0	71.0		71	71
	7.10			**7.0**				26.5			**26**			75.0			75
8.00	8.00		8.0	8.0			28.0	28.0		28	28	80.0	80.0	80.0	80	80	80
	9.00			9.0				30.0			30			85.0			85
10.00	10.00		10.0	10.0		31.5	31.5	31.5	**32**	**32**	**32**		90.0	90.0		90	90
	11.2			**11**				33.5			**34**			95.0			95
12.5	12.5	12.5	**12**	**12**	**12**		35.5	35.5		**36**	**36**	100	100	100	100	100	100
		13.2			**13**			37.5			**38**			106			**105**
	14.0	14.0		14	14	40.0	40.0	40.0	40	40	40		112	112		**110**	**110**
		15.0			15			42.5			**42**			118			**120**

（续表）

R			R′			R			R′			R			R′		
R10	R20	R40	R′10	R′20	R′40	R10	R20	R40	R′10	R′20	R′40	R10	R20	R40	R′10	R′20	R′40
125	125	125	125	125	125	200	200	200	200	200	200	315	315	315	**320**	**320**	**320**
		132			**130**			212			**210**			335			**340**
	140	140		140	140		224	224		**220**	**220**		355	355		**360**	**360**
		150			150			236			**240**			375			**380**
160	160	160	160	160	160	250	250	250	250	250	250	400	400	400	400	400	400
		170			170			265			**260**			425			**420**
	180	180		180	180		280	280		280	280		450	450		450	450
		190			190			300			300			475			**480**

注：① 选择系列及单个尺寸时，应首先在优先数系 R 系列中选用标准尺寸，选用顺序为 R10、R20、R40。如果必须将数值圆整，可在相应的 R′ 系列中选用标准尺寸，选用顺序为 R′10 、R′20 、R′40 。

② R′ 系列中的黑体字为 R 系列相应各项优先数的化整值。

附表 1-5　机器轴高（摘自 GB/T 12217—2005）　　单位：mm

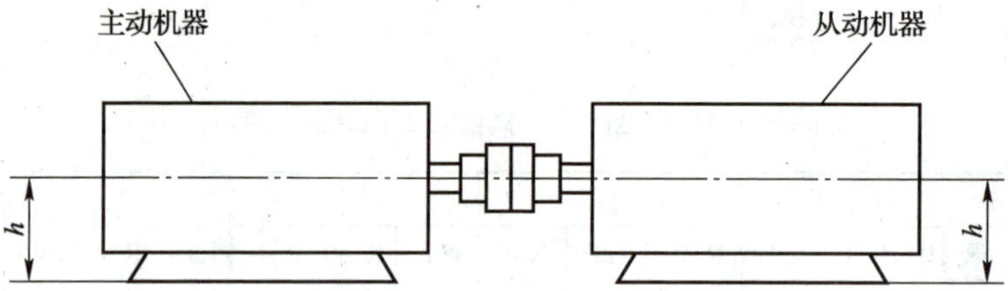

主动机器　　从动机器

h　　h

系列	轴高的基本尺寸 h
Ⅰ	25、40、63、100、160、250、400、630、1 000、1 600
Ⅱ	25、32、40、50、63、80、100、125、160、200、250、315、400、500、630、800、1 000、1 250、1 600
Ⅲ	25、28、32、36、40、45、50、56、63、71、80、90、100、112、125、140、160、180、200、225、250、280、315、355、400、450、500、560、630、710、800、900、1 000、1 120、1 250、1 400、1 600
Ⅳ	25、26、28、30、32、34、36、38、40、42、45、48、50、53、56、60、63、67、71、75、80、90、95、100、105、112、118、125、132、140、150、160、170、180、190、200、212、225、236、250、265、280、300、315、335、355、375、400、425、450、475、500、530、560、600、630、670、710、750、800、850、900、950、1 000、1 060、1 120、1 180、1 250、1 320、1 400、1 500、1 600

轴高 h	轴高的极限偏差		平行度误差		
	电动机、从动机器减速器	除电动机以外的主动机器	$L<2.5h$	$2.5h \leqslant L \leqslant 4h$	$L>4h$
25～50	0 −0.4	+0.4 0	0.2	0.3	0.4

（续表）

轴高 h	轴高的极限偏差		平行度误差		
	电动机、从动机器减速器	除电动机以外的主动机器	$L<2.5h$	$2.5h \leqslant L \leqslant 4h$	$L>4h$
> 50～250	0 −0.5	+0.5 0	0.25	0.4	0.5
> 250～630	0 −1.0	+1.0 0	0.5	0.75	1.0
> 630～1 000	0 −1.5	+1.5 0	0.75	1.0	1.5
> 1 000	0 −2.0	+2.0 0	1.0	1.5	2.0

附表 1-6 圆柱形轴伸（摘自 GB/T 1569—2005） 单位：mm

d			L		d			L	
基本尺寸	极限偏差		长系列	短系列	基本尺寸	极限偏差		长系列	短系列
10	+0.007 −0.002	j6	23	20	55	+0.030 −0.011	m6	110	82
11	+0.008 −0.003				56				
12			30	25	60			140	105
14					63				
16			40	28	65				
18					70				
19	+0.009 −0.004		50	36	71				
20					75				
22					80			170	130
24			60	42	85	+0.035 −0.013			
25					90				
28			80	58	95				
30					100			210	165
32	+0.018 −0.002	k6			110				
35					120				
38			110	82	125	+0.040 −0.015		250	200
40					130				
42					140				
45					150				
48					160			300	240
50					170				

附表 1-7　中心孔尺寸（摘自 GB/T 145—2001）　　单位：mm

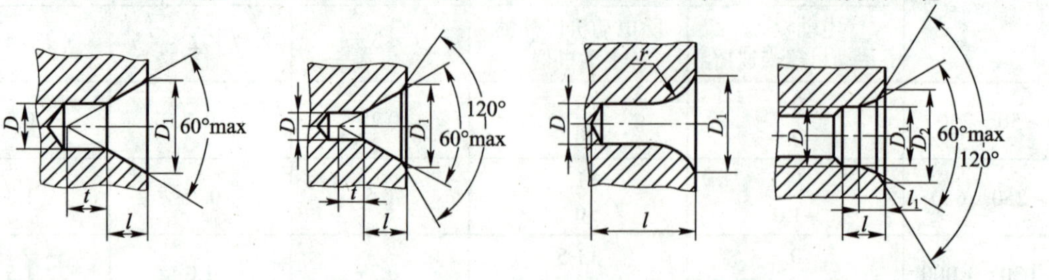

A型 不带护锥中心孔　　B型 带护锥中心孔　　R型 弧形中心孔　　C型 带螺纹中心孔

中心孔选择依据		D		D_1			l（参考）			t（参考）	D_2	l_1（参考）	l_{min}	r_{max}	r_{min}
原料端部最小直径	轴状原料直径范围	A、B、R 型	C 型	A、R 型	B 型	C 型	A 型	B 型	C 型	A、B 型	C 型		R 型		
8	8～18	2.00	—	4.25	6.30	—	1.95	2.54	—	1.8	—	—	4.4	6.30	5.00
10	18～30	2.50	—	5.30	8.00	—	2.42	3.20	—	2.2	—	—	5.5	8.00	6.30
12	30～50	3.15	M3	6.70	10.00	3.2	3.07	4.03	2.6	2.8	5.8	1.8	7.0	10.00	8.00
15	50～80	4.00	M4	8.50	12.50	4.3	3.90	5.05	3.2	3.5	7.4	2.1	8.9	12.50	10.00
20	80～120	（5.00）	M5	10.60	16.00	5.3	4.85	6.41	4.0	4.4	8.8	2.4	11.2	16.00	12.50
25	120～180	6.30	M6	13.20	18.00	6.4	5.98	7.36	5.0	5.5	10.5	2.8	14.0	20.00	16.00
30	180～220	（8.00）	M8	17.00	22.40	8.4	7.79	9.36	6.0	7.0	13.2	3.3	17.9	25.00	20.00

注：括号内的尺寸尽量不用。

附表 1-8　中心孔的标注（摘自 GB/T 4459.5—1999）

要求	标注示例	标注说明
在完工的零件上要求保留中心孔	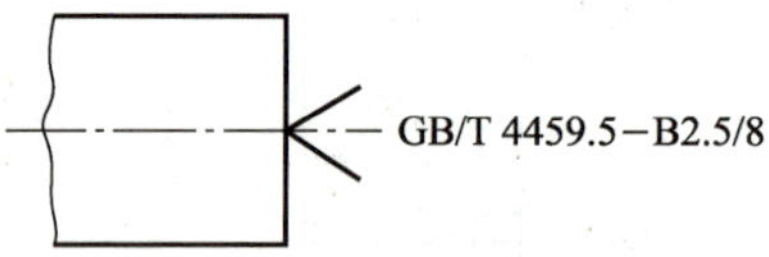 GB/T 4459.5－B2.5/8	采用 B 型中心孔 $D=2.5$ mm　$D_1=8$ mm 在完工的零件上要求保留
在完工的零件上可以保留中心孔	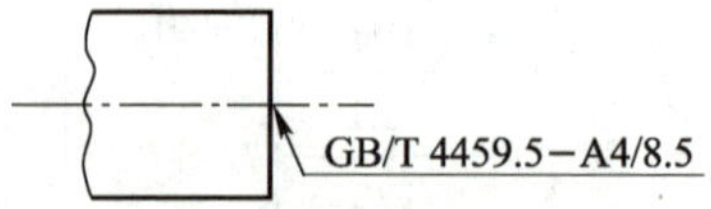 GB/T 4459.5－A4/8.5	采用 A 型中心孔 $D=4$ mm　$D_1=8.5$ mm 在完工的零件上是否保留都可以
在完工的零件上不允许保留中心孔	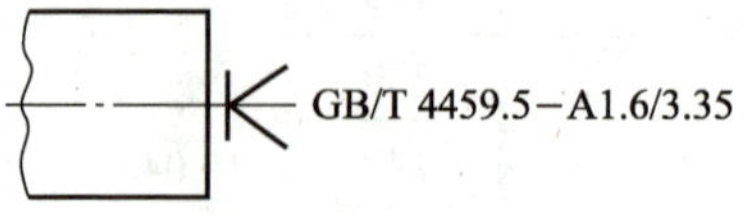 GB/T 4459.5－A1.6/3.35	采用 A 型中心孔 $D=1.6$ mm　$D_1=3.35$ mm 在完工的零件上不允许保留

附表 1-9　倒圆、倒角的形式和尺寸（摘自 GB/T 6403.4—2008）　　单位：mm

$C_1 > R$　　$R_1 > R$　　$C < 0.58R_1$　　$C_1 > C$

倒角 C、倒圆 R 尺寸系列值													
R 或 C	0.1	0.2	0.3	0.4	0.5	0.6	0.8	1.0	1.2	1.6	2.0	2.5	3.0
	4.0	5.0	6.0	8.0	10	12	16	20	25	32	40	50	—

与直径 ϕ 相应的倒角 C、倒圆 R 的推荐值									
ϕ	＜3	＞3～6	＞6～10	＞10～18	＞18～30	＞30～50	＞50～80	＞80～120	＞120～180
R 或 C	0.2	0.4	0.6	0.8	1.0	1.6	2.0	2.5	3.0
ϕ	＞180～250	＞250～320	＞320～400	＞400～500	＞500～630	＞630～800	＞800～1 000	＞1 000～1 250	＞1 250～1 600
R 或 C	4.0	5.0	6.0	8.0	10	12	16	20	25

内角倒角、外角倒圆时 C_{max} 与 R_1 的关系																					
R_1	0.1	0.2	0.3	0.4	0.5	0.6	0.8	1.0	1.2	1.6	2.0	2.5	3.0	4.0	5.0	6.0	8.0	10	12	16	20	25
C_{max}	—	0.1		0.2		0.3	0.4	0.5	0.6	0.8	1.0	1.2	1.6	2.0	2.5	3.0	4.0	5.0	6.0	8.0	10	12

注：α 一般采用 45°，也可采用 30°或 60°。

附表 1-10　机械传动的效率（概略值）

种类		效率	种类		效率
圆柱齿轮传动	很好跑合的 6 级和 7 级精度的齿轮传动（油润滑）	0.98～0.99	摩擦传动	平摩擦传动	0.85～0.92
	8 级精度的齿轮传动（稀油润滑）	0.97		槽摩擦传动	0.88～0.90
	9 级精度的齿轮传动（稀油润滑）	0.96		卷绳轮	0.95
	加工齿的开式齿轮传动（脂润滑）	0.94～0.96	联轴器	滑块联轴器	0.97～0.99
	铸造齿的开式齿轮传动	0.90～0.93		齿式联轴器	0.99
圆锥齿轮传动	很好跑合的 6 级和 7 级精度的齿轮传动（油润滑）	0.97～0.98		弹性联轴器	0.99～0.995
	8 级精度的一般齿轮传动（油润滑）	0.94～0.97		万向联轴器（$\alpha \leqslant 3°$）	0.97～0.98
	加工齿的开式齿轮传动（脂润滑）	0.92～0.95		万向联轴器（$\alpha > 3°$）	0.95～0.97
	铸造齿的开式齿轮传动	0.88～0.92	滑动轴承	润滑不良	0.94（一对）
蜗杆传动	自锁蜗杆（油润滑）	0.40～0.45		润滑正常	0.97（一对）
	单头蜗杆（油润滑）	0.70～0.75		润滑良好（压力润滑）	0.98（一对）
	双头蜗杆（油润滑）	0.75～0.82		液体摩擦	0.99（一对）
	三头和四头蜗杆（油润滑）	0.80～0.92	滚动轴承	滚动轴承（稀油润滑）	0.98～0.99（一对）
	圆弧面蜗杆传动（油润滑）	0.85～0.95			
带传动	平带无压紧轮的开式传动	0.98	减（变）速器	一级圆柱齿轮减速器	0.97～0.98
	平带有压紧轮的开式传动	0.97		二级圆柱齿轮减速器	0.95～0.96
	平带交叉传动	0.90		行星圆柱齿轮减速器	0.95～0.98
	V 带传动	0.96		一级圆锥齿轮减速器	0.95～0.96
链传动	焊接链	0.93		圆锥-圆柱齿轮减速器	0.94～0.95
	片式关节链	0.95		无级变速器	0.92～0.95
	滚子链	0.96		摆线-针轮减速器	0.90～0.97
	齿形链	0.97	丝杠传动	滑动丝杠	0.30～0.60
复合轮组	滑动轴承（$i=2～6$）	0.90～0.98		滚动丝杠	0.85～0.95
	滚动轴承（$i=2～6$）	0.95～0.99	卷筒		0.96

附录 2　常用金属材料

附表 2-1　灰铸铁（摘自 GB/T 9439—2023）

材料牌号	铸件壁厚/mm		抗拉强度 R_m（单铸试棒）/MPa	铸件本体抗拉强度预期值 R_m /MPa	应用举例
	>	≤	≥	≥	
HT100	5	40	100	—	盖、外罩、油盘、手轮、手把、支架等
HT150	5	10	150	150	端盖、汽轮泵体、轴承座、阀壳、管子及管路附件、手轮、一般机床底座、床身及其他复杂零件、滑座、工作台等
	10	20		135	
	20	40		115	
	40	80		100	
	80	150		90	
	150	300		—	
HT200	5	10	200	200	气缸、齿轮、底架、箱体、飞轮、齿条、衬套、一般机床铸有导轨的床身及中等压力（8 MPa以下）的液压缸、液压泵和阀的壳体等
	10	20		180	
	20	40		155	
	40	80		135	
	80	150		120	
	150	300		—	
HT225	5	10	225	—	
	10	20		225	
	20	40		205	
	40	80		175	
	80	150		155	
	150	300		140	
HT250	5	10	250	250	阀壳、液压缸、气缸、联轴器、箱体、齿轮、飞轮、衬套、凸轮、轴承座等
	10	20		225	
	20	40		195	
	40	80		170	
	80	150		160	
	150	300		155	
HT275	10	20	275	250	
	20	40		215	
	40	80		190	
	80	150		180	
	150	300		170	

（续表）

<table>
<tr><th rowspan="2">材料牌号</th><th colspan="2">铸件壁厚/mm</th><th>抗拉强度 R_m（单铸试棒）/MPa</th><th>铸件本体抗拉强度预期值 R_m /MPa</th><th rowspan="2">应用举例</th></tr>
<tr><th>></th><th>⩽</th><th>⩾</th><th>⩾</th></tr>
<tr><td rowspan="5">HT300</td><td>10</td><td>20</td><td rowspan="5">300</td><td>270</td><td rowspan="10">齿轮、凸轮、车床卡盘、剪床、压力机的机身、导板、转塔自动车床及其他重载荷机床铸有导轨的床身、高压油缸、液压泵和滑阀的壳体等</td></tr>
<tr><td>20</td><td>40</td><td>235</td></tr>
<tr><td>40</td><td>80</td><td>210</td></tr>
<tr><td>80</td><td>150</td><td>195</td></tr>
<tr><td>150</td><td>300</td><td>185</td></tr>
<tr><td rowspan="5">HT350</td><td>10</td><td>20</td><td rowspan="5">350</td><td>315</td></tr>
<tr><td>20</td><td>40</td><td>275</td></tr>
<tr><td>40</td><td>80</td><td>240</td></tr>
<tr><td>80</td><td>150</td><td>220</td></tr>
<tr><td>150</td><td>300</td><td>210</td></tr>
</table>

附表 2-2 球墨铸铁（摘自 GB/T 1348—2019）

<table>
<tr><th>材料牌号</th><th>抗拉强度 R_m（min）/MPa</th><th>屈服强度 $R_{p0.2}$（min）/MPa</th><th>伸长率 A（min）/%</th><th>应用举例</th></tr>
<tr><td>QT350-22L</td><td>350</td><td>220</td><td>22</td><td rowspan="3">减速器箱体、管道、阀体、压缩机气缸、拨叉、离合器壳体等</td></tr>
<tr><td>QT400-18L</td><td>400</td><td>240</td><td>18</td></tr>
<tr><td>QT400-15</td><td>400</td><td>250</td><td>15</td></tr>
<tr><td>QT450-10</td><td>450</td><td>310</td><td>10</td><td rowspan="3">液压泵齿轮、阀体、车辆轴瓦、凸轮、减速器箱体、轴承座等</td></tr>
<tr><td>QT500-7</td><td>500</td><td>320</td><td>7</td></tr>
<tr><td>QT550-5</td><td>550</td><td>350</td><td>5</td></tr>
<tr><td>QT600-3</td><td>600</td><td>370</td><td>3</td><td rowspan="3">曲轴、凸轮轴、齿轮轴、机床主轴、缸体、缸套、连杆、农机零件等</td></tr>
<tr><td>QT700-2</td><td>700</td><td>420</td><td>2</td></tr>
<tr><td>QT800-2</td><td>800</td><td>480</td><td>2</td></tr>
<tr><td>QT900-2</td><td>900</td><td>600</td><td>2</td><td>曲轴、凸轮轴、连杆、履带式拖拉机链轨板等</td></tr>
</table>

注：表中所列各牌号球墨铸铁的性能，适用于厚度为 30 mm 以下的铸件。

附表 2-3 一般工程用铸造碳钢（摘自 GB/T 11352—2009）

材料牌号	抗拉强度 R_m /MPa	屈服强度 R_{eH}（$R_{p0.2}$）/ MPa	伸长率 A_5 /%	根据合同选择			应用举例
				断面收缩率 Z/%	冲击吸收功 A_{KV} /J	冲击吸收功 A_{KU} /J	
	≥						
ZG200-400	400	200	25	40	30	47	机座、变速器箱壳等
ZG230-450	450	230	22	32	25	35	轧机机架、铁钻台、工作温度在 450℃以下的管路附件等
ZG270-500	500	270	18	25	22	27	飞轮、机架、蒸汽锤、水压机工作缸、横梁等
ZG310-570	570	310	15	21	15	24	联轴器、气缸、齿轮、齿圈等
ZG340-640	640	340	10	18	10	16	起重运输机齿轮、联轴器、车轮等

注：表中所列各牌号铸造碳钢的性能，适用于厚度为 100 mm 以下的铸件。当铸件厚度超过 100 mm 时，表中规定的屈服强度仅供设计使用。

附表 2-4 优质碳素结构钢（摘自 GB/T 699—2015）

牌号	力学性能					钢材交货硬度/HBW		应用举例
	抗拉强度 R_m / MPa	下屈服强度 R_{eL} / MPa	断后伸长率 A/%	断面收缩率 Z/%	冲击吸收能量 KU_2 /J	未热处理钢	退火钢	
	≥					≤		
08	325	195	33	60	—	131	—	垫片、垫圈、套筒、短轴、挡块、支架、靠模、离合器盘等
10	335	205	31	55	—	137	—	这种钢无回火脆性，焊接性好，可用于制作焊接零件；也可用于制作拉杆、垫圈、铆钉等
15	375	225	27	55	—	143	—	用于受力不大和韧性要求较高的零件、渗碳零件、紧固件、螺栓、螺钉、法兰盘等
20	410	245	25	55	—	156	—	经渗碳、碳氮共渗处理后用作重型或中型机械受载荷不太大的轴、螺栓、螺母、开口销等
25	450	275	23	50	71	170	—	用于制作焊接设备和不承受高应力的零件，如轴、辊子、垫圈、螺栓、螺钉、螺母等

（续表）

牌号	力学性能					钢材交货硬度/HBW		应用举例
	抗拉强度 R_m/MPa	下屈服强度 R_{eL}/MPa	断后伸长率 A/%	断面收缩率 Z/%	冲击吸收能量 KU_2/J	未热处理钢	退火钢	
	≥					≤		
30	490	295	21	50	63	179	—	用于制作重型机械上韧性要求高的锻件及其制件，如气缸、拉杆、吊环、机架等
35	530	315	20	45	55	197	—	用于制作曲轴、转轴、轴销、杠杆、连杆、螺栓、螺母等
40	570	335	19	45	47	217	187	经热处理后，用于制作轴、齿轮、连杆、圆盘等
45	600	355	16	40	39	229	197	用于制作齿轮、齿条、链轮、销钉等
50	630	375	14	40	31	241	207	用于制作具有一定耐磨性的零件，如轮圈、轮缘、轧辊、摩擦盘等
60	675	400	12	35	—	255	229	用于制作轧辊、弹簧、弹簧垫圈、凸轮等
15Mn	410	245	26	55	—	163	—	用于制作心部力学性能要求较高且需渗碳的零件
20Mn	450	275	24	50	—	197	—	用于制作凸轮、齿轮、联轴器、铰链等
30Mn	540	315	20	45	63	217	187	用于制作螺栓、螺母、螺钉等
40Mn	590	355	17	45	47	229	207	用于制作轴、曲轴，以及在高应力下工作的螺栓、螺母等
50Mn	645	390	13	40	31	255	217	经淬火、回火处理后，用于制作齿轮、齿轮轴、摩擦盘、凸轮等
60Mn	690	410	11	35	—	269	229	用于制作弹簧、弹簧垫圈、冷拔钢丝（≤7 mm）和发条等

注：表中所列各牌号优质碳素结构钢的力学性能，适用于公称直径或厚度不大于 80 mm 的钢棒。

附表 2-5　合金结构钢（摘自 GB/T 3077—2015）

牌号	力学性能					供货状态为退火或高温回火钢棒布氏硬度/HBW	应用举例
	抗拉强度 R_m / MPa	下屈服强度 R_{eL} / MPa	断后伸长率 A/%	断面收缩率 Z/%	冲击吸收能量 KU_2 /J		
	≥					≤	
30Mn2	785	635	12	45	63	207	用于制作起重机行车轴、变速器齿轮和较大截面的调质零件等
35Mn2	835	685	12	45	55	207	用于制作直径不大于 15 mm 的重要用途的冷镦螺栓和小轴
45Mn2	885	735	10	45	47	217	用于制作万向联轴器、齿轮轴、蜗杆、曲轴、连杆、摩擦盘等
35SiMn	885	735	15	45	47	229	可做中、小型轴类，齿轮等零件，以及在 430℃以下工作的重要紧固件
42SiMn	885	735	15	40	47	229	用于制作大齿圈
37SiMn2MoV	980	835	12	50	63	269	用于制作曲轴、齿轮、蜗杆等零件
20Cr	835	540	10	40	47	179	用于制作心部强度要求高、可承受磨损且尺寸较大的渗碳零件，如齿轮、齿轮轴、蜗杆、凸轮等；也可用于制作速度较大、受中等冲击的调质零件
40Cr	980	785	9	45	47	207	用于制作承受变载荷、中速中载、不受很大冲击的重要零件，如重要的齿轮、轴、曲轴、连杆、螺栓、螺母等
35CrMo	980	835	12	45	63	229	用于制作大截面齿轮和重载传动轴等
20CrMnMo	1 180	885	10	45	55	217	用于制作表面硬度高、耐磨、心部强度高的零件，如齿轮和曲轴
20CrMnTi	1 080	850	10	45	55	217	强度、韧性均高，用于承受高速、中等或重负荷以及冲击磨损等重要零件，如渗碳齿轮、凸轮等

（续表）

牌号	力学性能					供货状态为退火或高温回火钢棒布氏硬度/HBW	应用举例
	抗拉强度 R_m / MPa	下屈服强度 R_{eL} / MPa	断后伸长率 A/%	断面收缩率 Z/%	冲击吸收能量 KU_2 /J		
	≥					≤	
40CrNiMo	980	835	12	55	78	269	用于制作重载荷、大截面的重要调质零件，如大型轴和齿轮、高压鼓风机叶片等
18Cr2Ni4W	1 180	835	10	45	78	269	用于制作要求承受很高载荷和剧烈磨损、截面尺寸较大的重要零件，如飞机、坦克中的重要齿轮和轴等

注：表中所列各牌号优质碳素结构钢的力学性能，适用于公称直径或厚度不大于 80 mm 的钢棒。

附表 2-6　铸造铜合金、铸造铝合金和铸造轴承合金

合金牌号	合金名称（或代号）	力学性能（不低于）				应用举例
		抗拉强度 R_m /MPa	屈服强度 $R_{p0.2}$ /MPa	断后伸长率 A/%	布氏硬度/HBW	
铸造铜合金（摘自 GB/T 1176—2013）						
ZCuSn5Pb5Zn5	5-5-5 锡青铜	200 250	90 100	13 13	60* 65*	用于制作在较高载荷、中等滑动速度下工作的耐磨、耐腐蚀零件，如轴瓦、衬套、缸套、蜗轮等
ZCuSn10P1	10-1 锡青铜	220 310 330 360	130 170 170 170	3 2 4 6	80* 90* 90* 90*	用于制作在高载荷（20 Mpa 以下）、高滑动速度（8 m/s）下工作的耐磨零件，如连杆、衬套、轴瓦、蜗轮等
ZCuSn10Pb5	10-5 锡青铜	195 245		10 10	70 70	用于制作耐腐蚀、耐酸件，以及破碎机衬套、轴瓦等
ZCuPb17Sn4Zn4	17-4-4 铅青铜	150 175		5 7	55 60	用于制作一般耐磨件、轴承等
ZCuAl10Fe3	10-3 铝青铜	490 540 540	180 200 200	13 15 15	100* 110* 110*	用于制作要求强度高、耐磨、耐腐蚀的零件，如轴套、螺母、蜗轮、齿轮等
ZCuAl10Fe3Mn2	10-3-2 铝青铜	490 540		15 20	110 120	

（续表）

合金牌号	合金名称（或代号）	力学性能（不低于）				应用举例
		抗拉强度 R_m /MPa	屈服强度 $R_{p0.2}$ /MPa	断后伸长率 A/%	布氏硬度/HBW	
铸造铝合金（摘自 GB/T 1173—2013）						
ZAlSi9Mg	ZL104	150 200 230 240		2 1.5 2 2	50 65 70 70	用于制作形状复杂的、承受高温静载荷或受冲击作用的大型零件，如大型风机叶片等
ZAlMg5Si	ZL303	143		1	55	用于制作耐腐蚀或在高温下工作的零件
ZAlZn11Si7	ZL401	195 245		2 1.5	80 90	用于制作铸造性能较好、可不经热处理、形状复杂的大型薄壁零件
铸造轴承合金（摘自 GB/T 1174—2022）						
ZSnSb12Pb10Cu4	锡锑轴承合金				29	适用于功率为 1 500 kW 以上的高速蒸汽机、功率为 370 kW 的压缩机等的轴承
ZPbSb16Sn16Cu2	铅锑轴承合金				30	适用于功率为 1 000 kW 以内的蒸汽涡轮机、功率为 250～750 kW 的机车等的轴承

注：带*的数值为参考值。

附录 3 螺纹和连接件

附录 3.1 螺纹

附表 3-1 普通螺纹（摘自 GB/T 196—2003、GB/T 193—2003） 单位：mm

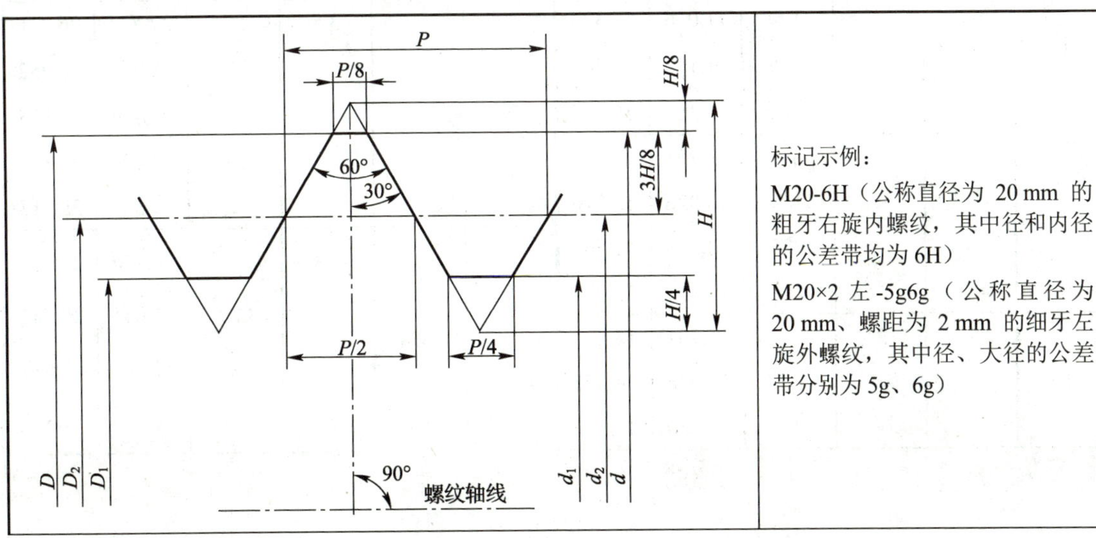

标记示例：

M20-6H（公称直径为 20 mm 的粗牙右旋内螺纹，其中径和内径的公差带均为 6H）

M20×2 左 -5g6g（公称直径为 20 mm、螺距为 2 mm 的细牙左旋外螺纹，其中径、大径的公差带分别为 5g、6g）

（续表）

公称直径 D、d		螺距 P		中径 D_2、d_2	小径 D_1、d_1
第一系列	第二系列	粗牙	细牙		
3		0.5		2.675	2.459
			0.35	2.773	2.621
	3.5	0.6		3.110	2.850
			0.35	3.273	3.121
4		0.7		3.545	3.242
			0.5	3.675	3.459
	4.5	0.75		4.013	3.688
			0.5	4.175	3.959
5		0.8		4.480	4.134
			0.5	4.675	4.459
6		1		5.350	4.917
			0.75	5.513	5.188
8		1.25		7.188	6.647
			1	7.350	6.917
			0.75	7.513	7.188
10		1.5		9.026	8.376
			1.25	9.188	8.647
			1	9.350	8.917
			0.75	9.513	9.188
12		1.75		10.863	10.106
			1.5	11.026	10.376
			1.25	11.188	10.647
			1	11.350	10.917
	14	2		12.701	11.835
			1.5	13.026	12.376
			1.25	13.188	12.647
			1	13.350	12.917
16		2		14.701	13.835
			1.5	15.026	14.376
			1	15.350	14.917
	18	2.5		16.376	15.294
			2	16.701	15.835
			1.5	17.026	16.376
			1	17.350	16.917
20		2.5		18.376	17.294
			2	18.701	17.835
			1.5	19.026	18.376
			1	19.350	18.917
	22	2.5		20.376	19.294
			2	20.701	19.835
			1.5	21.026	20.376
			1	21.350	20.917
24		3		22.051	20.752
			2	22.701	21.835
			1.5	23.026	22.376
			1	23.350	22.917
	27	3		25.051	23.752
			2	25.701	24.835
			1.5	26.026	25.376
			1	26.350	25.917
30		3.5		27.727	26.211
			（3）	28.051	26.752
			2	28.701	27.835
			1.5	29.026	28.376
			1	29.350	28.917
	33	3.5		30.727	29.211
			（3）	31.051	29.752
			2	31.701	30.835
			1.5	32.026	31.376

（续表）

公称直径 D、d		螺距 P		中径 D_2、d_2	小径 D_1、d_1
第一系列	第二系列	粗牙	细牙		
36		4		33.402	31.670
			3	34.051	32.752
			2	34.701	33.835
			1.5	35.026	34.376
	39	4		36.402	34.670
			3	37.051	35.752
			2	37.701	36.835
			1.5	38.026	37.376
42		4.5		39.077	37.129
			4	39.402	37.670
			3	40.051	38.752
			2	40.701	39.835
			1.5	41.026	40.376
	45	4.5		42.077	40.129
			4	42.402	40.670
			3	43.051	41.752
			2	43.701	42.835
			1.5	44.026	43.376
48		5		44.752	42.587
			4	45.402	43.670
			3	46.051	44.752
			2	46.701	45.835
			1.5	47.026	46.376
	52	5		48.752	46.587
			4	49.402	47.670
			3	50.051	48.752
			2	50.701	49.835
			1.5	51.026	50.376
56		5.5		52.428	50.046
			4	53.402	51.670
			3	54.051	52.752
			2	54.701	53.835
			1.5	55.026	54.376
	60	5.5		56.428	54.046
			4	57.402	55.670
			3	58.051	56.752
			2	58.701	57.835
			1.5	59.026	58.376

注：① 优先选用第一系列，其次是第二系列。

② 括号内的尺寸尽量不用。

附表 3-2 梯形螺纹（摘自 GB/T 5796.3—2022）

单位：mm

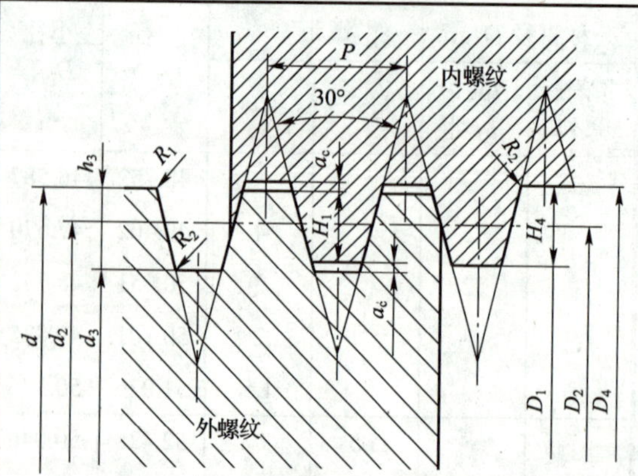

标记示例：

公称直径为40 mm、导程为14 mm，螺距为7 mm、左旋、中径公差带代号为 7e、中等旋合长度的外螺纹标记为：Tr40×14（P7）LH-7e

公称直径 d 第一系列	公称直径 d 第二系列	螺距 P	中径 $d_2=D_2$	大径 D_4	小径 d_3	小径 D_1
16		2	15	16.5	13.5	14
		4	14	16.5	11.5	12
	18	2	17	18.5	15.5	16
		4	16	18.5	13.5	14
20		2	19	20.5	17.5	18
		4	18	20.5	15.5	16
	22	3	20.5	22.5	18.5	19
		5	19.5	22.5	16.5	17
		8	18	23	13	14
24		3	22.5	24.5	20.5	21
		5	21.5	24.5	18.5	19
		8	20	25	15	16
	26	3	24.5	26.5	22.5	23
		5	23.5	26.5	20.5	21
		8	22	27	17	18
28		3	26.5	28.5	24.5	25
		5	25.5	28.5	22.5	23
		8	24	29	19	20
	30	3	28.5	30.5	26.5	27
		6	27	31	23	24
		10	25	31	19	20
32		3	30.5	32.5	28.5	29
		6	29	33	25	26
		10	27	33	21	22

公称直径 d 第一系列	公称直径 d 第二系列	螺距 P	中径 $d_2=D_2$	大径 D_4	小径 d_3	小径 D_1
	34	3	32.5	34.5	30.5	31
		6	31	35	27	28
		10	29	35	23	24
36		3	34.5	36.5	32.5	33
		6	33	37	29	30
		10	31	37	25	26
	38	3	36.5	38.5	34.5	35
		7	34.5	39	30	31
		10	33	39	27	28
40		3	38.5	40.5	36.5	37
		7	36.5	41	32	33
		10	35	41	29	30
	42	3	40.5	42.5	38.5	39
		7	38.5	43	34	35
		10	37	43	31	32
44		3	42.5	44.5	40.5	41
		7	40.5	45	36	37
		12	38	45	31	32
	46	3	44.5	46.5	42.5	43
		8	42	47	37	38
		12	40	47	33	34
48		3	46.5	48.5	44.5	45
		8	44	49	39	40
		12	42	49	35	36

（续表）

公称直径 d		螺距 P	中径 $d_2=D_2$	大径 D_4	小径		公称直径 d		螺距 P	中径 $d_2=D_2$	大径 D_4	小径	
第一系列	第二系列				d_3	D_1	第一系列	第二系列				d_3	D_1
	50	3	48.5	50.5	46.5	47		55	3	53.5	55.5	51.5	52
		8	46	51	41	42			9	50.5	56	45	46
		12	44	51	37	38			14	48	57	39	41
52		3	50.5	52.5	48.5	49	60		3	58.5	60.5	56.5	57
		8	48	53	43	44			9	55.5	61	50	51
		12	46	53	39	40			14	53	62	44	46

注：① 优先选用第一系列直径，其次选用第二系列直径。如果需要使用规定以外的螺距，则选用表中邻近直径所对应的螺距。

② 标准梯形螺纹的标记应由螺纹特征代号“Tr”、公称直径和导程的毫米值、螺距代号“P”和螺距毫米值组成。公称直径与导程之间用“×”号分开；螺距代号“P”和螺距值用圆括号括上。对于单梯形螺纹，其标记应省略圆括号部分（螺距代号“P”和螺距值）；对于标准左旋梯形螺纹，其标记内应添加左旋代号“LH”。

附录 3.2 连接件

附录 3.2.1 螺栓

附表 3-3 六角头螺栓—A 级和 B 级、六角头螺栓—全螺栓—A 级和 B 级

单位：mm

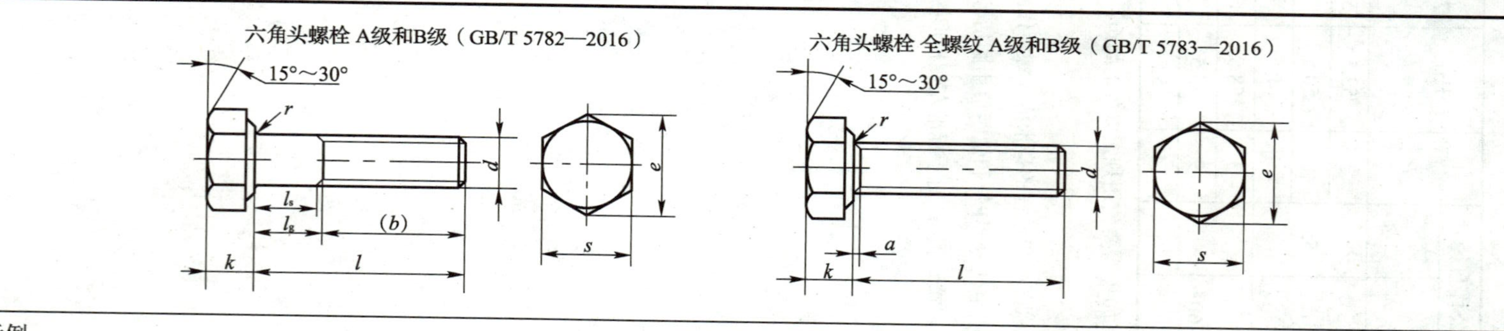

标记示例：

螺纹规格 d = M12、公称长度 l = 80 mm、性能等级为 8.8 级、表面氧化、A 级的六角头螺栓：螺栓 GB/T 5782 M12×80

螺纹规格 d		M3	M4	M5	M6	M8	M10	M12	（M14）	M16	（M18）	M20	（M22）	M24	（M27）	M30	M36
b（参考）	$l_{公称} \leqslant 125$	12	14	16	18	22	26	30	34	38	42	46	50	54	60	66	—
	$125 < l_{公称} \leqslant 200$	18	20	22	24	28	32	36	40	44	48	52	56	60	66	72	84
	$l_{公称} > 200$	31	33	35	37	41	45	49	53	57	61	65	69	73	79	85	97
d_{wmin}	A	4.57	5.88	6.88	8.88	11.63	14.63	16.63	19.64	22.49	25.34	28.19	31.71	33.61	—	—	—
	B	4.45	5.74	6.74	8.74	11.47	14.47	16.47	19.15	22.00	24.85	27.70	31.35	33.25	38.00	42.75	51.11
e_{min}	A	6.01	7.66	8.79	11.05	14.38	17.77	20.03	23.36	26.75	30.14	33.53	37.72	39.98	—	—	—
	B	5.88	7.50	8.63	10.89	14.20	17.59	19.85	22.78	26.17	29.56	32.95	37.29	39.55	45.20	50.85	60.79

（续表）

螺纹规格 d		M3	M4	M5	M6	M8	M10	M12	（M14）	M16	（M18）	M20	（M22）	M24	（M27）	M30	M36
k	公称	2	2.8	3.5	4	5.3	6.4	7.5	8.8	10	11.5	12.5	14	15	17	18.7	22.5
s	公称 = max	5.5	7	8	10	13	16	18	21	24	27	30	34	36	41	46	55
r_{min}		0.1	0.2	0.2	0.25	0.4	0.4	0.6	0.6	0.6	0.6	0.8	0.8	0.8	1	1	1
a_{max}		1.5	2.1	2.4	3	4	4.5	5.3	6		7.5			9		10.5	12
l		20～30	25～40	25～50	30～60	40～80	45～100	50～120	60～140	65～160	70～180	80～200	90～220	90～240	100～260	110～300	140～360
l（全螺纹）		6～30	8～40	10～50	12～60	16～80	20～100	25～120	30～140	30～150	35～150	40～150	45～150	50～150	≥55	≥60	≥70
l 系列		6、8、10、12、16、20～50（5 进位）、（55）、60、（65）、70～160（10 进位）、180～400（20 进位）															
技术条件		材料	力学性能等级							螺纹公差		产品等级					
		钢	GB/T 5782：$3 \leqslant d \leqslant 39$ 时，为 5.6、8.8、10.9；$3 \leqslant d \leqslant 16$ 时，为 9.8；$d > 39$ 时，按协议 GB/T 5783：8.8							6g		A 级用于 $d \leqslant 24$ 和 $l \leqslant 10d$ 或 $l \leqslant 150$ 的螺栓； B 级用于 $d > 24$ 和 $l > 10d$ 或 $l > 150$ 的螺栓					

注：括号内为非优选规格，尽量不采用。

附表 3-4　C 级六角头螺栓　　单位：mm

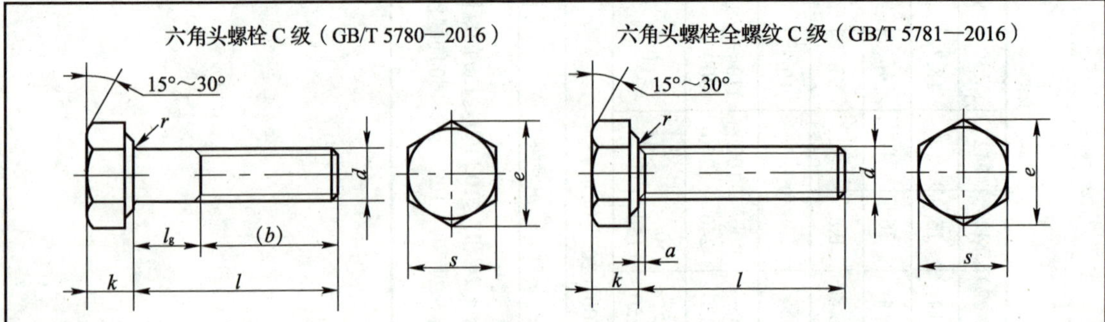

标记示例：

螺纹规格 d = M12、公称长度 l = 80 mm、性能等级为 4.8 级、不经表面处理的 C 级六角头螺栓：

螺栓　GB/T 5780　M12×80

螺纹规格 d		M5	M6	M8	M10	M12	（M14）	M16	（M18）	M20	（M22）	M24	（M27）	M30	M36
s_{max}		8	10	13	16	18	21	24	27	30	34	36	41	46	55
$k_{公称}$		3.5	4	5.3	6.4	7.5	8.8	10	11.5	12.5	14	15	17	18.7	22.5
r_{min}		0.2	0.25	0.4	0.6	0.6	0.6	0.6	0.6	0.8	0.8	0.8	1	1	1
e_{min}		8.63	10.89	14.20	17.59	19.85	22.78	26.17	29.56	32.95	37.29	39.55	45.20	50.85	60.79
a_{max}		2.4	3	4	4.5	5.3	6	6	7.5	7.5	7.5	9	9	10.5	12
b（参考）	$l_{公称} \leqslant 125$	16	18	22	26	30	34	38	42	46	50	54	60	66	—
	$125 < l_{公称} \leqslant 200$	22	24	28	32	36	40	44	48	52	56	60	66	72	84
	$l_{公称} > 200$	35	37	41	45	49	53	57	61	65	69	73	79	85	97
l		25～50	30～60	40～80	45～100	55～120	60～140	65～160	80～180	80～200	90～220	100～240	110～260	120～300	140～360
l（全螺纹）		10～50	12～60	16～80	20～100	25～120	30～140	30～160	35～180	40～200	45～220	50～240	55～280	60～300	70～360
l 系列		10、12、16、20～70（5 进位）、70～160（10 进位）、180～500（20 进位）													
技术条件		材料	机械性能等级									螺纹公差		产品等级	
		钢	$d \leqslant 39$ mm 时，为 4.6、4.8；$d > 39$ mm 时，按协议									8g		C	

注：括号内为非优选规格，尽量不采用。

附表 3-5　六角头加强杆螺栓—A 级和 B 级（摘自 GB/T 27—2013）　　单位：mm

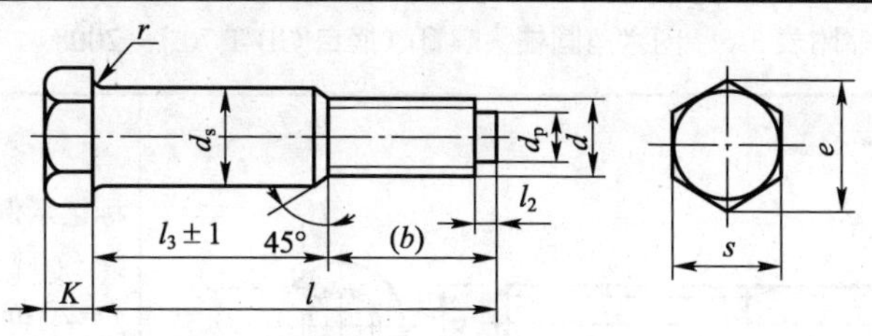

标记示例：

螺纹规格 d = M12、d_s 公差为 h9、公称长度 l = 80 mm、性能等级为 8.8 级、表面氧化的 A 级六角头加强杆螺栓：螺栓 GB/T 27 M12×80

当 d_s 按 m6 制造、其余条件同上时，可标记为：螺栓　GB/T 27　M12 m6×80

螺纹规格 d	M6	M8	M10	M12	（M14）	M16	（M18）	M20	（M22）	M24	（M27）	M30	M36
$d_{s\,max}$	7	9	11	13	15	17	19	21	23	25	28	32	38
s_{max}	10	13	16	18	21	24	27	30	34	36	41	46	55
$k_{公称}$	4	5	6	7	8	9	10	11	12	13	15	17	20
r_{min}	0.25	0.4	0.4	0.6	0.6	0.6	0.6	0.8	0.8	0.8	1	1	1
d_p	4	5.5	7	8.5	10	12	13	15	17	18	21	23	28
e_{min} A	11.05	14.38	17.77	20.03	23.35	26.75	30.14	33.53	37.72	39.98	—	—	—
e_{min} B	10.89	14.20	17.59	19.85	22.78	26.17	29.56	32.95	37.29	39.55	45.2	50.85	60.79
b（参考）	12	15	18	22	25	28	30	32	35	38	42	50	55
l 范围	25～65	25～80	30～120	35～180	40～180	45～200	50～200	55～200	60～200	65～200	75～200	80～230	90～300
l 系列	25、（28）、30、（32）、35、（38）、40、45、50、（55）、60、（65）、70、（75）、80、（85）、90、（95）、100～260（10 进位）、280、300												

技术条件	材料	机械性能等级	螺纹公差	产品等级
	钢	$d \leqslant 39$ mm 时，为 8.8；$d > 39$ 时，按协议	6g	A、B

注：① 括号内为非优选规格，尽量不采用。

② A 级用于 $d \leqslant 24$ mm 和 $l \leqslant 10d$ 或 $l \leqslant 150$ mm 的螺栓，B 级用于 $d > 24$ mm 和 $l > 10d$ 或 $l > 150$ mm 的螺栓。

附录 3.2.2 螺钉

附表 3-6 内六角圆柱头螺钉（摘自 GB/T 70.1—2008） 单位：mm

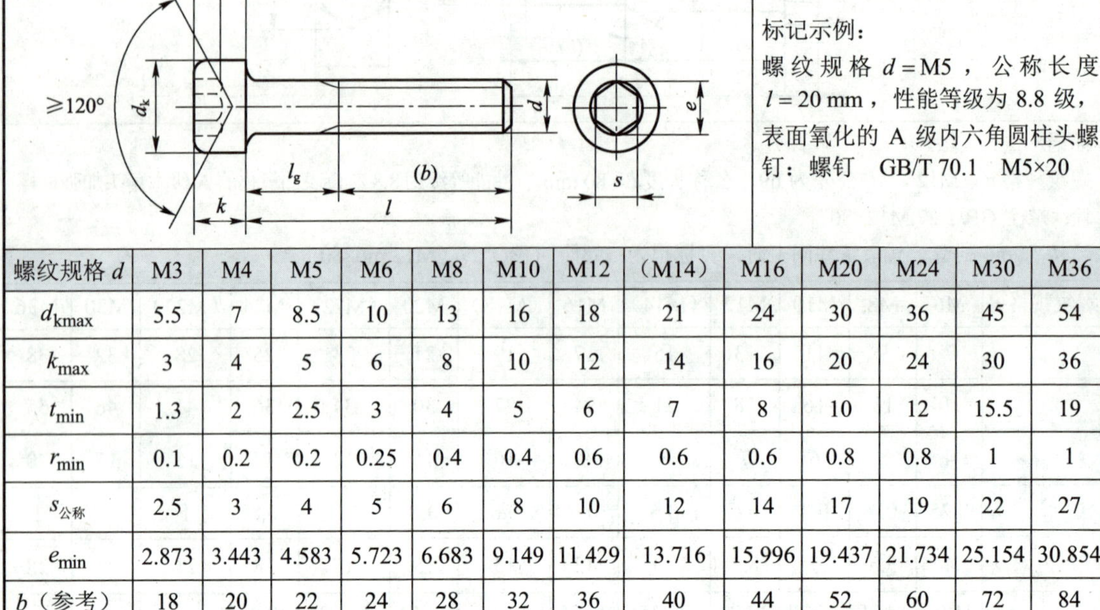

标记示例：

螺纹规格 d＝M5，公称长度 l＝20 mm，性能等级为 8.8 级，表面氧化的 A 级内六角圆柱头螺钉：螺钉 GB/T 70.1 M5×20

螺纹规格 d	M3	M4	M5	M6	M8	M10	M12	（M14）	M16	M20	M24	M30	M36
d_{kmax}	5.5	7	8.5	10	13	16	18	21	24	30	36	45	54
k_{max}	3	4	5	6	8	10	12	14	16	20	24	30	36
t_{min}	1.3	2	2.5	3	4	5	6	7	8	10	12	15.5	19
r_{min}	0.1	0.2	0.2	0.25	0.4	0.4	0.6	0.6	0.6	0.8	0.8	1	1
$s_{公称}$	2.5	3	4	5	6	8	10	12	14	17	19	22	27
e_{min}	2.873	3.443	4.583	5.723	6.683	9.149	11.429	13.716	15.996	19.437	21.734	25.154	30.854
b（参考）	18	20	22	24	28	32	36	40	44	52	60	72	84
l	5～30	6～40	8～50	10～60	12～80	16～100	20～120	25～140	25～160	30～200	40～200	45～200	55～200
全螺纹时最大长度	20	25	25	30	35	40	50	55	60	65	80	100	110
l 系列	2.5、3、4、5、6、8、10、12、16、20～70（5 进位）、80～160（10 进位）、180～300（20 进位）												

技术条件	材料	力学性能等级	螺纹公差	产品等级
	钢	$d<3$ 和 $d>39$ 时，按协议；$3 \leqslant d \leqslant 39$ 时，为 8.8、10.9、12.9	12.9 级时为 5g 或 6g，其他等级时为 6g	A

注：尽可能不采用括号内的规格。

附表 3-7　开槽圆柱头、开槽盘头、开槽沉头螺钉　　单位：mm

开槽圆柱头螺钉(GB/T 65—2016)

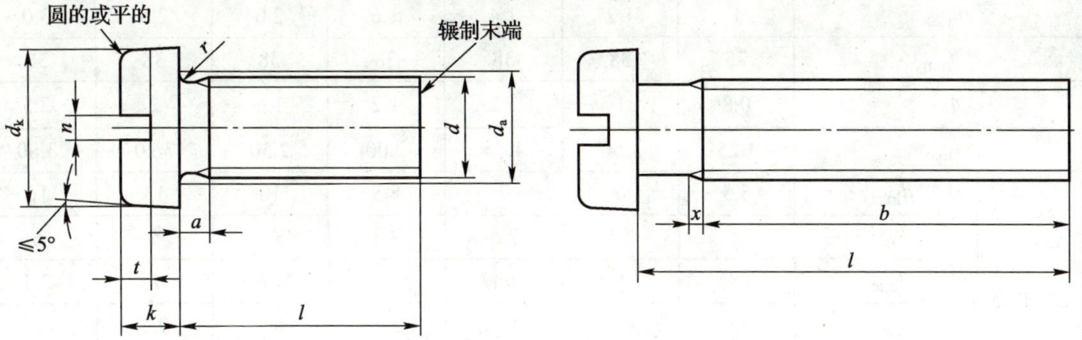

开槽盘头螺钉(GB/T 67—2016)

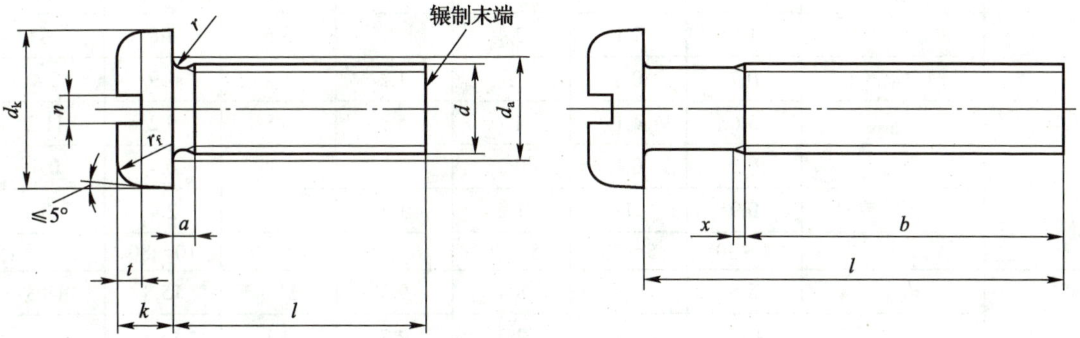

开槽沉头螺钉(GB/T 68—2016)

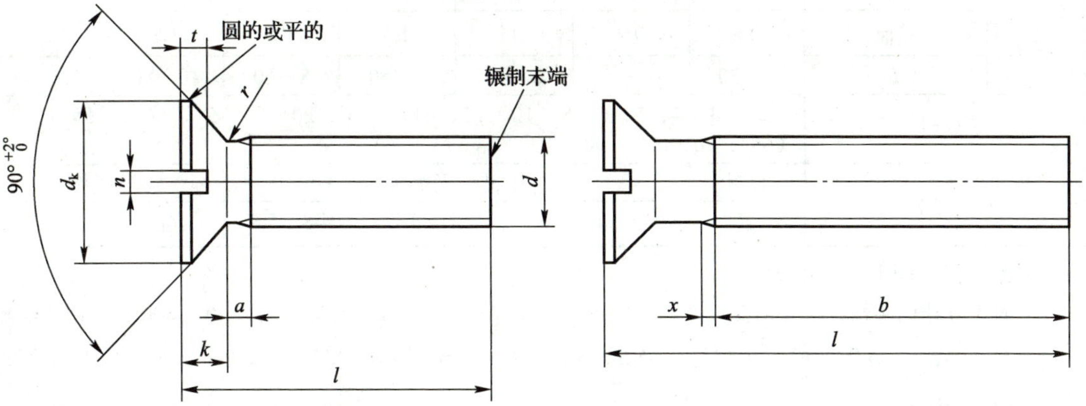

标记示例：

螺纹规格 d = M5 、公称长度 l = 20 mm 、性能等级为 4.8 级、不经表面处理的 A 级开槽圆柱头螺钉：

螺钉　GB/T 65　M5×20

螺纹规格 d = M5 、公称长度 l = 20 mm 、性能等级为 4.8 级、不经表面处理的 A 级开槽盘头螺钉：

螺钉　GB/T 67　M5×20

螺纹规格 d = M5 、公称长度 l = 20 mm 、性能等级为 4.8 级、不经表面处理的 A 级开槽沉头螺钉：

螺钉　GB/T 68　M5×20

（续表）

螺纹规格 d		M3	（M3.5）	M4	M5	M6	M8	M10
a_{max}		1	1.2	1.4	1.6	2.0	2.5	3.0
b_{min}		25	38	38	38	38	38	38
$n_{公称}$		0.8	1	1.2	1.2	1.6	2	2.5
x_{max}		1.25	1.50	1.75	2.00	2.50	3.20	3.80
GB/T 65	d_{kmax}	5.5	6	7	8.5	10	13	16
	k_{max}	2	2.4	2.6	3.3	3.9	5	6
	t_{min}	0.85	1	1.1	1.3	1.6	2	2.4
	d_{amax}	3.6	4.1	4.7	5.7	6.8	9.2	11.2
	r_{min}	0.1	0.1	0.2	0.2	0.25	0.4	0.4
	l	4～30	5～35	5～40	6～50	8～60	10～80	12～80
GB/T 67	d_{kmax}	5.6	7	8	9.5	12	16	20
	k_{max}	1.8	2.1	2.4	3	3.6	4.8	6
	t_{min}	0.7	0.8	1	1.2	1.4	1.9	2.4
	d_{amax}	3.6	4.1	4.7	5.7	6.8	9.2	11.2
	r_{min}	0.1	0.1	0.2	0.2	0.25	0.4	0.4
	r_f（参考）	0.9	1	1.2	1.5	1.8	2.4	3
	l	4～30	5～35	5～40	6～50	8～60	10～80	12～80
GB/T 68	d_{kmax}	5.5	7.3	8.4	9.3	11.3	15.8	18.3
	k_{max}	1.65	2.35	2.7	2.7	3.3	4.65	5
	r_{max}	0.8	0.9	1	1.3	1.5	2	2.5
	t_{min}	0.6	0.9	1	1.1	1.2	1.8	2
	l	5～30	6～35	6～40	8～50	8～60	10～80	12～80
l 系列		2.5、3、4、5、6、8、10、12、(14)、16、20～50（5 进位）、(55)、60、(65)、70、(75)、80						
技术条件		材料	机械性能等级				螺纹公差	产品等级
		钢	$d<3$ 时，按协议；$d \geqslant 3$ 时，为 4.8、5.8				6g	A

注：① 尽可能不采用括号内的规格。

② 对于开槽圆头螺钉、开槽盘头螺钉，当 $d \leqslant$ M3 、$l \leqslant 30$ mm 或 $d >$ M3 、$l \leqslant 40$ mm 时，制出全螺纹 $(b=l-a)$；对于开槽沉头螺钉，当 $d \leqslant$ M3 、$l \leqslant 30$ mm 或 $d >$ M3 、$l \leqslant 45$ mm 时，制出全螺纹 $[b=l-(k+a)]$。

附表 3-8　吊环螺钉（摘自 GB/T 825—1988）　　单位：mm

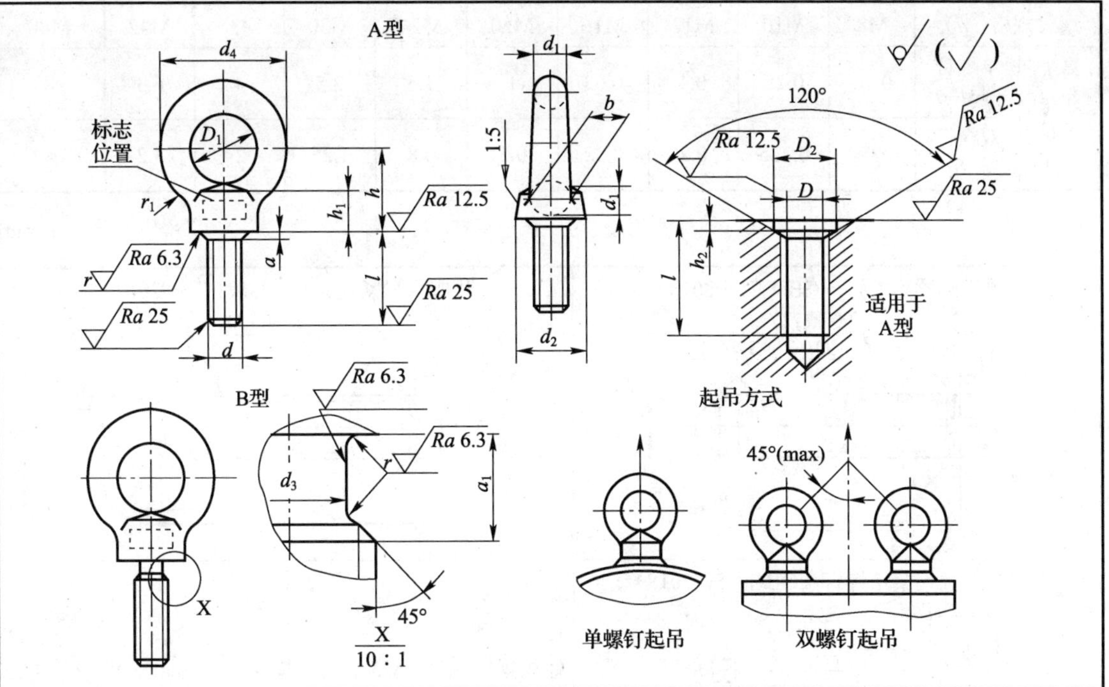

标记示例：

螺纹规格为 M20、材料为 20 钢、经正火处理、不经表面处理的 A 型吊环螺钉：螺钉 GB/T 825　M20

螺纹规格（d）		M8	M10	M12	M16	M20	M24	M30	M36	M42	M48
d_1	max	9.1	11.1	13.1	15.2	17.4	21.4	25.7	30	34.4	40.7
	min	7.6	9.6	11.6	13.6	15.6	19.6	23.5	27.5	31.2	37.1
D_1	公称	20	24	28	34	40	48	56	67	80	95
d_2	max	21.1	25.1	29.1	35.2	41.4	49.4	57.7	69	82.4	97.7
	min	19.6	23.6	27.6	33.6	39.6	47.6	55.5	66.5	79.2	94.1
h_1	max	7	9	11	13	15.1	19.1	23.2	27.4	31.7	36.9
	min	5.6	7.6	9.6	11.6	13.5	17.5	21.4	25.4	29.2	34.1
l	公称	16	20	22	28	35	40	45	55	65	70
d_4（参考）		36	44	52	62	72	88	104	123	144	171
h		18	22	26	31	36	44	53	63	74	87
r_1		4	4	6	6	8	12	15	18	20	22
r（min）		1	1	1	1	1	2	2	3	3	3
a_1（max）		3.75	4.5	5.25	6	7.5	9	10.5	12	13.5	15
d_3（max）		6	7.7	9.4	13	16.4	19.6	25	30.8	35.6	41
b		10	12	14	16	19	24	28	32	38	46
D_2（公称 min）		13	15	17	22	28	32	38	45	52	60
h_2（公称 min）		2.5	3	3.5	4.5	5	7	8	9.5	10.5	11.5

（续表）

螺纹规格（d）		M8	M10	M12	M16	M20	M24	M30	M36	M42	M48
最大起吊质量（t）	单螺钉起吊	0.16	0.25	0.4	0.63	1	1.6	2.5	4	6.3	8
	双螺钉起吊	0.08	0.125	0.2	0.32	0.5	0.8	1.25	2	3.2	4

附表 3-9　紧定螺钉

单位：mm

开槽锥端紧定螺钉（GB/T 71—2018）

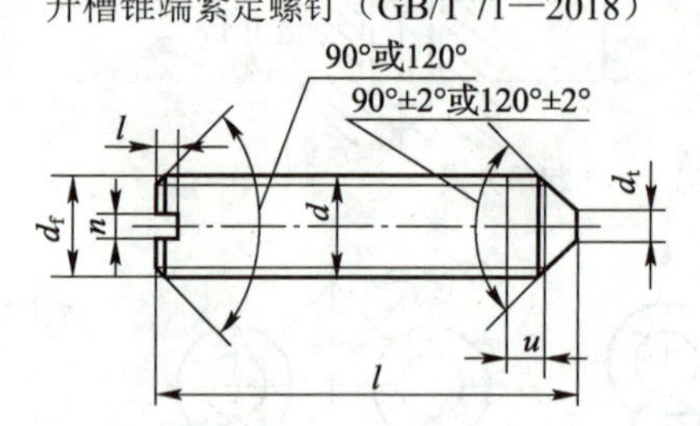

开槽平端紧定螺钉（GB/T 73—2017）

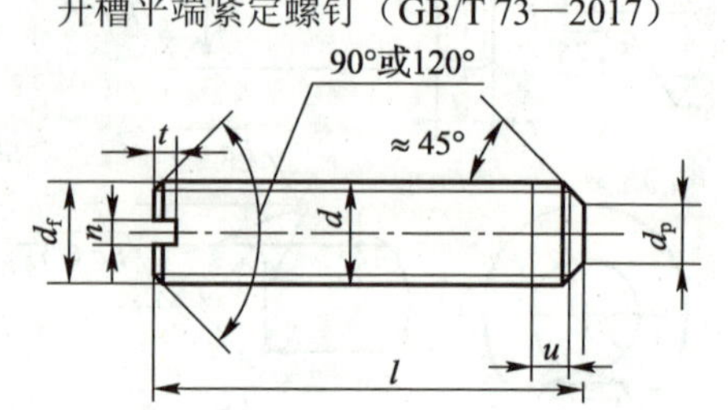

开槽长圆柱端紧定螺钉（GB/T 75—2018）

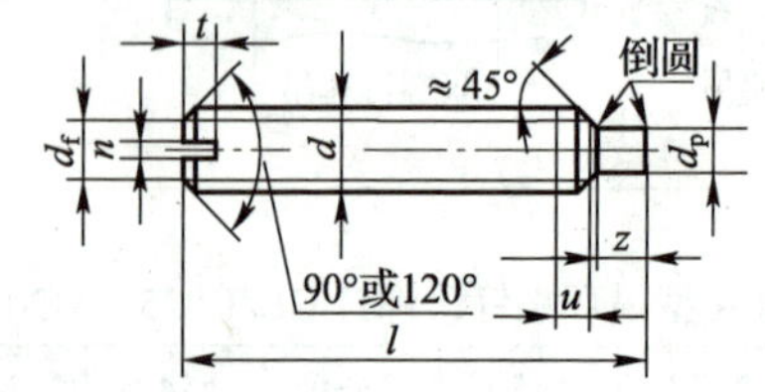

标记示例：

螺纹规格为 d = M5 、公称长度 l = 12 mm 、钢制、性能等级为 14H、表面不经处理、产品等级为 A 级的开槽锥端紧定螺钉：螺钉　GB/T 71　M5×12

d		M3	M4	M5	M6	M8	M10	M12
$d_f \approx$		螺纹小径						
P	GB/T 71、GB/T 73、GB/T 75	0.5	0.7	0.8	1	1.25	1.5	1.75
d_{tmax}	GB/T 71	0.3	0.4	0.5	1.5	2	2.5	3
d_{pmax}	GB/T 73、GB/T 75	2	2.5	3.5	4	5.5	7	8.5
$n_{公称}$	GB/T 71、GB/T 73、GB/T 75	0.4	0.6	0.8	1	1.2	1.6	2
t_{min}	GB/T 71、GB/T 73、GB/T 75	0.8	1.12	1.28	1.6	2	2.4	2.8
z_{min}	GB/T 75	1.5	2	2.5	3	4	5	6
l	GB/T 71	4～16	6～20	8～25	8～30	10～40	12～50	14～60
	GB/T 73	3～16	4～20	5～25	6～30	8～40	10～50	12～60
	GB/T 75	5～16	6～20	8～25	8～30	10～40	12～50	14～60
l 系列值		3、4、5、6、8、10、12、(14)、16、20～60（5 进位）						

技术条件	材料	机械性能等级	螺纹公差	产品等级
	钢	14H、22H	6g	A

注：① 尽可能不采用括号内的规格。

② P 为螺距。

③ $d \leqslant$ M5 的螺钉（GB/T 71—2018），不要求锥端平面部分尺寸（d_t），可以倒圆。

附录 3.2.3　螺母

附表 3-10　1 型六角螺母

单位：mm

1型六角螺母—A级和B级(GB/T 6170—2015)

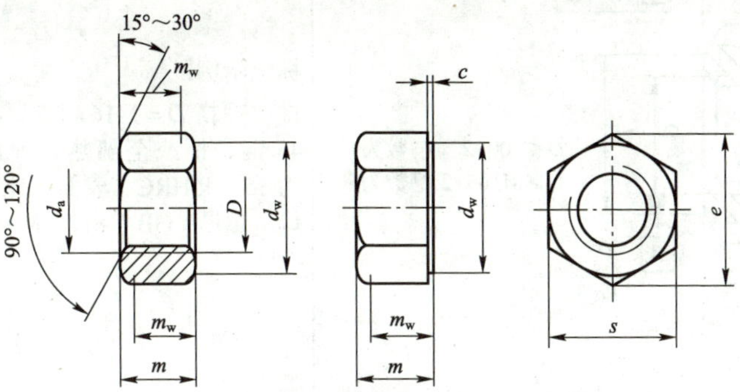

标记示例：

螺纹规格 D = M12、性能等级为 8 级、不经表面处理、产品等级为 A 级的 1 型六角螺母：螺母　GB/T 6170　M12

1型六角螺母—C级(GB/T 41—2016)

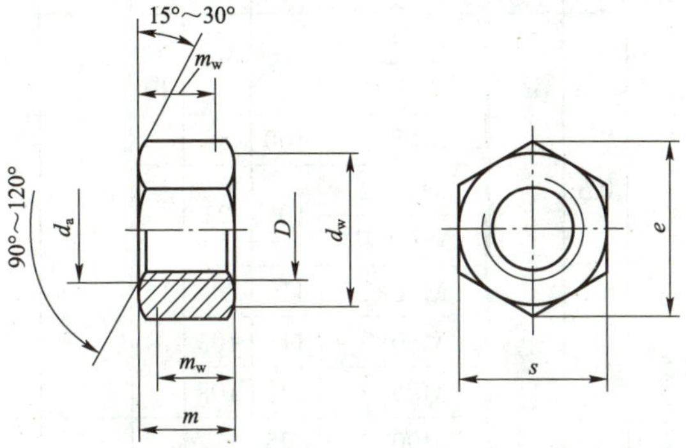

标记示例：

螺纹规格 D = M12、性能等级为 5 级、不经表面处理、产品等级为 C 级的六角螺母：螺母　GB/T 41　M12

D		M5	M6	M8	M10	M12	(M14)	M16	(M18)	M20	(M22)	M24	(M27)	M30	M36
m_{max}	GB/T 6170	4.7	5.2	6.8	8.4	10.8	12.8	14.8	15.8	18	19.4	21.5	23.8	25.6	31
	GB/T 41	5.6	6.4	7.9	9.5	12.2	13.9	15.9	16.9	19	20.2	22.3	24.7	26.4	31.9
s_{min}	GB/T 6170	7.78	9.78	12.73	15.73	17.73	20.67	23.67	26.16	29.16	33	35	40	45	53.8
	GB/T 41	7.64	9.64	12.57	15.57	17.57	20.16	23.16	26.16	29.16	33	35	40	45	53.8
e_{min}	GB/T 6170	8.79	11.05	14.38	17.77	20.03	23.36	26.75	29.56	32.95	37.29	39.55	45.2	50.85	60.79
	GB/T 41	8.63	10.89	14.2	17.59	19.85	22.78	26.17	29.56	32.95	37.29	39.55	45.2	50.85	60.79
d_{wmin}	GB/T 6170	6.9	8.9	11.6	14.6	16.6	19.6	22.5	24.9	27.7	31.4	33.3	38	42.8	51.1
	GB/T 41	6.7	8.7	11.5	14.5	16.5	19.2	22	24.9	27.7	31.4	33.3	38	42.8	51.1
c_{max}	GB/T 6170	0.5	0.5	0.6	0.6	0.6	0.6	0.8	0.8	0.8	0.8	0.8	0.8	0.8	0.8
s_{max}		8	10	13	16	18	21	24	27	30	34	36	41	46	55

技术条件	材料	机械性能等级	螺纹公差	产品等级
GB/T 6170	钢	M5≤D≤M16 时，为 6、8、10（QT）；M16<D≤M39 时，为 6、8（QT）、10（QT）；D>M39 时，按协议	6H	A 级用于 D≤M16；B 级用于 D>M16
GB/T 41	钢	M5<D≤M39 时，为 5；D>M39 时，按协议	7H	C

注：① 尽可能不采用括号内的规格。

② QT 表示淬火并回火。

附表 3-11　圆螺母（摘自 GB/T 812—1988）　　单位：mm

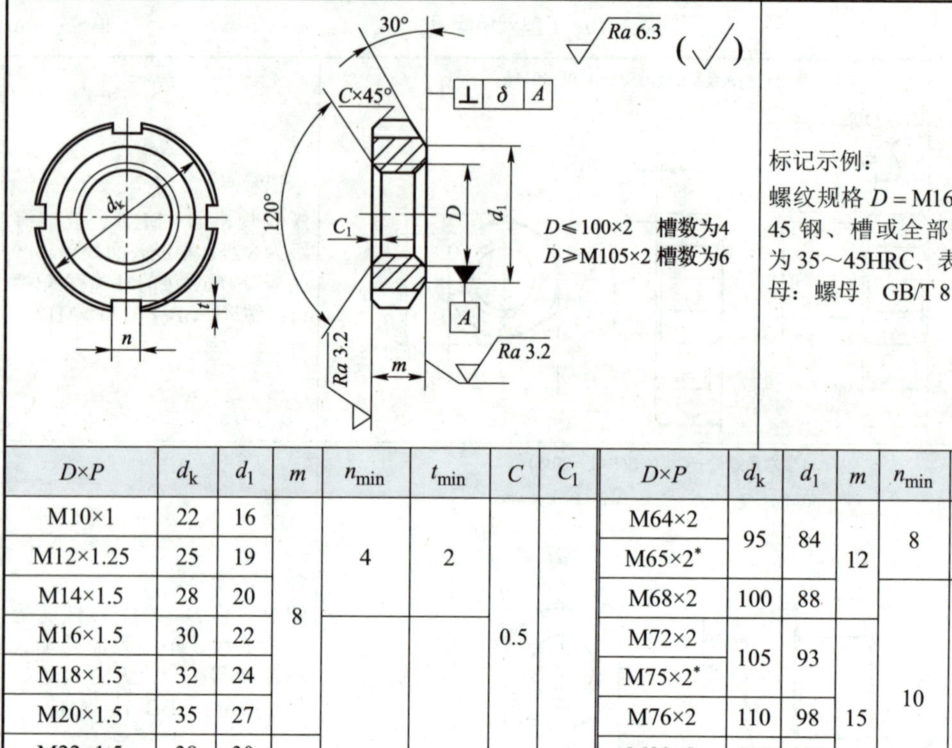

标记示例：

螺纹规格 D=M16×1.5、材料为45钢、槽或全部热处理后硬度为35～45HRC、表面氧化的圆螺母：螺母　GB/T 812　M16×1.5

$D\times P$	d_k	d_1	m	n_{min}	t_{min}	C	C_1	$D\times P$	d_k	d_1	m	n_{min}	t_{min}	C	C_1
M10×1	22	16	8	4	2	0.5	0.5	M64×2	95	84	12	8	3.5	1.5	1
M12×1.25	25	19						M65×2*							
M14×1.5	28	20						M68×2	100	88		10	4		
M16×1.5	30	22		5	2.5			M72×2	105	93	15				
M18×1.5	32	24						M75×2*							
M20×1.5	35	27						M76×2	110	98					
M22×1.5	38	30	10					M80×2	115	103					
M24×1.5	42	34				1		M85×2	120	108					
M25×1.5*								M90×2	125	112	18	12	5		
M27×1.5	45	37						M95×2	130	117					
M30×1.5	48	40						M100×2	135	122					
M33×1.5	52	43		6	3			M105×2	140	127					
M35×1.5*								M110×2	150	135		14	6		
M36×1.5	55	46						M115×2	155	140	22				
M39×1.5	58	49				1.5		M120×2	160	145					
M40×1.5*								M125×2	165	150					
M42×1.5	62	53						M130×2	170	155					
M45×1.5	68	59						M140×2	180	165	26				
M48×1.5	72	61	12	8	3.5			M150×2	200	180		16	7		
M50×1.5*								M160×3	210	190				2	1.5
M52×1.5	78	67						M170×3	220	200					
M55×2*								M180×3	230	210	30				
M56×2	85	74					1	M190×3	240	220					
M60×2	90	79						M200×3	250	230					

注：标有*者仅用于滚动轴承锁紧装置。

附录 3.2.4 垫圈

附表 3-12 小垫圈、平垫圈 单位：mm

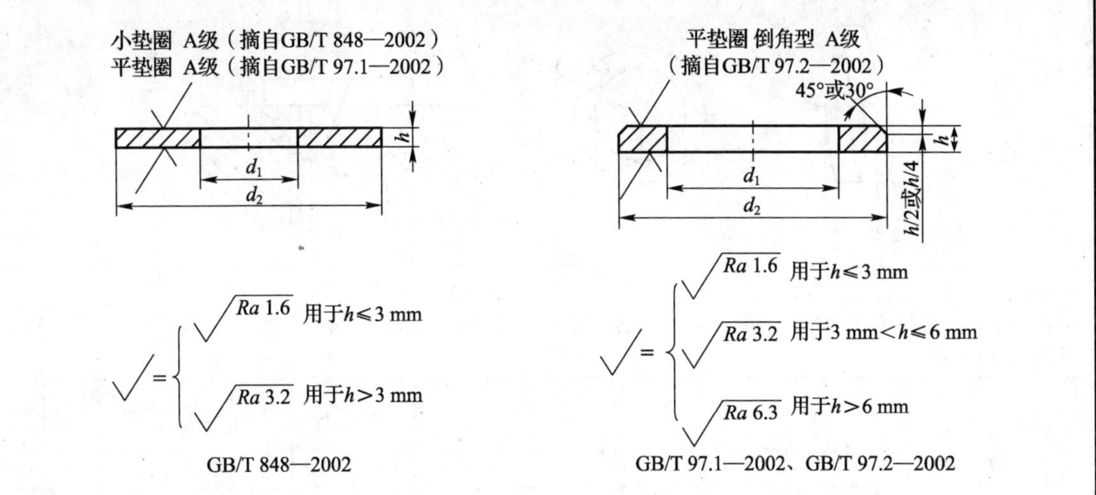

标注示例：

小系列（或标准系列）、公称规格为 $d=8$ mm 、由钢制造的硬度等级为 200 HV 级、不经表面处理、产品等级为 A 级平垫圈：垫圈 GB/T 848 8（或垫圈 GB/T 97.1 8）

公称规格（螺纹大径 d）		1.6	2	2.5	3	4	5	6	8	10	12	（14）	16	20	24	30	36
$d_{1\min}$	GB/T 848—2002	1.7	2.2	2.7	3.2	4.3	5.3	6.4	8.4	10.5	13	15	17	21	25	31	37
	GB/T 97.1—2002																
	GB/T 97.2—2002	—	—	—	—	—											
$d_{2\max}$	GB/T 848—2002	3.5	4.5	5	6	8	9	11	15	18	20	24	28	34	39	50	60
	GB/T 97.1—2002	4	5	6	7	9	10	12	16	20	24	28	30	37	44	56	66
	GB/T 97.2—2002	—	—	—	—	—											
$h_{公称}$	GB/T 848—2002	0.3	0.3	0.5	0.5	0.5	1	1.6	1.6	1.6	2	2.5	2.5	3	4	4	5
	GB/T 97.1—2002					0.8				2	2.5		3				
	GB/T 97.2—2002	—	—	—	—	—											

附表 3-13 标准型弹簧垫圈（摘自 GB/T 93—1987）与轻型弹簧垫圈（摘自 GB/T 859—1987）

单位：mm

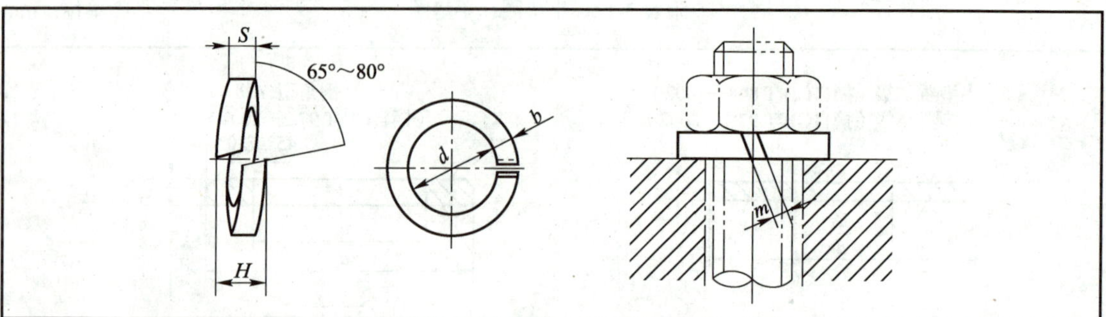

标记示例：

规格 16 mm、材料为 65Mn、表面氧化处理的标准型（或轻型）弹簧垫圈：垫圈 GB/T 93 16（或垫圈 GB/T 859 16）

规格（螺纹大径）			3	4	5	6	8	10	12	（14）	16	（18）	20	（22）	24	（27）	30
GB/T 93	*d*	min	3.1	4.1	5.1	6.1	8.1	10.2	12.2	14.2	16.2	18.2	20.2	22.5	24.5	27.5	30.5
	S(*b*)	公称	0.8	1.1	1.3	1.6	2.1	2.6	3.1	3.6	4.1	4.5	5	5.5	6	6.8	7.5
	H	min	1.6	2.2	2.6	3.2	4.2	5.2	6.2	7.2	8.2	9	10	11	12	13.6	15
		max	2	2.75	3.25	4	5.25	6.5	7.75	9	10.25	11.25	12.5	13.75	15	17	18.75
	m	≤	0.4	0.55	0.65	0.8	1.05	1.3	1.55	1.8	2.05	2.25	2.5	2.75	3	3.4	3.75
GB/T 859	*d*	min	3.1	4.1	5.1	6.1	8.1	10.2	12.2	14.2	16.2	18.2	20.2	22.5	24.5	27.5	30.5
	S	公称	0.6	0.8	1.1	1.3	1.6	2	2.5	3	3.2	3.6	4	4.5	5	5.5	6
	b	公称	1	1.2	1.5	2	2.5	3	3.5	4	4.5	5	5.5	6	7	8	9
	H	min	1.2	1.6	2.2	2.6	3.2	4	5	6	6.4	7.2	8	9	10	11	12
		max	1.5	2	2.75	3.25	4	5	6.25	7.5	8	9	10	11.25	12.5	13.75	15
	m	≤	0.3	0.4	0.55	0.65	0.8	1	1.25	1.5	1.6	1.8	2	2.25	2.5	2.75	3

注：尽可能不采用括号内规格。

附表 3-14 圆螺母用止动垫圈（摘自 GB/T 858—1988）

单位：mm

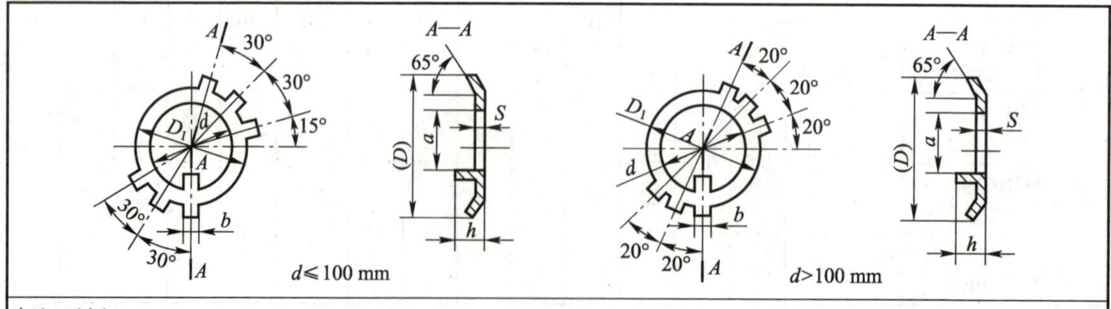

标记示例：

规格为 16 mm，材料为 Q235A，经退火、表面氧化处理的圆螺母用止动垫圈：垫圈 GB/T 858 16

（续表）

规格（螺纹大径）	d	D（参考）	D_1	S	b	a	h	规格（螺纹大径）	d	D（参考）	D_1	S	b	a	h
10	10.5	25	16	1	3.8	8	3	52	52.5	82	67	1.5	7.7	49	6
12	12.5	28	19			9		55*	56	82	67			52	
14	14.5	32	20			11		56	57	90	74			53	
16	16.5	34	22		4.8	13		60	61	94	79			57	
18	18.5	35	24			15	4	64	65	100	84			61	
20	20.5	38	27			17		65*	66	100	84			62	
22	22.5	42	30			19		68	69	105	88		9.6	65	
24	24.5	45	34			21		72	73	110	93			69	7
25*	25.5	45	34			22		75*	76	110	93			71	
27	27.5	48	37			24	5	76	77	115	98			72	
30	30.5	52	40			27		80	81	120	103			76	
33	33.5	56	43	1.5	5.7	30		85	86	125	108			81	
35*	35.5	56	43			32		90	91	130	112	2	11.6	86	
36	36.5	60	46			33		95	96	135	117			91	
39	39.5	62	49			36		100	101	140	122			96	
40*	40.5	62	49			37		105	106	145	127			101	
42	42.5	66	53			39		110	111	156	135		13.5	106	
45	45.5	72	59			42		115	116	160	140			111	
48	48.5	76	61		7.7	45		120	121	166	145			116	
50*	50.5	76	61			47		125	126	170	150			121	

注：*仅用于滚动轴承锁紧装置。

附表 3-15　外舌止动垫圈（摘自 GB/T 856—1988）　　单位：mm

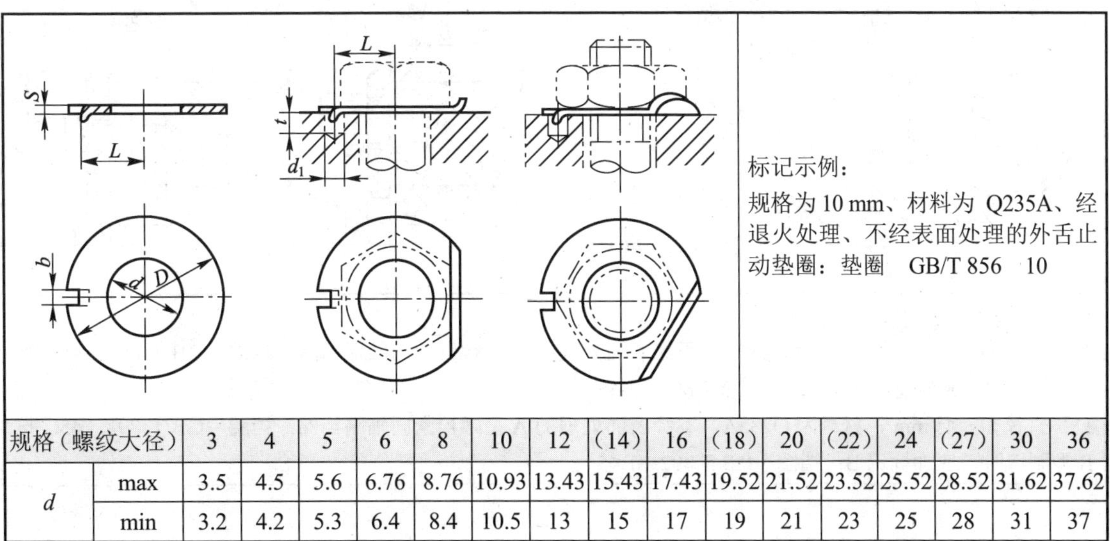

规格（螺纹大径）		3	4	5	6	8	10	12	（14）	16	（18）	20	（22）	24	（27）	30	36
d	max	3.5	4.5	5.6	6.76	8.76	10.93	13.43	15.43	17.43	19.52	21.52	23.52	25.52	28.52	31.62	37.62
	min	3.2	4.2	5.3	6.4	8.4	10.5	13	15	17	19	21	23	25	28	31	37

（续表）

规格（螺纹大径）		3	4	5	6	8	10	12	（14）	16	（18）	20	（22）	24	（27）	30	36
D	max	12	14	17	19	22	26	32	32	40	45	45	50	50	58	63	75
	min	11.57	13.57	16.57	18.48	21.48	25.48	31.38	31.38	39.38	44.38	44.38	49.38	49.38	57.26	62.26	74.26
b	max	2.5	2.5	3.5	3.5	3.5	4.5	4.5	4.5	5.5	6	6	7	7	8	8	11
	min	2.25	2.25	3.2	3.2	3.2	4.2	4.2	4.2	5.2	5.7	5.7	6.64	6.64	7.64	7.64	10.57
$L_{公称}$		4.5	5.5	7	7.5	8.5	10	12	12	15	18	18	20	20	23	25	31
S		0.4	0.4	0.5	0.5	0.5	0.5	1	1	1	1	1	1	1	1.5	1.5	1.5
d_1		3	3	4	4	4	5	5	5	6	7	7	8	8	9	9	12
t		3	3	4	4	4	5	6	6	6	7	7	7	7	10	10	10

注：括号内的规格尽可能不采用。

附录 3.2.5 挡圈

附表 3-16 轴端挡圈

单位：mm

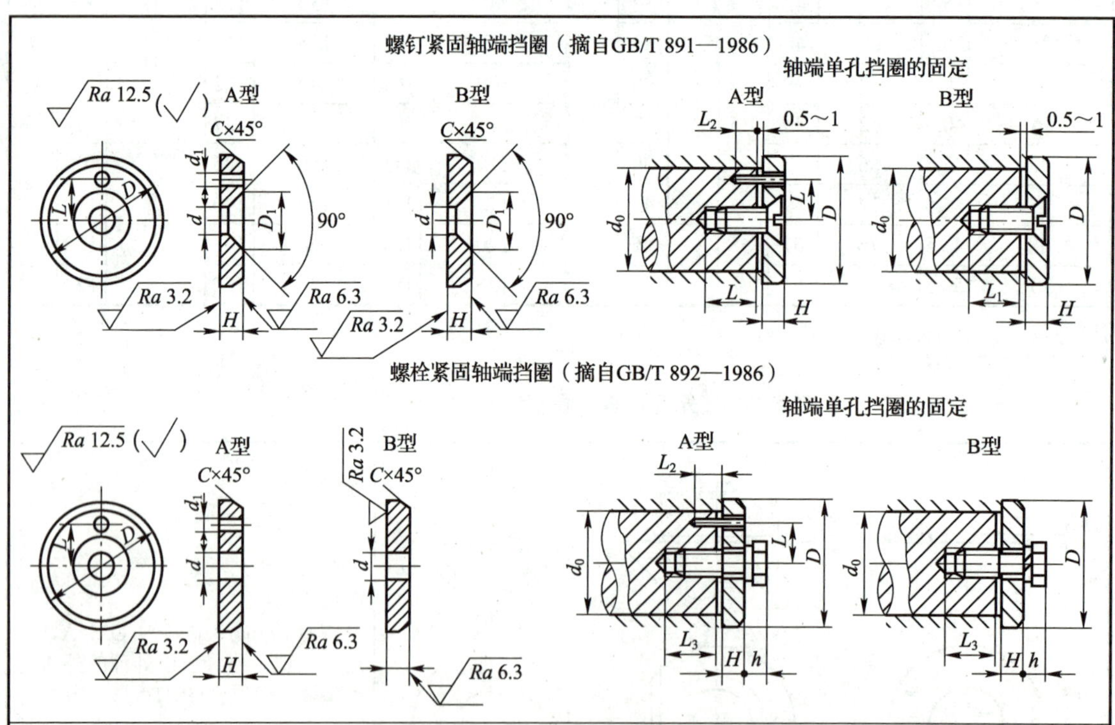

标记示例：

公称直径 $D=45$ mm，材料为 Q235A，不经表面处理的 A 型螺钉紧固轴端挡圈：挡圈　GB/T 891　45。按 B 型制造时，应加标记 B：挡圈　GB/T 891　B45

公称直径 $D=45$ mm，材料为 Q235A，不经表面处理的 A 型螺栓紧固轴端挡圈：挡圈　GB/T 892　45。按 B 型制造时，应加标记 B：挡圈　GB/T 892　B45

（续表）

<table>
<tr><th rowspan="2">轴径≤</th><th rowspan="2">公称直径 D</th><th rowspan="2">H</th><th rowspan="2">L</th><th rowspan="2">d</th><th rowspan="2">d_1</th><th rowspan="2">c</th><th colspan="3">螺钉紧固轴端挡圈</th><th colspan="3">螺栓紧固轴端挡圈</th></tr>
<tr><th>D_1</th><th>螺钉 GB/T 819（推荐）</th><th>圆柱销 GB/T 119（推荐）</th><th>螺栓 GB/T 5783（推荐）</th><th>圆柱销 GB/T 119（推荐）</th><th>垫圈 GB/T 93（推荐）</th></tr>
<tr><td>14</td><td>20</td><td>4</td><td>—</td><td rowspan="5">5.5</td><td rowspan="5">2.1</td><td rowspan="5">0.5</td><td rowspan="5">11</td><td rowspan="5">M5×12</td><td rowspan="5">A2×10</td><td rowspan="5">M5×6</td><td rowspan="5">A2×10</td><td rowspan="5">5</td></tr>
<tr><td>16</td><td>22</td><td>4</td><td>—</td></tr>
<tr><td>18</td><td>25</td><td>4</td><td>—</td></tr>
<tr><td>20</td><td>28</td><td>4</td><td>7.5</td></tr>
<tr><td>22</td><td>30</td><td>4</td><td>7.5</td></tr>
<tr><td>25</td><td>32</td><td>5</td><td>10</td><td rowspan="6">6.6</td><td rowspan="6">3.2</td><td rowspan="6">1</td><td rowspan="6">13</td><td rowspan="6">M6×16</td><td rowspan="6">A3×12</td><td rowspan="6">M6×20</td><td rowspan="6">A3×12</td><td rowspan="6">6</td></tr>
<tr><td>28</td><td>35</td><td>5</td><td>10</td></tr>
<tr><td>30</td><td>38</td><td>5</td><td>10</td></tr>
<tr><td>32</td><td>40</td><td>5</td><td>12</td></tr>
<tr><td>35</td><td>45</td><td>5</td><td>12</td></tr>
<tr><td>40</td><td>50</td><td>5</td><td>12</td></tr>
<tr><td>45</td><td>55</td><td>6</td><td>16</td><td rowspan="6">9</td><td rowspan="6">4.2</td><td rowspan="6">1.5</td><td rowspan="6">17</td><td rowspan="6">M8×20</td><td rowspan="6">A4×14</td><td rowspan="6">M8×25</td><td rowspan="6">A4×14</td><td rowspan="6">8</td></tr>
<tr><td>50</td><td>60</td><td>6</td><td>16</td></tr>
<tr><td>55</td><td>65</td><td>6</td><td>16</td></tr>
<tr><td>60</td><td>70</td><td>6</td><td>20</td></tr>
<tr><td>65</td><td>75</td><td>6</td><td>20</td></tr>
<tr><td>70</td><td>80</td><td>6</td><td>20</td></tr>
<tr><td>75</td><td>90</td><td>8</td><td>25</td><td rowspan="2">13</td><td rowspan="2">5.2</td><td rowspan="2">2</td><td rowspan="2">25</td><td rowspan="2">M12×25</td><td rowspan="2">A5×16</td><td rowspan="2">M12×30</td><td rowspan="2">A5×16</td><td rowspan="2">12</td></tr>
<tr><td>85</td><td>100</td><td>8</td><td>25</td></tr>
</table>

注：① 材料为 Q235A、35 钢、45 钢。

② 当挡圈装在带螺纹孔的轴端时，紧固用螺钉或螺栓允许加长。

附表 3-17 孔用弹性挡圈（摘自 GB/T 893—2017） 单位：mm

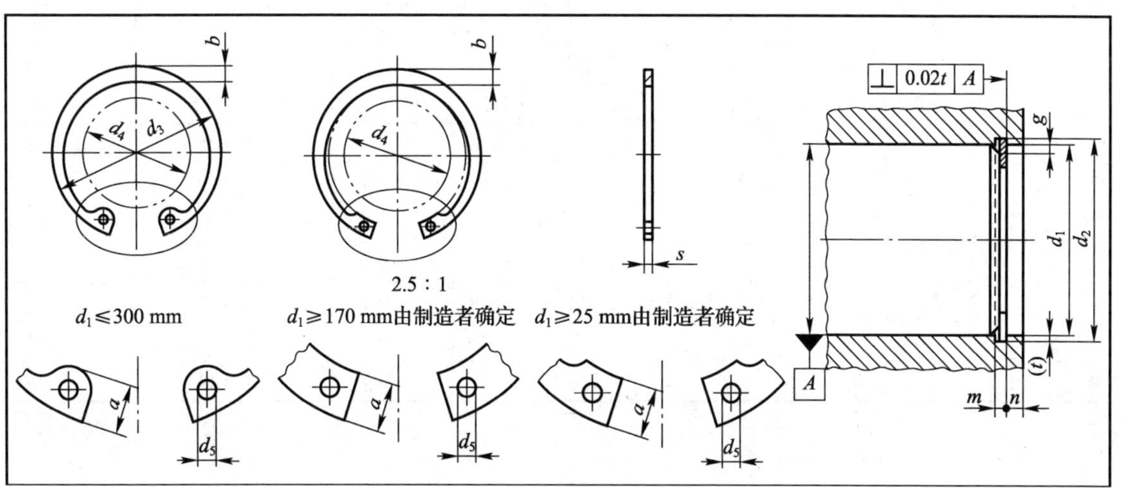

（续表）

标记示例：

孔径 $d_1=40$ mm、厚度 $s=1.75$ mm、材料为 C67S、表面磷化处理的 A 型孔用弹性挡圈：挡圈 GB/T 893 40

公称规格 d_1	挡圈				沟槽			d_4	公称规格 d_1	挡圈				沟槽			d_4
	d_3	s	b（≈）	d_5（min）	d_2	m H13	n（min）			d_3	s	b（≈）	d_5（min）	d_2	m H13	n（min）	
10	10.8	1	1.4	1.2	10.4	1.1	0.6	3.3	50	54.2	2	4.6	2.5	53	2.15	4.5	36.3
11	11.8		1.5		11.4			4.1	52	56.2		4.7		55			37.9
12	13		1.7	1.5	12.5		0.8	4.9	55	59.2		5.0		58			40.7
13	14.1		1.8		13.6		0.9	5.4	56	60.2		5.1		59			41.7
14	15.1		1.9	1.7	14.6			6.2	58	62.2		5.2		61			43.5
15	16.2		2.0		15.7		1.1	7.2	60	64.2		5.4		63			44.7
16	17.3		2.0		16.8		1.2	8.0	62	66.2		5.5		65			46.7
17	18.3		2.1		17.8			8.8	63	67.2		5.6		66			47.7
18	19.5		2.2	2.0	19		1.5	9.4	65	69.2	2.5	5.8	3.0	68	2.65		49.0
19	20.5		2.2		20			10.4	68	72.5		6.1		71			51.6
20	21.5		2.3		21			11.2	70	74.5		6.2		73			53.6
21	22.5		2.4		22			12.2	72	76.5		6.4		75			55.6
22	23.5		2.5		23			13.2	75	79.5		6.6		78			58.6
24	25.9	1.2	2.6		25.2	1.3	1.8	14.8	78	82.5		6.6		81			60.1
25	26.9		2.7		26.2			15.5	80	85.5		6.8		83.5		5.3	62.1
26	27.9		2.8		27.2			16.1	82	87.5		7.0		85.5			64.1
28	30.1		2.9		29.4		2.1	17.9	85	90.5	3	7.0	3.5	88.5	3.15		66.9
30	32.1		3.0		31.4			19.9	88	93.5		7.2		91.5			69.9
31	33.4		3.2	2.5	32.7		2.6	20.0	90	95.5		7.6		93.5			71.9
32	34.4		3.2		33.7			20.6	92	97.5		7.8		95.5			73.7
34	36.5	1.5	3.3		35.7	1.6		22.6	95	100.5		8.1		98.5			76.5
35	37.8		3.4		37		3.0	23.6	98	103.5		8.3		101.5			79.0
36	38.8		3.5		38			24.6	100	105.5		8.4		103.5			80.6
37	39.8		3.6		39			25.4	102	108	4	8.5		106	4.15	6	82.0
38	40.8		3.7		40			26.4	105	112		8.7		109			85.0
40	43.5	1.75	3.9		42.5	1.85	3.8	27.8	108	115		8.9		112			88.0
42	45.5		4.1		44.5			29.6	110	117		9.0		114			88.2
45	48.5		4.3		47.5			32.0	112	119		9.1		116			90.0
47	50.5		4.4		49.5			33.5	115	122		9.3		119			93.0
48	51.5		4.5		50.5			34.5	120	127		9.7		124			96.9

附表 3-18 轴用弹性挡圈（摘自 GB/T 894—2017） 单位：mm

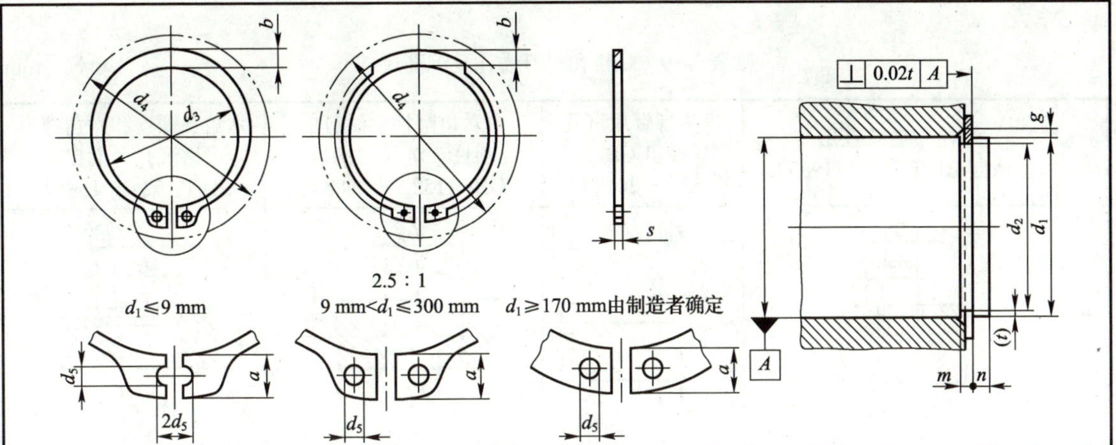

标记示例：

孔径 d_1 = 40 mm 、厚度 s = 1.75 mm 、材料为 C67S、表面磷化处理的 A 型轴用弹性挡圈：挡圈 GB/T 894 40

公称规格 d_1	挡圈				沟槽			d_4	公称规格 d_1	挡圈				沟槽			d_4
	d_3	s	b（≈）	d_5（min）	d_2	m H13	n（min）			d_3	s	b（≈）	d_5（min）	d_2	m H13	n（min）	
5	4.7	0.6	1.1	1	4.8	0.7	0.3	10.3	40	36.5	1.75	4.4	2.5	37.0	1.85	3.8	52.6
6	5.6	0.7	1.3	1.2	5.7	0.8	0.5	11.7	42	38.5		4.5		39.5			55.7
7	6.5	0.8	1.4		6.7	0.9		13.5	45	41.5		4.7		42.5			59.1
8	7.4		1.5		7.6		0.6	14.7	48	44.5		5.0		45.5			62.5
9	8.4	1	1.7		8.6	1.1		16.0	50	45.8	2	5.1		47.0	2.15	4.5	64.5
10	9.3		1.8	1.5	9.6			17.0	52	47.8		5.2		49.0			66.7
11	10.2		1.8		10.5		0.8	18.0	55	50.8		5.4		52.0			70.2
12	11.0		1.8	1.7	11.5			19.0	56	51.8		5.5		53.0			71.6
13	11.9		2.0		12.4		0.9	20.2	58	53.8		5.6		55.0			73.6
14	12.9		2.1		13.4			21.4	60	55.8		5.8		57.0			75.6
15	13.8		2.2		14.3		1.1	22.6	62	57.8		6.0		59.0			77.8
16	14.7		2.2		15.2		1.2	23.8	63	58.8		6.2		60.0			79.0
17	15.7		2.3		16.2			25.0	65	60.8	2.5	6.3	3	62.0	2.65		81.4
18	16.5	1.2	2.4	2	17.0	1.3	1.5	26.2	68	63.5		6.5		65.0			84.8
19	17.5		2.5		18.0			27.2	70	65.5		6.6		67.0			87.0
20	18.5		2.6		19.0			28.4	72	67.5		6.8		69.0			89.2
21	19.5		2.7		20.0			29.6	75	70.5		7.0		72.0			92.7
22	20.5		2.8		21.0			30.8	78	73.5		7.3		75.0		5.3	96.1
24	22.2		3.0		22.9		1.7	33.2	80	74.5		7.4		76.5			98.1
25	23.2		3.0		23.9			34.2	82	76.5		7.6		78.5			100.3
26	24.2		3.1		24.9			35.5	85	79.5		7.8		81.5	3.15		103.3
28	25.9	1.5	3.2		26.6	1.6	2.1	37.9	88	82.5	3	8.0	3.5	84.5			106.5
29	26.9		3.4		27.6			39.1	90	84.5		8.2		86.5			108.5
30	27.9		3.5		28.6			40.5	95	89.5		8.6		91.5			114.8
32	29.6		3.6	2.5	30.3		2.6	43.0	100	94.5		9.0		96.5			120.2
34	31.5		3.8		32.3			45.4	105	98.0	4	9.3		101.0	4.15	6.0	125.8
35	32.2		3.9		33.0		3	46.8	110	103.0		9.6		106.0			131.2
36	33.2	1.75	4.0		34.0	1.85		47.8	115	108.0		9.8		111.0			137.3
38	35.2		4.2		36.0			50.2	120	113.0		10.2		116.0			143.1

附录 3.3 螺纹连接件的结构要素

附表 3-19 螺栓和螺钉通孔及沉孔尺寸

单位：mm

螺纹规格	螺栓和螺钉通孔（摘自 GB/T 5277—1985）			沉头螺钉用沉孔（摘自 GB/T 152.2—2014）			内六角圆柱头螺钉的圆柱头沉孔（摘自 GB/T 152.3—1988）				六角头螺栓和六角螺母用沉孔（摘自 GB/T 152.4—1988）			
d	d_h 精装配	d_h 中等装配	d_h 粗装配	d_h	D_c	$t\approx$	d_1	d_2	d_3	t	d_1	d_2	d_3	t
M3	3.2	3.4	3.6	3.4	6.3	1.55	3.4	6	—	3.4	3.4	9	—	只要能制出与通孔轴线垂直的圆平面即可
M4	4.3	4.5	4.8	4.5	9.4	2.55	4.5	8		4.6	4.5	10		
M5	5.3	5.5	5.8	5.5	10.4	2.58	5.5	10		5.7	5.5	11		
M6	6.4	6.6	7	6.6	12.6	3.13	6.6	11		6.8	6.6	13		
M8	8.4	9	10	9	17.3	4.28	9	15		9	9	18		
M10	10.5	11	12	11	20.0	4.65	11	18		11	11	22		
M12	13	13.5	14.5	—	—	—	13.5	20	16	13	13.5	26	16	
M14	15	15.5	16.5				15.5	24	18	15	15.5	30	18	
M16	17	17.5	18.5				17.5	26	20	17.5	17.5	33	20	
M18	19	20	21				—	—	—	—	20	36	22	
M20	21	22	24				22	33	24	21.5	22	40	24	
M22	23	24	26				—	—	—	—	24	43	26	
M24	25	26	28				26	40	28	25.5	26	48	28	
M27	28	30	32				—	—	—	—	30	53	33	
M30	31	33	35				33	48	36	32	33	61	36	
M36	37	39	42				39	57	42	38	39	71	42	

附表 3-20　普通螺纹的收尾、肩距、退刀槽和倒角（摘自 GB/T 3—1997）　　单位：mm

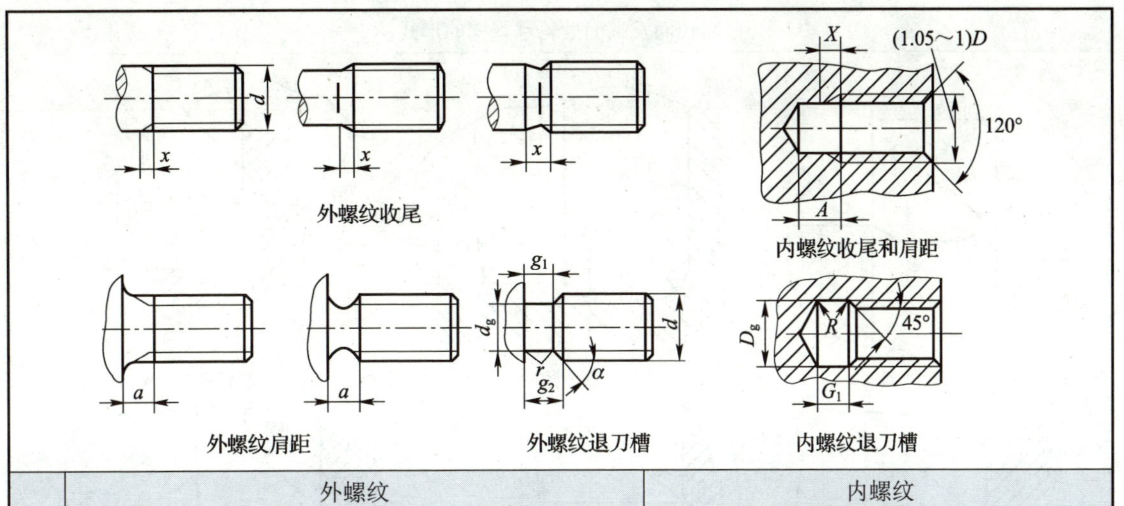

螺距 P	外螺纹									内螺纹							
	收尾 x_{max}		肩距 a_{max}			退刀槽				收尾 X_{max}		肩距 A_{min}		退刀槽			
	一般	短的	一般	长的	短的	g_{2max}	g_{1min}	$r\approx$	d_g	一般	短的	一般	长的	G_1 一般	G_1 短的	$R\approx$	D_g
0.5	1.25	0.7	1.5	2	1	1.5	0.8	0.2	$d-0.8$	2	1	3	4	2	1	0.2	$D+0.3$
0.75	1.9	1	2.25	3	1.5	2.25	1.2	0.4	$d-1.2$	3	1.5	3.8	6	3	1.5	0.4	
0.8	2	1	2.4	3.2	1.6	2.4	1.3		$d-1.3$	3.2	1.6	4	6.4	3.2	1.6	0.4	
1	2.5	1.25	3	4	2	3	1.6	0.6	$d-1.6$	4	2	5	8	4	2	0.5	$D+0.5$
1.25	3.2	1.6	4	5	2.5	3.75	2		$d-2$	5	2.5	6	10	5	2.5	0.6	
1.5	3.8	1.9	4.5	6	3	4.5	2.5	0.8	$d-2.3$	6	3	7	12	6	3	0.8	
1.75	4.3	2.2	5.3	7	3.5	5.25	3	1	$d-2.6$	7	3.5	9	14	7	3.5	0.9	
2	5	2.5	6	8	4	6	3.4		$d-3$	8	4	10	16	8	4	1	
2.5	6.3	3.2	7.5	10	5	7.5	4.4	1.2	$d-3.6$	10	5	12	18	10	5	1.2	
3	7.5	3.8	9	12	6	9	5.2	1.6	$d-4.4$	12	6	14	22	12	6	1.5	
3.5	9	4.5	10.5	14	7	10.5	6.2		$d-5$	14	7	16	24	14	7	1.8	
4	10	5	12	16	8	12	7	2	$d-5.7$	16	8	18	26	16	8	2	
4.5	11	5.5	13.5	18	9	13.5	8	2.5	$d-6.4$	18	9	21	29	18	9	2.2	
5	12.5	6.3	15	20	10	15	9		$d-7$	20	10	23	32	20	10	2.5	

附表 3-21　砂轮越程槽（摘自 GB/T 6403.5—2008）　单位：mm

<table>
<tr><td colspan="10">回转面及端面砂轮越程槽的形式</td></tr>
<tr><td colspan="10">磨外圆　磨内圆　磨外端圆
磨内端面　磨外圆及端面　磨内圆及端面</td></tr>
<tr><td colspan="10">回转面及端面砂轮越程槽的尺寸</td></tr>
<tr><td>b_1</td><td>0.6</td><td>1.0</td><td>1.6</td><td>2.0</td><td>3.0</td><td>4.0</td><td>5.0</td><td>8.0</td><td>10</td></tr>
<tr><td>b_2</td><td>2.0</td><td colspan="2">3.0</td><td colspan="2">4.0</td><td colspan="2">5.0</td><td>8.0</td><td>10</td></tr>
<tr><td>h</td><td>0.1</td><td colspan="2">0.2</td><td>0.3</td><td colspan="2">0.4</td><td>0.6</td><td>0.8</td><td>1.2</td></tr>
<tr><td>r</td><td>0.2</td><td colspan="2">0.5</td><td>0.8</td><td colspan="2">1.0</td><td>1.6</td><td>2.0</td><td>3.0</td></tr>
<tr><td>d</td><td colspan="3">～10</td><td colspan="2">10～50</td><td colspan="2">50～100</td><td colspan="2">100</td></tr>
</table>

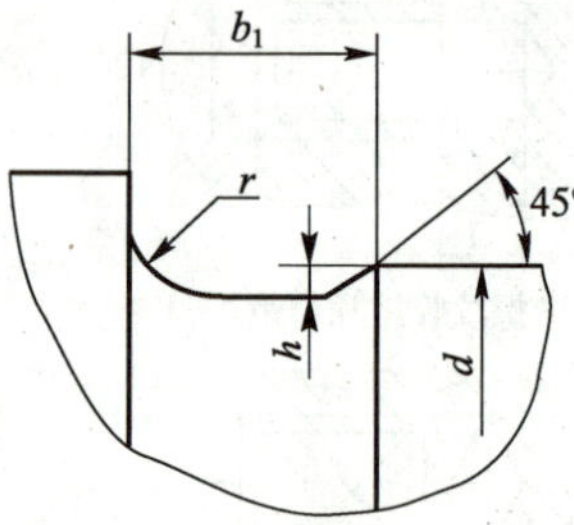

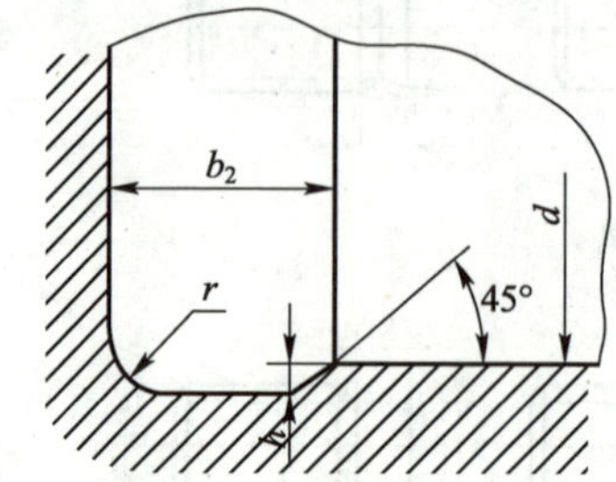

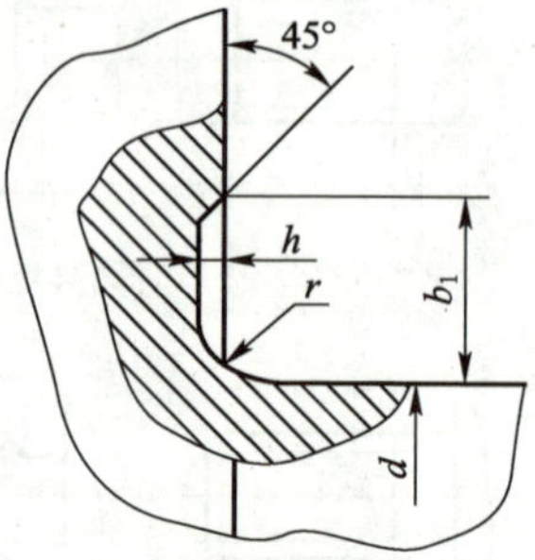

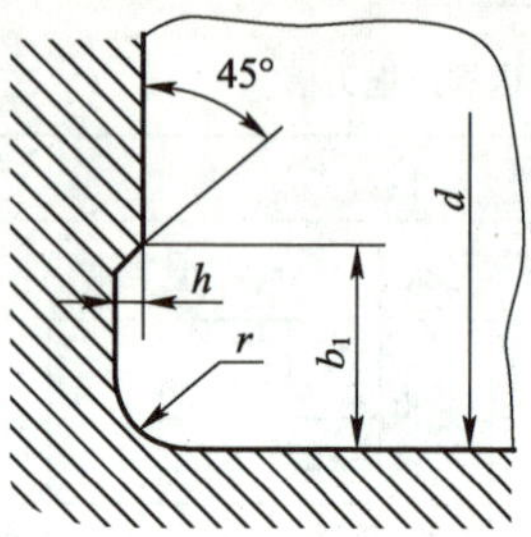

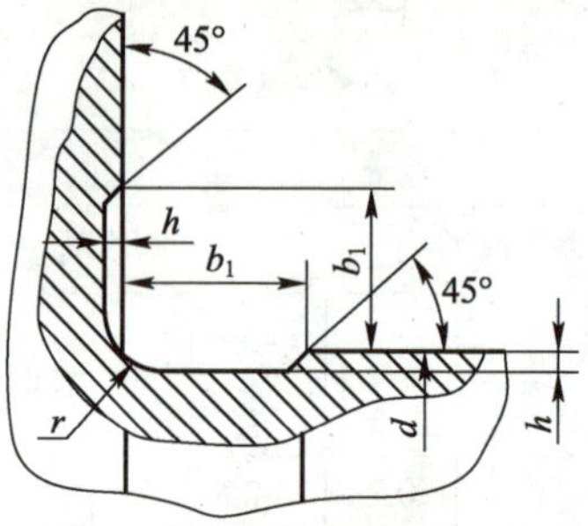

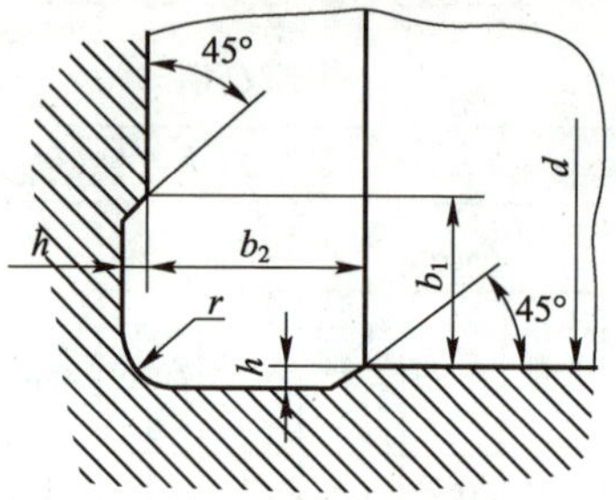

注：① 越程槽内与直线相交处，不允许产生尖角。

② 越程槽深度 h 与圆弧半径 r，要满足 $r \leqslant 3h$ 。

附录 4 键连接

附表 4-1 普通平键及其键槽（摘自 GB/T 1095—2003、GB/T 1096—2003） 单位：mm

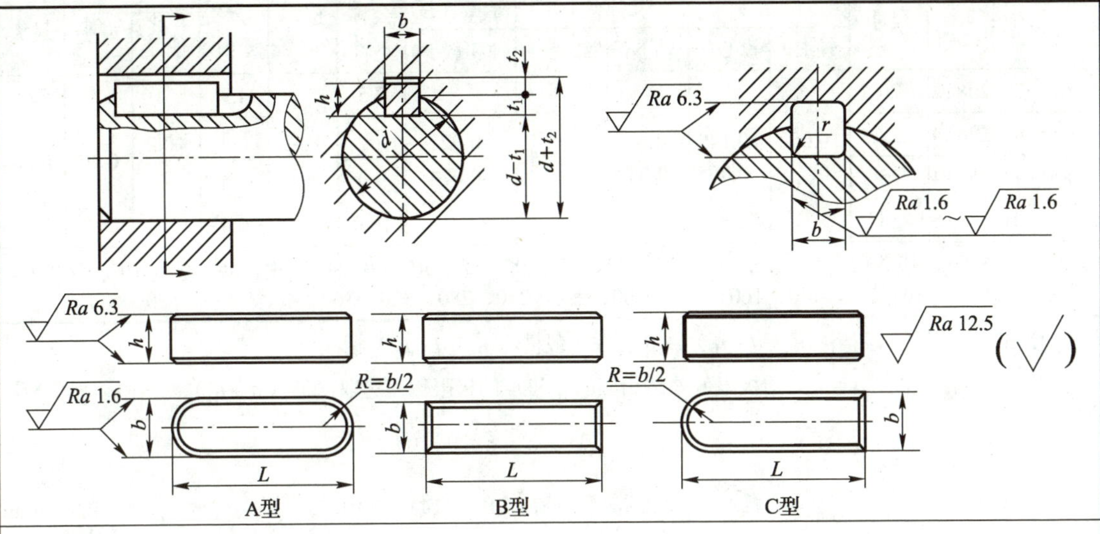

标记示例：

$b=16$ mm、$h=10$ mm、$L=100$ mm 的普通 A 型平键：GB/T 1096 键 16×10×100

$b=16$ mm、$h=10$ mm、$L=100$ mm 的普通 B 型平键：GB/T 1096 键 B16×10×100

$b=16$ mm、$h=10$ mm、$L=100$ mm 的普通 C 型平键：GB/T 1096 键 C16×10×100

<table>
<tr><th>轴</th><th>键</th><th colspan="12">键槽</th></tr>
<tr><th rowspan="4">公称直径 d</th><th rowspan="4">b×h</th><th colspan="6">宽度 b</th><th colspan="4">深度</th><th colspan="2" rowspan="2">半径 r</th></tr>
<tr><th rowspan="3">基本尺寸</th><th colspan="5">极限偏差</th><th colspan="2">轴 t_1</th><th colspan="2">毂 t_2</th></tr>
<tr><th colspan="2">松连接</th><th colspan="2">正常连接</th><th>紧密连接</th><th rowspan="2">公称尺寸</th><th rowspan="2">极限偏差</th><th rowspan="2">公称尺寸</th><th rowspan="2">极限偏差</th><th rowspan="2">最小</th><th rowspan="2">最大</th></tr>
<tr><th>轴 H9</th><th>毂 D10</th><th>轴 N9</th><th>毂 JS9</th><th>轴和毂 P9</th></tr>
<tr><td>6～8</td><td>2×2</td><td>2</td><td rowspan="2">+0.025
0</td><td rowspan="2">+0.060
−0.020</td><td rowspan="2">−0.004
−0.029</td><td rowspan="2">±0.012 5</td><td rowspan="2">−0.006
−0.031</td><td>1.2</td><td rowspan="5">+0.1
0</td><td>1</td><td rowspan="5">+0.1
0</td><td rowspan="3">0.08</td><td rowspan="3">0.16</td></tr>
<tr><td>>8～10</td><td>3×3</td><td>3</td><td>1.8</td><td>1.4</td></tr>
<tr><td>>10～12</td><td>4×4</td><td>4</td><td rowspan="3">+0.030
0</td><td rowspan="3">+0.078
+0.030</td><td rowspan="3">0
−0.030</td><td rowspan="3">±0.015</td><td rowspan="3">−0.012
−0.042</td><td>2.5</td><td>1.8</td></tr>
<tr><td>>12～17</td><td>5×5</td><td>5</td><td>3.0</td><td>2.3</td><td rowspan="3">0.16</td><td rowspan="3">0.25</td></tr>
<tr><td>>17～22</td><td>6×6</td><td>6</td><td>3.5</td><td>2.8</td></tr>
<tr><td>>22～30</td><td>8×7</td><td>8</td><td rowspan="2">+0.036
0</td><td rowspan="2">+0.098
+0.040</td><td rowspan="2">0
−0.036</td><td rowspan="2">±0.018</td><td rowspan="2">−0.015
−0.051</td><td>4.0</td><td rowspan="6">+0.2
0</td><td>3.3</td><td rowspan="6">+0.2
0</td></tr>
<tr><td>>30～38</td><td>10×8</td><td>10</td><td>5.0</td><td>3.3</td><td rowspan="5">0.25</td><td rowspan="5">0.40</td></tr>
<tr><td>>38～44</td><td>12×8</td><td>12</td><td rowspan="4">+0.043
0</td><td rowspan="4">+0.120
+0.050</td><td rowspan="4">0
−0.043</td><td rowspan="4">±0.021 5</td><td rowspan="4">−0.018
−0.061</td><td>5.0</td><td>3.3</td></tr>
<tr><td>>44～50</td><td>14×9</td><td>14</td><td>5.5</td><td>3.8</td></tr>
<tr><td>>50～58</td><td>16×10</td><td>16</td><td>6.0</td><td>4.3</td></tr>
<tr><td>>58～65</td><td>18×11</td><td>18</td><td>7.0</td><td>4.4</td></tr>
</table>

（续表）

<table>
<tr><th>轴</th><th>键</th><th colspan="12">键槽</th></tr>
<tr><th rowspan="4">公称
直径 d</th><th rowspan="4">$b \times h$</th><th colspan="6">宽度 b</th><th colspan="4">深度</th><th colspan="2" rowspan="2">半径 r</th></tr>
<tr><th rowspan="3">基本
尺寸</th><th colspan="5">极限偏差</th><th colspan="2">轴 t_1</th><th colspan="2">毂 t_2</th></tr>
<tr><th colspan="2">松连接</th><th colspan="2">正常连接</th><th>紧密连接</th><th rowspan="2">公称
尺寸</th><th rowspan="2">极限
偏差</th><th rowspan="2">公称
尺寸</th><th rowspan="2">极限
偏差</th><th rowspan="2">最小</th><th rowspan="2">最大</th></tr>
<tr><th>轴 H9</th><th>毂 D10</th><th>轴 N9</th><th>毂 JS9</th><th>轴和毂 P9</th></tr>
<tr><td>＞65～75</td><td>20×12</td><td>20</td><td rowspan="4">+0.052
0</td><td rowspan="4">+0.149
+0.065</td><td rowspan="4">0
−0.052</td><td rowspan="4">±0.026</td><td rowspan="4">−0.022
−0.074</td><td>7.5</td><td rowspan="4">+0.2
0</td><td>4.9</td><td rowspan="4">+0.2
0</td><td rowspan="4">0.40</td><td rowspan="4">0.60</td></tr>
<tr><td>＞75～85</td><td>22×14</td><td>22</td><td>9.0</td><td>5.4</td></tr>
<tr><td>＞85～95</td><td>25×14</td><td>25</td><td>9.0</td><td>5.4</td></tr>
<tr><td>＞95～110</td><td>28×16</td><td>28</td><td>10.0</td><td>6.4</td></tr>
<tr><td>键的长度
系列</td><td colspan="13">6、8、10、12、14、16、18、20、22、25、28、32、36、40、45、50、56、63、70、80、90、100、110、125、140、160、180、200、220、250、280、320、360、400、450、500</td></tr>
</table>

注：① 在工作图中，轴槽深用（$d-t_1$）或 t_1 标注，毂槽深用（$d+t_2$）标注。

② （$d-t_1$）和（$d+t_2$）的极限偏差按相应的 t_1 和 t_2 的极限偏差选取，但（$d-t_1$）的极限偏差值应取负号。

附表 4-2　矩形花键（摘自 GB/T 1144—2001）　单位：mm

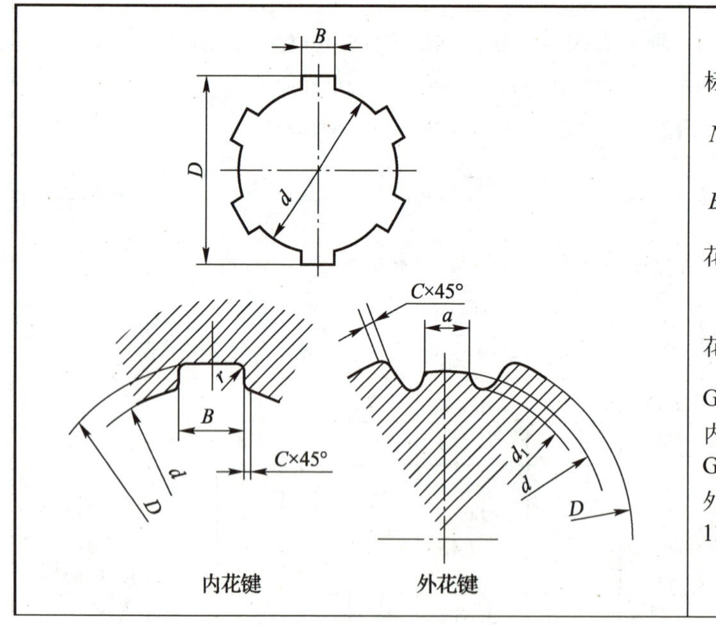

标记示例：

$N=6$ 、 $d=23\frac{H7}{f7}$ 、 $D=26\frac{H10}{a11}$ 、 $B=6\frac{H11}{d10}$ 的花键标记如下：

花键规格：$N \times d \times D \times B$

$6 \times 23 \times 26 \times 6$

花键副：$6 \times 23\frac{H7}{f7} \times 26\frac{H10}{a11} \times 6\frac{H11}{d10}$ GB/T 1144—2001

内花键：6 × 23H7 × 26H10 × 6H11 GB/T 1144—2001

外花键：6 × 23f7 × 26a11 × 6d10　GB/T 1144—2001

（续表）

基本尺寸系列和键槽截面尺寸										
小径 d	轻系列					中系列				
	规格 $N \times d \times D \times B$	C	r	参考		规格 $N \times d \times D \times B$	C	r	参考	
				$d_{1\min}$	$a_{\min}$				$d_{1\min}$	$a_{\min}$
18	—	—	—	—	—	6×18×22×5	0.3	0.2	16.6	1.0
21						6×21×25×5			19.5	2.0
23	6×23×26×6	0.2	0.1	22	3.5	6×23×28×6			21.2	1.2
26	6×26×30×6	0.3	0.2	24.5	3.8	6×26×32×6	0.4	0.3	23.6	
28	6×28×32×7			26.6	4.0	6×28×34×7			25.8	1.4
32	6×32×36×6			30.3	2.7	8×32×38×6			29.4	1
36	8×36×40×7			34.4	3.5	8×36×42×7			33.4	
42	8×42×46×8			40.5	5.0	8×42×48×8			39.4	2.5
46	8×46×50×9			44.6	5.7	8×46×54×9	0.5	0.4	42.6	1.4
52	8×52×58×10	0.4	0.3	49.6	4.8	8×52×60×10			48.6	2.5
56	8×56×62×10			53.5	6.5	8×56×65×10			52.0	
62	8×62×68×12			59.7	7.3	8×62×72×12	0.6	0.5	57.7	2.4
72	10×72×78×12			69.6	5.4	10×72×82×12			67.7	1.0
82	10×82×88×12			79.3	8.5	10×82×92×12			77.0	2.9
92	10×92×98×14			89.6	9.9	10×92×102×14			87.3	4.5
102	10×102×108×16			99.6	11.3	10×102×112×16			97.7	6.2
112	10×112×120×18	0.5	0.4	108.8	10.5	10×112×125×18			106.2	4.1

内、外花键的尺寸公差带							
内花键				外花键			装配型式
d	D	B		d	D	B	
		拉削后不热处理	拉削后热处理				
一般用尺寸公差带							
H7	H10	H9	H11	f7	a11	d10	滑动
				g7		f9	紧滑动
				h7		h10	固定
精密传动用尺寸公差带							
H5	H10	H7、H9		f5	a11	d8	滑动
				g5		f7	紧滑动
				h5		h8	固定
H6				f6		d8	滑动
				g6		f7	紧滑动
				h6		h8	固定

注：N 为键数，D 为大径，B 为键宽。

附录 5 销连接

附表 5-1　圆柱销（摘自 GB/T 119.1—2000）、圆锥销（摘自 GB/T 117—2000）　单位：mm

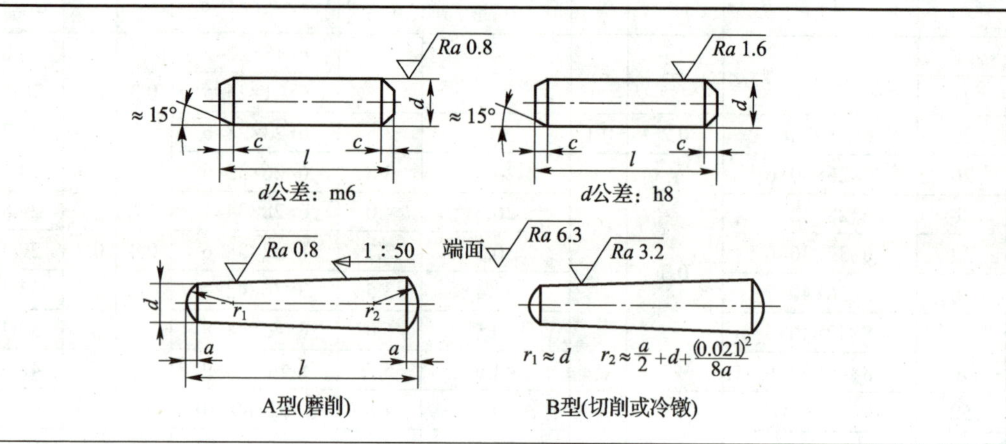

标记示例：

公称直径 $d=6$ mm、公差为 m6、公称长度 $l=30$ mm、材料为钢、不经淬火、不经表面处理的圆柱销：销　GB/T 119.1　6 m6×30

公称直径 $d=6$ mm、公称长度 $l=30$ mm、材料为 35 钢、热处理硬度 28～38HRC、表面氧化处理的 A 型圆锥销：销　GB/T 117　6×30

圆柱销	*d*m6/h10	3	4	5	6	8	10	12	16	20	25
	c ≈	0.5	0.63	0.8	1.2	1.6	2	2.5	3	3.5	4
	l（公称）	8～30	8～40	10～50	12～60	14～80	18～95	22～140	26～180	35～200	50～200
圆锥销	*d*h10	3	4	5	6	8	10	12	16	20	25
	a ≈	0.4	0.5	0.63	0.8	1	1.2	1.6	2	2.5	3
	l（公称）	12～45	14～55	18～60	22～90	22～120	26～160	32～180	40～200	45～200	50～200
l（公称）的系列		12～32（2 进位）、35～100（5 进位）、100～200（20 进位）									

附表 5-2　开口销（摘自 GB/T 91—2000）　单位：mm

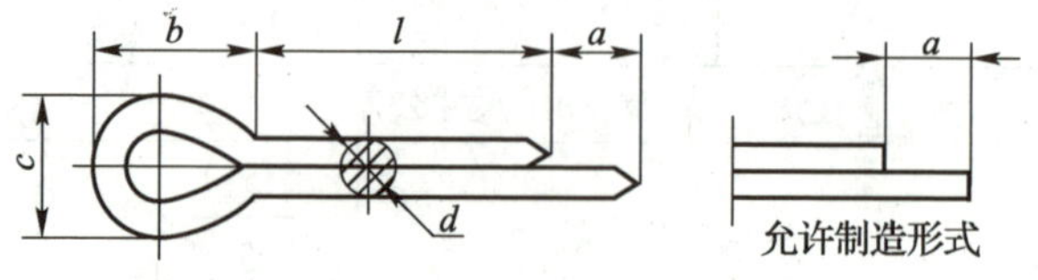

标记示例：

公称规格为 5 mm、公称长度 $l=50$ mm、材料为 Q215 或 Q235、不经表面处理的开口销：

销　GB/T 91　5×50

（续表）

公称规格	d_{max}	a_{max}	c_{max}	c_{min}	$b\approx$	l	l系列
0.6	0.5	1.6	1	0.9	2	4～12	
0.8	0.7		1.4	1.2	2.4	5～16	
1	0.9		1.8	1.6	3	6～20	
1.2	1.0	2.5	2	1.7	3	8～25	4、5、6、8、10、12、14、16、18、20、22、25、28、32、36、40、45、50、56、63、71、80、90、100、112、125、140、160、180、200
1.6	1.4		2.8	2.4	3.2	8～32	
2	1.8		3.6	3.2	4	10～40	
2.5	2.3		4.6	4	5	12～50	
3.2	2.9	3.2	5.8	5.1	6.4	14～63	
4	3.7	4	7.4	6.5	8	18～80	
5	4.6		9.2	8	10	22～100	
6.3	5.9		11.8	10.3	12.6	32～125	
8	7.5		15	13.1	16	40～160	
10	9.5	6.3	19	16.6	20	45～200	
13	12.4		24.8	21.7	26	71～250	

注：公称规格等于开口销孔的直径。

附录 6 联轴器

附表 6-1 联轴器轴孔和联结型式与尺寸（摘自 GB/T 3852—2017） 单位：mm

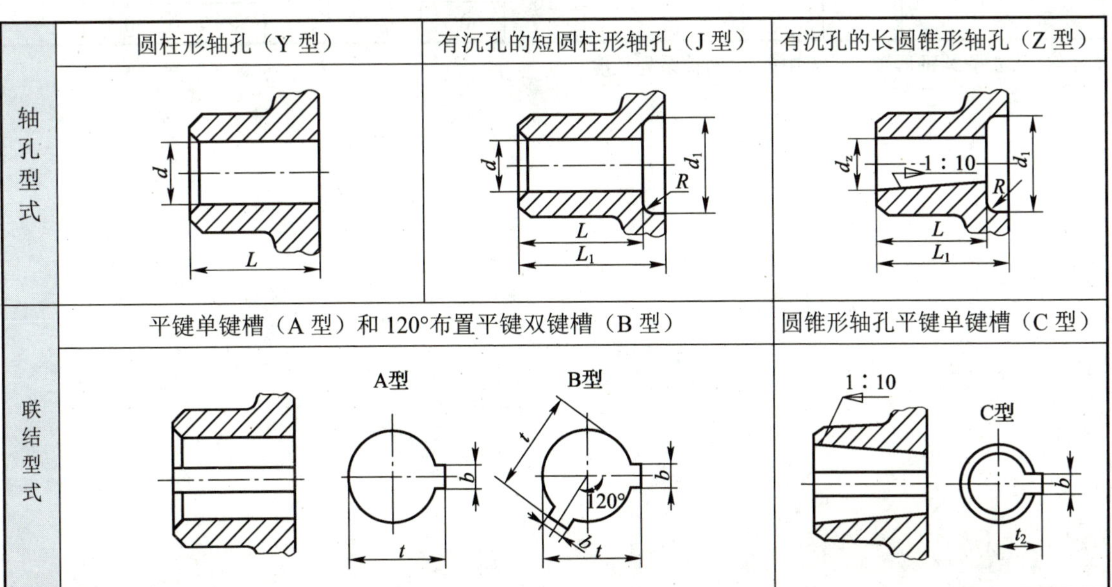

（续表）

<table>
<tr><th colspan="13">轴孔和键槽尺寸</th></tr>
<tr><th>直径</th><th colspan="3">轴孔长度</th><th colspan="2">沉孔</th><th colspan="3">A 型、B 型键槽</th><th colspan="4">C 型键槽</th></tr>
<tr><th rowspan="2">d、d_z</th><th colspan="2">L</th><th rowspan="2">L_1</th><th rowspan="2">d_1</th><th rowspan="2">R</th><th rowspan="2">b</th><th colspan="2">t</th><th rowspan="2">b</th><th colspan="3">t_2</th></tr>
<tr><th>长系列</th><th>短系列</th><th>公称尺寸</th><th>极限偏差</th><th>长系列</th><th>短系列</th><th>极限偏差</th></tr>
<tr><td>16</td><td rowspan="3">42</td><td rowspan="3">30</td><td rowspan="3">42</td><td rowspan="5">38</td><td rowspan="8">1.5</td><td>5</td><td>18.3</td><td rowspan="5">+0.10
0</td><td>3</td><td>8.7</td><td>9.0</td><td rowspan="12">+0.1
0</td></tr>
<tr><td>18</td><td rowspan="4">6</td><td>20.8</td><td rowspan="4">4</td><td>10.1</td><td>10.4</td></tr>
<tr><td>19</td><td>21.8</td><td>10.6</td><td>10.9</td></tr>
<tr><td>20</td><td rowspan="3">52</td><td rowspan="3">38</td><td rowspan="3">52</td><td>22.8</td><td>10.9</td><td>11.2</td></tr>
<tr><td>22</td><td>24.8</td><td>11.9</td><td>12.2</td></tr>
<tr><td>24</td><td rowspan="4">8</td><td>27.3</td><td rowspan="14">+0.20
0</td><td rowspan="4">5</td><td>13.4</td><td>13.7</td></tr>
<tr><td>25</td><td rowspan="2">62</td><td rowspan="2">44</td><td rowspan="2">62</td><td rowspan="2">48</td><td>28.3</td><td>13.7</td><td>14.2</td></tr>
<tr><td>28</td><td>31.3</td><td>15.2</td><td>15.7</td></tr>
<tr><td>30</td><td rowspan="4">82</td><td rowspan="4">60</td><td rowspan="4">82</td><td rowspan="3">55</td><td>33.3</td><td>15.8</td><td>16.4</td></tr>
<tr><td>32</td><td rowspan="8">2</td><td rowspan="3">10</td><td>35.3</td><td rowspan="3">6</td><td>17.3</td><td>17.9</td></tr>
<tr><td>35</td><td>38.3</td><td>18.8</td><td>19.4</td></tr>
<tr><td>38</td><td rowspan="3">65</td><td>41.3</td><td>20.3</td><td>20.9</td></tr>
<tr><td>40</td><td rowspan="7">112</td><td rowspan="7">84</td><td rowspan="7">112</td><td rowspan="2">12</td><td>43.3</td><td rowspan="2">10</td><td>21.2</td><td>21.9</td><td rowspan="7">+0.2
0</td></tr>
<tr><td>42</td><td>45.3</td><td>22.2</td><td>22.9</td></tr>
<tr><td>45</td><td rowspan="2">80</td><td rowspan="3">14</td><td>48.8</td><td rowspan="3">12</td><td>23.7</td><td>24.4</td></tr>
<tr><td>48</td><td>51.8</td><td>25.2</td><td>25.9</td></tr>
<tr><td>50</td><td rowspan="3">95</td><td>53.8</td><td>26.2</td><td>26.9</td></tr>
<tr><td>55</td><td rowspan="2">2.5</td><td rowspan="2">16</td><td>59.3</td><td rowspan="2">14</td><td>29.2</td><td>29.9</td></tr>
<tr><td>56</td><td>60.3</td><td>29.7</td><td>30.4</td></tr>
</table>

注：对于 Z 型圆锥形轴孔，表中的 L_1 为长系列长度。

附表 6-2 凸缘联轴器（摘自 GB/T 5843—2003） 单位：mm

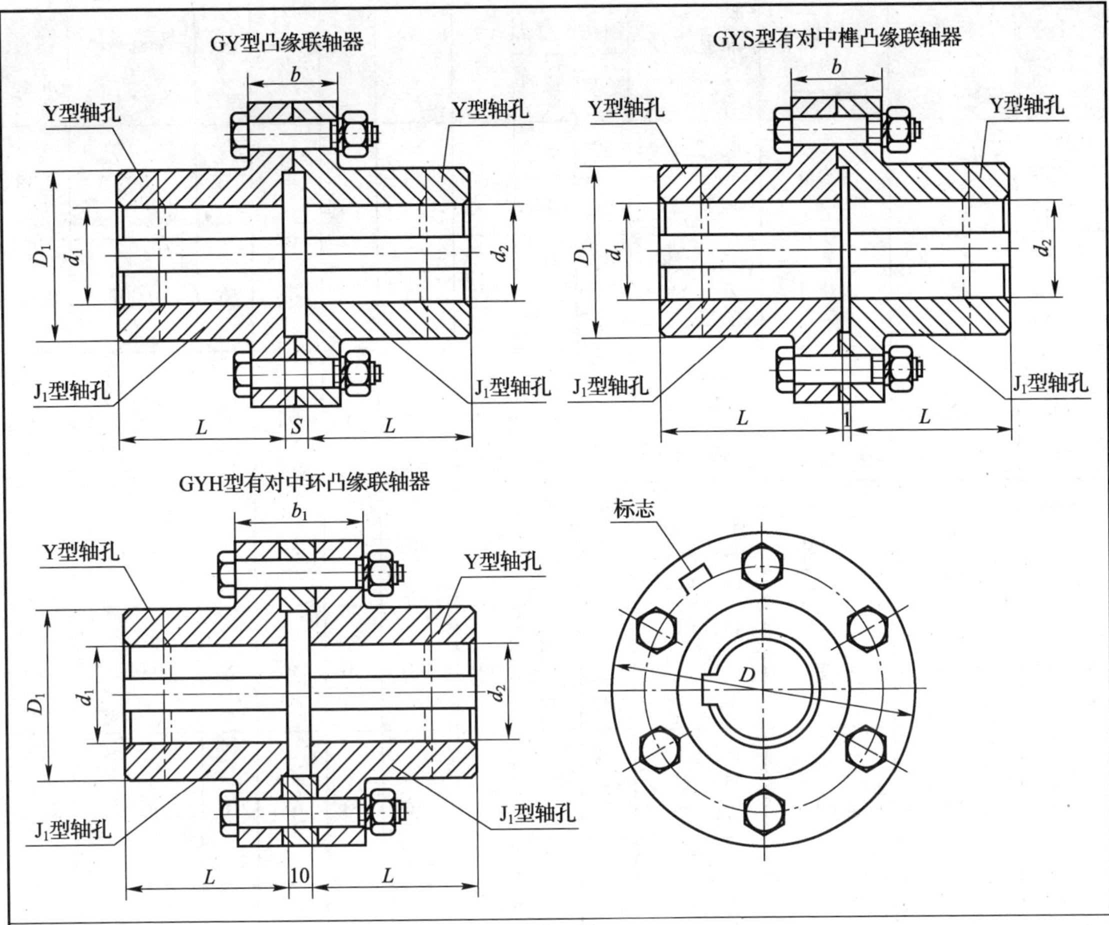

标记示例：

GY3 联轴器 $\dfrac{\text{Y}25\times62}{\text{J}_1\text{B}28\times44}$ GB/T 5843—2003

该联轴器为 GY3 型凸缘联轴器，其主动端为 Y 型轴孔、A 型键槽、$d_1=25$ mm、$L=62$ mm，其从动端为 J_1 型轴孔、B 型键槽、$d_2=28$ mm、$L=44$ mm

型号	公称转矩 T_n/（N·m）	许用转速 [n]/（$\text{r}\cdot\text{m}^{-1}$）	轴孔直径 d_1、d_2	轴孔长度 L		D	D_1	b	b_1	S	转动惯量 I/（$\text{kg}\cdot\text{m}^2$）	质量 m/kg
				Y 型	J_1 型							
GY1 GYS1 GYH1	25	12 000	12、14	32	27	80	30	26	42	6	0.000 8	1.16
			16、18、19	42	30							
GY2 GYS2 GYH2	63	10 000	16、18、19	42	30	90	40	28	44	6	0.001 5	1.72
			20、22、24	52	38							
			25	62	44							

（续表）

<table>
<tr><th rowspan="2">型号</th><th rowspan="2">公称转矩 T_n/（N·m）</th><th rowspan="2">许用转速 [n]/（r·m^{-1}）</th><th rowspan="2">轴孔直径 d_1、d_2</th><th colspan="2">轴孔长度 L</th><th rowspan="2">D</th><th rowspan="2">D_1</th><th rowspan="2">b</th><th rowspan="2">b_1</th><th rowspan="2">S</th><th rowspan="2">转动惯量 I/（kg·m^2）</th><th rowspan="2">质量 m/kg</th></tr>
<tr><th>Y 型</th><th>J_1 型</th></tr>
<tr><td rowspan="2">GY3
GYS3
GYH3</td><td rowspan="2">112</td><td rowspan="2">9 500</td><td>20、22、24</td><td>52</td><td>38</td><td rowspan="2">100</td><td rowspan="2">45</td><td rowspan="2">30</td><td rowspan="2">46</td><td rowspan="2">6</td><td rowspan="2">0.002 5</td><td rowspan="2">2.38</td></tr>
<tr><td>25、28</td><td>62</td><td>44</td></tr>
<tr><td rowspan="2">GY4
GYS4
GYH4</td><td rowspan="2">224</td><td rowspan="2">9 000</td><td>25、28</td><td>62</td><td>44</td><td rowspan="2">105</td><td rowspan="2">55</td><td rowspan="2">32</td><td rowspan="2">48</td><td rowspan="2">6</td><td rowspan="2">0.003</td><td rowspan="2">3.15</td></tr>
<tr><td>30、32、35</td><td>82</td><td>60</td></tr>
<tr><td rowspan="2">GY5
GYS5
GYH5</td><td rowspan="2">400</td><td rowspan="2">8 000</td><td>30、32、35、38</td><td>82</td><td>60</td><td rowspan="2">120</td><td rowspan="2">68</td><td rowspan="2">36</td><td rowspan="2">52</td><td rowspan="2">8</td><td rowspan="2">0.007</td><td rowspan="2">5.43</td></tr>
<tr><td>40、42</td><td>112</td><td>84</td></tr>
<tr><td rowspan="2">GY6
GYS6
GYH6</td><td rowspan="2">900</td><td rowspan="2">6 800</td><td>38</td><td>82</td><td>60</td><td rowspan="2">140</td><td rowspan="2">80</td><td rowspan="2">40</td><td rowspan="2">56</td><td rowspan="2">8</td><td rowspan="2">0.015</td><td rowspan="2">7.59</td></tr>
<tr><td>40、42、45、48、50</td><td>112</td><td>84</td></tr>
<tr><td rowspan="2">GY7
GYS7
GYH7</td><td rowspan="2">1 600</td><td rowspan="2">6 000</td><td>48、50、55、56</td><td>112</td><td>84</td><td rowspan="2">160</td><td rowspan="2">100</td><td rowspan="2">40</td><td rowspan="2">56</td><td rowspan="2">8</td><td rowspan="2">0.031</td><td rowspan="2">13.1</td></tr>
<tr><td>60、63</td><td>142</td><td>107</td></tr>
<tr><td rowspan="2">GY8
GYS8
GYH8</td><td rowspan="2">3 150</td><td rowspan="2">4 800</td><td>60、63、65、70、71、75</td><td>142</td><td>107</td><td rowspan="2">200</td><td rowspan="2">130</td><td rowspan="2">50</td><td rowspan="2">68</td><td rowspan="2">10</td><td rowspan="2">0.103</td><td rowspan="2">27.5</td></tr>
<tr><td>80</td><td>172</td><td>132</td></tr>
<tr><td rowspan="3">GY9
GYS9
GYH9</td><td rowspan="3">6 300</td><td rowspan="3">3 600</td><td>75</td><td>142</td><td>107</td><td rowspan="3">260</td><td rowspan="3">160</td><td rowspan="3">66</td><td rowspan="3">84</td><td rowspan="3">10</td><td rowspan="3">0.319</td><td rowspan="3">47.8</td></tr>
<tr><td>80、85、90、95</td><td>172</td><td>132</td></tr>
<tr><td>100</td><td>212</td><td>167</td></tr>
<tr><td rowspan="2">GY10
GYS10
GYH10</td><td rowspan="2">10 000</td><td rowspan="2">3 200</td><td>90、95</td><td>172</td><td>132</td><td rowspan="2">300</td><td rowspan="2">200</td><td rowspan="2">72</td><td rowspan="2">90</td><td rowspan="2">10</td><td rowspan="2">0.720</td><td rowspan="2">82.0</td></tr>
<tr><td>100、110、120、125</td><td>212</td><td>167</td></tr>
<tr><td rowspan="3">GY11
GYS11
GYH11</td><td rowspan="3">25 000</td><td rowspan="3">2 500</td><td>120、125</td><td>212</td><td>167</td><td rowspan="3">380</td><td rowspan="3">260</td><td rowspan="3">80</td><td rowspan="3">98</td><td rowspan="3">10</td><td rowspan="3">2.278</td><td rowspan="3">162.2</td></tr>
<tr><td>130、140、150</td><td>252</td><td>202</td></tr>
<tr><td>160</td><td>302</td><td>242</td></tr>
</table>

附表 6-3　LT 型弹性套柱销联轴器（摘自 GB/T 4323—2017）

单位：mm

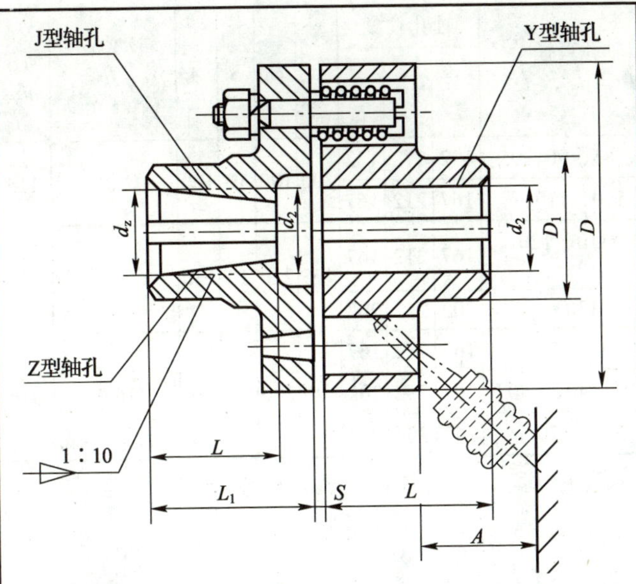

标记示例：

LT3 联轴器 $\dfrac{\text{ZC}16\times30}{\text{JB}18\times30}$　GB/T 4323—2017

该联轴器为 LT3 型弹性套柱销联轴器，其主动端为 Z 型轴孔、C 型键槽、$d=16$ mm、$L=30$ mm，其从动端为 J 型轴孔、B 型键槽、$d_2=18$ mm、$L=30$ mm

型号	公称转矩 T_n/(N·m)	许用转速 $[n]$/(r·m^{-1})	轴孔直径 d_1、d_2、d_z	轴孔长度 Y 型	J、Z 型		D	D_1	S	A	转动惯量 I/(kg·m^2)	质量 m/kg
				L	L_1	L						
LT1	16	8 800	10、11	22	25	22	71	22	3	18	0.000 4	0.7
			12、14	27	32	27						
LT2	25	7 600	12、14	27	32	27	80	30	3	18	0.001	1.0
			16、18、19	30	42	30						
LT3	63	6 300	16、18、19	30	42	30	95	35	4	35	0.002	2.2
			20、22	38	52	38						
LT4	100	5 700	20、22、24	38	52	38	106	42	4	35	0.004	3.2
			25、28	44	62	44						
LT5	224	4 600	25、28	44	62	44	130	56	5	45	0.011	5.5
			30、32、35	60	82	60						
LT6	355	3 800	32、35、38	60	82	60	160	71	5	45	0.026	9.6
			40、42	84	112	84						
LT7	560	3 600	40、42、45、48	84	112	84	190	80	5	45	0.06	15.7
LT8	1 120	3 000	40、42、45、48、50、55	84	112	84	224	95	6	65	0.13	24.0
			60、63、65	107	142	107						
LT9	1 600	2 850	50、55	84	112	84	250	110	6	65	0.20	31.0
			60、63、65、70	107	142	107						
LT10	3 150	2 300	63、65、70、75	107	142	107	315	150	8	80	0.64	60.2
			80、85、90、95	132	172	132						

（续表）

型号	公称转矩 T_n/(N·m)	许用转速 $[n]$/(r·m^{-1})	轴孔直径 d_1、d_2、d_z	轴孔长度 Y型 L	轴孔长度 J、Z型 L_1	轴孔长度 J、Z型 L	D	D_1	S	A	转动惯量 I/(kg·m^2)	质量 m/kg
LT11	6 300	1 800	80、85、90、95	132	172	132	400	190	10	100	2.06	114
			100、110	167	212	167						
LT12	12 500	1 450	100、110、120、125	167	212	167	475	220	12	130	5.00	212
			130	202	252	202						
LT13	22 400	1 150	120、125	167	212	167	600	280	14	180	16.0	416
			130、140、150	202	252	202						
			160、170	242	302	242						

注：① 弹性套柱销联轴器安装锥度孔螺栓的一端为主动端，安装弹性套的一端为从动端。

② 轴孔型式组合为：Y/Y、J/Y、Z/Y。

附表 6-4 LX 型弹性柱销联轴器（摘自 GB/T 5014—2017） 单位：mm

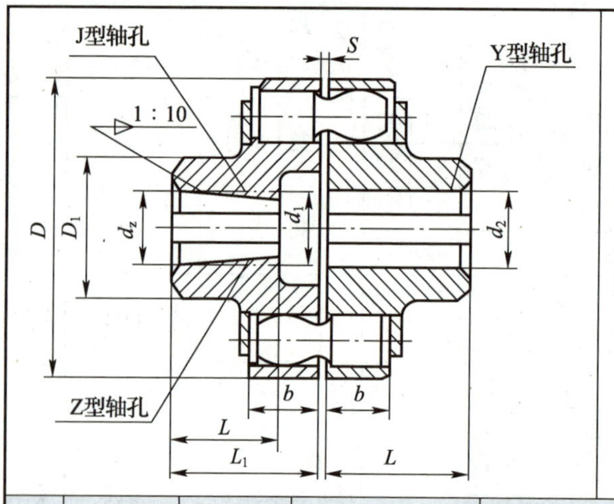

标记示例：

LX7 联轴器 $\frac{ZC75\times107}{JB70\times107}$ GB/T 5014—2017

该联轴器为 LX7 弹性柱销联轴器，其主动端为 Z 型轴孔、C 型键槽、$d_z=75$ mm、$L=107$ mm，其从动端为 J 型轴孔、B 型键槽、$d_2=70$ mm、$L=107$ mm

型号	公称转矩 T_n/(N·m)	许用转速 $[n]$/(r·m^{-1})	轴孔直径 d_1、d_2、d_z	轴孔长度 Y型 L	轴孔长度 J、Z型 L	轴孔长度 J、Z型 L_1	D	D_1	b	S	转动惯量 I/(kg·m^2)	质量 m/kg
LX1	250	8 500	12、14	32	27	—	90	40	20	2.5	0.002	2
			16、18、19	42	30	42						
			20、22、24	52	38	52						
LX2	560	6 300	20、22、24	52	38	52	120	55	28	2.5	0.009	5
			25、28	62	44	62						
			30、32、35	82	60	82						

（续表）

型号	公称转矩 T_n/（N·m）	许用转速 [n]/（r·m^{-1}）	轴孔直径 d_1、d_2、d_z	轴孔长度			D	D_1	b	S	转动惯量 I/（kg·m^2）	质量 m/kg
				Y 型	J、Z 型							
				L	L	L_1						
LX3	1 250	4 750	30、32、35、38	82	60	82	160	75	36	2.5	0.026	8
			40、42、45、48	112	84	112						
LX4	2 500	3 850	40、42、45、48、50、55、56	112	84	112	195	100	45	3	0.109	22
			60、63	142	107	142						
LX5	3 150	3 450	50、55、56	112	84	112	220	120	45	3	0.191	30
			60、63、65、70、71、75	142	107	142						
LX6	6 300	2 720	60、63、65、70、71、75	142	107	142	280	140	56	4	0.543	53
			80、85	172	132	172						
LX7	11 200	2 360	70、71、75	142	107	142	320	170	56	4	1.314	98
			80、85、90、95	172	132	172						
			100、110	212	167	212						
LX8	16 000	2 120	80、85、90、95	172	132	172	360	200	56	5	2.023	119
			100、110、120、125	212	167	212						
LX9	22 400	1 850	100、110、120、125	212	167	212	410	230	63	5	4.386	197
			130、140	252	202	252						
LX10	35 500	1 600	110、120、125	212	167	212	480	280	75	6	9.760	322
			130、140、150	252	202	252						
			160、170、180	302	242	302						
LX11	50 000	1 400	130、140、150	252	202	252	540	340	75	6	20.05	520
			160、170、180	302	242	302						
			190、200、220	352	282	352						

附表 6-5　LM 型梅花形弹性联轴器（摘自 GB/T 5272—2017）　单位：mm

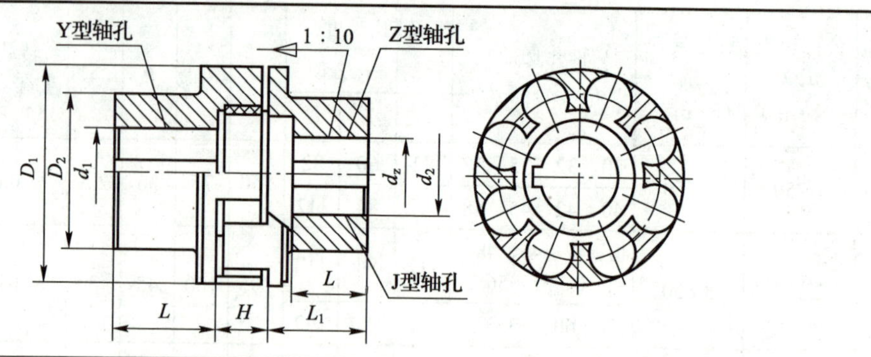

标记示例：

LM145 联轴器 45×112　GB/T 5272—2017

该联轴器为 LM145 梅花形弹性联轴器，其主动端为 Y 型轴孔、A 型键槽、$d_1 = 45$ mm、$L = 112$ mm，其从动端为 Y 型轴孔、A 型键槽、$d_2 = 45$ mm、$L = 112$ mm

型号	公称转矩 T_n/（N·m）	最大转矩 T_{max}/（N·m）	许用转速 $[n]$/（r·m^{-1}）	轴孔直径 d_1、d_2、d_z	轴孔长度 Y型	轴孔长度 J、Z型		D_1	D_2	H	转动惯量 I/（kg·m^2）	质量 m/kg
					L	L_1	L					
LM50	28	50	15 000	10、11	22	—	—	50	42	16	0.000 2	1.00
				12、14	27	—	—					
				16、18、19	30	—	—					
				20、22、24	38	—	—					
LM70	112	200	11 000	12、14	27	—	—	70	55	23	0.001 1	2.50
				16、18、19	30	—	—					
				20、22、24	38	—	—					
				25、28	44	—	—					
				30、32、35、38	60	—	—					
LM85	160	288	9 000	16、18、19	30	—	—	85	60	24	0.002 2	3.42
				20、22、24	38	—	—					
				25、28	44	—	—					
				30、32、35、38	60	—	—					
LM105	355	640	7 250	18、19	30	—	—	105	65	27	0.005 1	5.15
				20、22、24	38	—	—					
				25、28	44	—	—					
				30、32、35、38	60	—	—					
				40、42	84	—	—					

（续表）

型号	公称转矩 T_n/（N·m）	最大转矩 T_{max}/（N·m）	许用转速 [n]/（$r \cdot m^{-1}$）	轴孔直径 d_1、d_2、d_z	轴孔长度 Y型	轴孔长度 J、Z型		D_1	D_2	H	转动惯量 I/（$kg \cdot m^2$）	质量 m/kg
					L	L_1	L					
LM125	450	810	6 000	20、22、24	38	52	38	125	85	33	0.014	10.1
				25、28	44	62	44					
				30、32、35、38*	60	82	60					
				40、42、45、48、50、55	84	—	—					
LM145	710	1 280	5 250	25、28	44	62	44	145	95	39	0.025	13.1
				30、32、35、38	60	82	60					
				40、42、45*、48*、50*、55*	84	112	84					
				60、63、65	107	—	—					
LM170	1 250	2 250	4 500	30、32、35、38	60	82	60	170	120	41	0.055	21.2
				40、42、45、48、50、55	84	112	84					
				60、63、65、70、75	107	—	—					
				80、85	132	—	—					
LM200	2 000	3 600	3 750	35、38	60	82	60	200	135	48	0.119	33.0
				40、42、45、48、50、55	84	112	84					
				60、63、65、70、75	107	142	107					
				80、85、90、95	132	—	—					
LM230	3 150	5 670	3 250	40、42、45、48、50、55	84	112	84	230	150	50	0.217	45.5
				60、63、65、70、75	107	142	107					
				80、85、90、95	132	—	—					

附录 7 滚动轴承

附录 7.1 常用滚动轴承

附表 7-1 深沟球轴承（摘自 GB/T 276—2013） 单位：mm

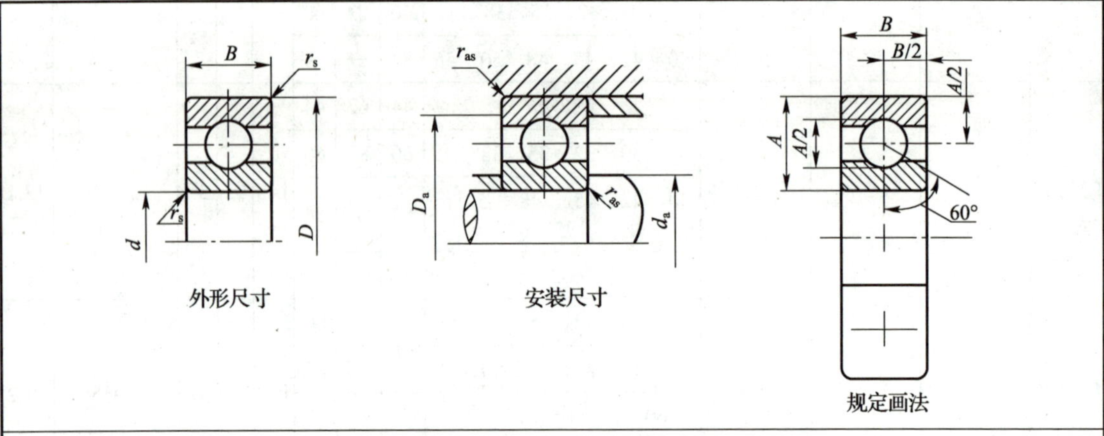

标记示例：
滚动轴承 6208 GB/T 276—2013

轴承型号	外形尺寸				安装尺寸			基本额定动载荷 C_r /kN	基本额定静载荷 C_{0r} /kN	极限转速/（r·m⁻¹）	
	d	D	B	r_{smin}	d_{amin}	D_{amax}	r_{asmax}			脂润滑	油润滑
6000	10	26	8	0.3	12.4	23.6	0.3	4.58	1.98	20 000	28 000
6001	12	28	8	0.3	14.4	25.6	0.3	5.10	2.38	19 000	26 000
6002	15	32	9	0.3	17.4	29.6	0.3	5.58	2.85	18 000	24 000
6003	17	35	10	0.3	19.4	32.6	0.3	6.00	3.25	17 000	22 000
6004	20	42	12	0.6	25	37	0.6	9.38	5.02	15 000	19 000
6005	25	47	12	0.6	30	42	0.6	10.0	5.85	13 000	17 000
6006	30	55	13	1	36	49	1	13.2	8.30	10 000	14 000
6007	35	62	14	1	41	56	1	16.2	10.5	9 000	12 000
6008	40	68	15	1	46	62	1	17.0	11.8	8 500	11 000
6009	45	75	16	1	51	69	1	21.0	14.8	8 000	10 000
6010	50	80	16	1	56	74	1	22.0	16.2	7 000	9 000
6011	55	90	18	1.1	62	83	1	30.2	21.8	6 300	8 000
6012	60	95	18	1.1	67	88	1	31.5	24.2	6 000	7 500
6013	65	100	18	1.1	72	93	1	32.0	24.8	5 600	7 000
6014	70	110	20	1.1	77	103	1	38.5	30.5	5 300	6 700
6015	75	115	20	1.1	82	108	1	40.2	33.2	5 000	6 300

（续表）

轴承型号	外形尺寸				安装尺寸			基本额定动载荷	基本额定静载荷	极限转速/（r·m^{-1}）	
	d	D	B	r_{smin}	d_{amin}	D_{amax}	r_{asmax}	C_r /kN	C_{0r} /kN	脂润滑	油润滑
6016	80	125	22	1.1	87	118	1	47.5	39.8	4 800	6 000
6017	85	130	22	1.1	92	123	1	50.8	42.8	4 500	5 600
6018	90	140	24	1.5	99	131	1.5	53.0	49.8	4 300	5 300
6019	95	145	24	1.5	104	136	1.5	57.8	50.0	4 000	5 000
6020	100	150	24	1.5	109	141	1.5	64.5	56.2	3 800	4 800
6200	10	30	9	0.6	15	25	0.6	5.10	2.38	19 000	26 000
6201	12	32	10	0.6	17	27	0.6	6.82	3.05	18 000	24 000
6202	15	35	11	0.6	20	30	0.6	7.65	3.72	17 000	22 000
6203	17	40	12	0.6	22	35	0.6	9.58	4.78	16 000	20 000
6204	20	47	14	1	26	41	1	12.8	6.65	14 000	18 000
6205	25	52	15	1	31	46	1	14.0	7.88	12 000	16 000
6206	30	62	16	1	36	56	1	19.5	11.5	9 500	13 000
6207	35	72	17	1.1	42	65	1	25.5	15.2	8 500	11 000
6208	40	80	18	1.1	47	73	1	29.5	18.0	8 000	10 000
6209	45	85	19	1.1	52	78	1	31.5	20.5	7 000	9 000
6210	50	90	20	1.1	57	83	1	35.0	23.2	6 700	8 500
6211	55	100	21	1.5	64	91	1.5	43.2	29.2	6 000	7 500
6212	60	110	22	1.5	69	101	1.5	47.8	32.8	5 600	7 000
6213	65	120	23	1.5	74	111	1.5	57.2	40.0	5 000	6 300
6214	70	125	24	1.5	79	116	1.5	60.8	45.0	4 800	6 000
6215	75	130	25	1.5	84	121	1.5	66.0	49.5	4 500	5 600
6216	80	140	26	2	90	130	2	71.5	54.2	4 300	5 300
6217	85	150	28	2	95	140	2	83.2	63.8	4 000	5 000
6218	90	160	30	2	100	150	2	95.8	71.5	3 800	4 800
6219	95	170	32	2.1	107	158	2.1	110	82.8	3 600	4 500
6220	100	180	34	2.1	112	168	2.1	122	92.8	3 400	4 300
6300	10	35	11	0.6	15	30	0.6	7.65	3.48	18 000	24 000
6301	12	37	12	1	18	31	1	9.72	5.08	17 000	22 000
6302	15	42	13	1	21	36	1	11.5	5.42	16 000	20 000
6303	17	47	14	1	23	41	1	13.5	6.58	15 000	19 000
6304	20	52	15	1.1	27	45	1	15.8	7.88	13 000	17 000
6305	25	62	17	1.1	32	55	1	22.2	11.5	10 000	14 000
6306	30	72	19	1.1	37	65	1	27.0	15.2	9 000	12 000
6307	35	80	21	1.5	44	71	1.5	33.2	19.2	8 000	10 000
6308	40	90	23	1.5	48	81	1.5	40.8	24.0	7 000	9 000
6309	45	100	25	1.5	54	91	1.5	52.8	31.8	6 300	8 000
6310	50	110	27	2	60	100	2	61.8	38.0	6 000	7 500
6311	55	120	29	2	65	110	2	71.5	44.8	5 800	6 700
6312	60	130	31	2.1	72	118	2.1	81.8	51.8	5 600	6 300
6313	65	140	33	2.1	77	128	2.1	93.8	60.5	4 500	5 600
6314	70	150	35	2.1	82	138	2.1	105	68.0	4 300	5 300
6315	75	160	37	2.1	87	148	2.1	112	76.8	4 000	5 000

（续表）

轴承型号	外形尺寸				安装尺寸			基本额定动载荷 C_r /kN	基本额定静载荷 C_{0r} /kN	极限转速/（r·m^{-1}）	
	d	D	B	r_{smin}	d_{amin}	D_{amax}	r_{asmax}			脂润滑	油润滑
6316	80	170	39	2.1	92	158	2.1	122	86.5	3 800	4 800
6317	85	180	41	3	99	166	2.5	132	96.5	3 600	4 500
6318	90	190	43	3	104	176	2.5	145	108	3 400	4 300
6319	95	200	45	3	109	186	2.5	155	122	3 200	4 000
6320	100	215	47	3	114	201	2.5	172	140	2 800	3 600

附表 7-2　角接触球轴承（摘自 GB/T 292—2023）　　单位：mm

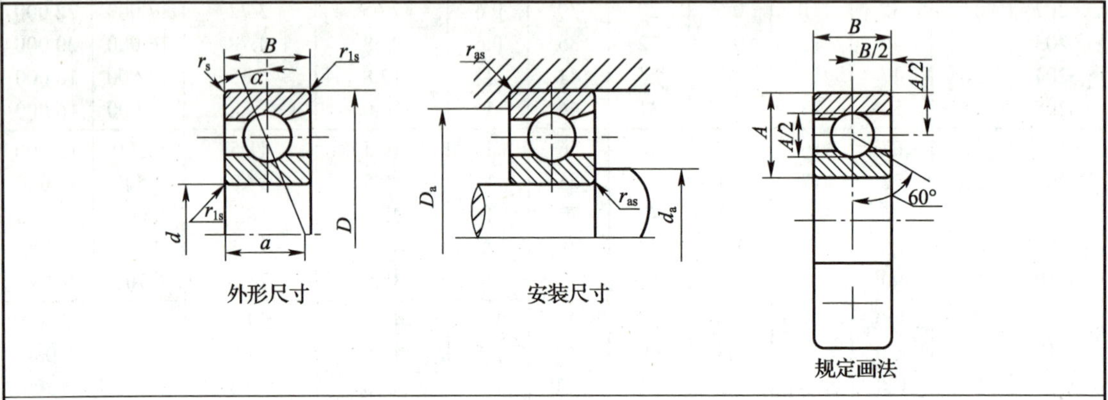

标记示例：

滚动轴承 7205C　GB/T 292—2023

轴承型号		外形尺寸							安装尺寸			基本额定动载荷 C_r /kN		基本额定静载荷 C_{0r} /kN	
α=15°	α=25°	d	D	B	r_{smin}	r_{1smin}	a 70000C	a 70000AC	d_{amin}	D_{amax}	r_{asmax}	70000C	70000AC	70000C	70000AC
7000C	7000AC	10	26	8	0.3	0.1	6.4	8.2	12.4	23.6	0.3	4.92	4.75	2.25	2.12
7001C	7001AC	12	28	8	0.3	0.1	6.7	8.7	14.4	25.6	0.3	5.42	5.20	2.65	2.55
7002C	7002AC	15	32	9	0.3	0.1	7.6	10	17.4	29.6	0.3	6.25	5.95	3.42	3.25
7003C	7003AC	17	35	10	0.3	0.1	8.5	11.1	19.4	32.6	0.3	6.60	6.30	3.85	3.68
7004C	7004AC	20	42	12	0.6	0.3	10.2	13.2	25	37	0.6	10.5	10.0	6.08	5.78
7005C	7005AC	25	47	12	0.6	0.3	10.8	14.4	30	42	0.6	11.5	11.2	7.45	7.08
7006C	7006AC	30	55	13	1	0.3	12.2	16.4	36	49	1	15.2	14.5	10.2	9.85
7007C	7007AC	35	62	14	1	0.3	13.5	18.3	41	56	1	19.5	18.5	14.2	13.5
7008C	7008AC	40	68	15	1	0.3	14.7	20.1	46	62	1	20.0	19.0	15.2	14.5
7009C	7009AC	45	75	16	1	0.3	16	21.9	51	69	1	25.8	25.8	20.5	19.5
7010C	7010AC	50	80	16	1	0.3	16.7	23.2	56	74	1	26.5	25.2	22.0	21.0
7011C	7011AC	55	90	18	1.1	0.6	18.7	25.9	62	83	1.1	37.2	35.2	30.5	29.2
7012C	7012AC	60	95	18	1.1	0.6	19.4	27.1	67	88	1.1	38.2	36.2	32.8	31.5
7013C	7013AC	65	100	18	1.1	0.6	20.1	28.2	72	93	1.1	40.0	38.0	35.5	33.8

（续表）

轴承型号		外形尺寸							安装尺寸			基本额定动载荷 C_r /kN		基本额定静载荷 C_{0r} /kN	
α=15°	α=25°	d	D	B	r_{smin}	r_{1smin}	a		d_{amin}	D_{amax}	r_{asmax}	70000C	70000AC	70000C	70000AC
							70000C	70000AC							
7014C	7014AC	70	110	20	1.1	0.6	22.1	30.9	77	103	1.1	48.2	45.8	43.5	41.5
7015C	7015AC	75	115	20	1.1	0.6	22.7	32.2	82	108	1.1	49.5	46.8	46.5	44.2
7016C	7016AC	80	125	22	1.1	0.6	24.7	34.9	89	116	1.1	58.5	55.5	55.8	53.2
7017C	7017AC	85	130	22	1.1	0.6	25.4	36.1	94	121	1.1	62.5	59.2	60.2	57.2
7018C	7018AC	90	140	24	1.5	0.6	27.4	38.8	99	131	1.5	71.5	67.5	69.8	66.5
7019C	7019AC	95	145	24	1.5	0.6	28.1	40	104	136	1.5	73.5	69.5	73.2	69.8
7020C	7020AC	100	150	24	1.5	0.6	28.7	41.2	109	141	1.5	79.2	75	78.5	74.8
7200C	7200AC	10	30	9	0.6	0.3	7.2	9.2	15	25	0.6	5.82	5.58	2.95	2.82
7201C	7201AC	12	32	10	0.6	0.3	8	10.2	17	27	0.6	7.35	7.10	3.52	3.35
7202C	7202AC	15	35	11	0.6	0.3	8.9	11.4	20	30	0.6	8.68	8.35	4.62	4.40
7203C	7203AC	17	40	12	0.6	0.3	9.9	12.8	22	35	0.6	10.8	10.5	5.95	5.65
7204C	7204AC	20	47	14	1	0.3	11.5	14.9	26	41	1	14.5	14.0	8.22	7.82
7205C	7205AC	25	52	15	1	0.3	12.7	16.4	31	46	1	16.5	15.8	10.5	9.88
7206C	7206AC	30	62	16	1	0.3	14.2	18.7	36	56	1	23.0	22.0	15.0	14.2
7207C	7207AC	35	72	17	1.1	0.3	15.7	21	42	65	1	30.5	29.0	20.0	19.2
7208C	7208AC	40	80	18	1.1	0.6	17	23	47	73	1	36.8	35.2	25.8	24.5
7209C	7209AC	45	85	19	1.1	0.6	18.2	24.7	52	78	1	38.5	36.8	28.5	27.2
7210C	7210AC	50	90	20	1.1	0.6	19.4	26.3	57	83	1	42.8	40.8	32.0	30.5
7211C	7211AC	55	100	21	1.5	0.6	20.9	28.6	64	91	1.5	52.8	50.5	40.5	38.5
7212C	7212AC	60	110	22	1.5	0.6	22.4	30.8	69	101	1.5	61.0	58.2	48.5	46.2
7213C	7213AC	65	120	23	1.5	0.6	24.2	33.5	74	111	1.5	69.8	66.5	55.2	52.5
7214C	7214AC	70	125	24	1.5	0.6	25.3	35.1	79	116	1.5	70.2	69.2	60.0	57.5
7215C	7215AC	75	130	25	1.5	0.6	26.4	36.6	84	121	1.5	79.2	75.2	65.8	63.0
7216C	7216AC	80	140	26	2	1	27.7	38.9	90	130	2	89.5	85.0	78.2	74.5
7217C	7217AC	85	150	28	2	1	29.9	41.6	95	140	2	99.8	94.8	85.0	81.5
7218C	7218AC	90	160	30	2	1	31.7	44.2	100	150	2	122	118	105	100
7219C	7219AC	95	170	32	2.1	1.1	33.8	46.9	107	158	2.1	135	128	115	108
7220C	7220AC	100	180	34	2.1	1.1	35.8	49.7	112	168	2.1	148	142	128	122
7301C	7301AC	12	37	12	1	0.3	8.6	12	18	31	1	8.10	8.08	5.22	4.88
7302C	7302AC	15	42	13	1	0.3	9.6	13.5	21	36	1	9.38	9.08	5.95	5.58
7303C	7303AC	17	47	14	1	0.3	10.4	14.8	23	41	1	12.8	11.5	8.62	7.08
7304C	7304AC	20	52	15	1.1	0.6	11.3	16.3	27	45	1.1	14.2	13.8	9.68	9.10
7305C	7305AC	25	62	17	1.1	0.6	13.1	19.1	32	55	1.1	21.5	20.8	15.8	14.8
7306C	7306AC	30	72	19	1.1	0.6	15	22.2	37	65	1.1	26.5	25.2	19.8	18.5
7307C	7307AC	35	80	21	1.5	0.6	16.6	24.5	44	71	1.5	34.2	32.8	26.8	24.8

（续表）

轴承型号		外形尺寸							安装尺寸			基本额定动载荷 C_r /kN		基本额定静载荷 C_{0r} /kN	
α=15°	α=25°	d	D	B	r_{smin}	r_{1smin}	a 70000C	a 70000AC	d_{amin}	D_{amax}	r_{asmax}	70000C	70000AC	70000C	70000AC
7308C	7308AC	40	90	23	1.5	0.6	18.5	27.5	49	81	1.5	40.2	38.5	32.3	30.5
7309C	7309AC	45	100	25	1.5	0.6	20.2	30.2	54	91	1.5	49.2	47.5	39.8	37.2
7310C	7310AC	50	110	27	2	1	22	33	60	100	2	53.5	55.5	47.2	44.5
7311C	7311AC	55	120	29	2	1	23.8	35.8	65	110	2	70.5	67.2	60.5	56.8
7312C	7312AC	60	130	31	2.1	1.1	25.6	38.9	72	118	2.1	80.5	77.8	70.2	65.8
7313C	7313AC	65	140	33	2.1	1.1	27.4	41.5	77	128	2.1	91.5	89.8	80.5	75.5
7314C	7314AC	70	150	35	2.1	1.1	29.2	44.3	82	138	2.1	102	98.5	91.5	86.0
7315C	7315AC	75	160	37	2.1	1.1	31	47.2	87	148	2.1	112	108	105	97.0
7316C	7316AC	80	170	39	2.1	1.1	32.8	50	92	158	2.1	122	118	118	108
7317C	7317AC	85	180	41	3	1.1	34.6	52.8	99	166	2.5	132	125	128	122
7318C	7318AC	90	190	43	3	1.1	36.4	55.6	104	176	2.5	142	135	142	135
7319C	7319AC	95	200	45	3	1.1	38.2	58.5	109	186	2.5	152	145	158	148
7320C	7320AC	100	215	47	3	1.1	40.2	61.9	114	201	2.5	162	165	175	178

附表 7-3 圆锥滚子轴承（摘自 GB/T 297—2015）

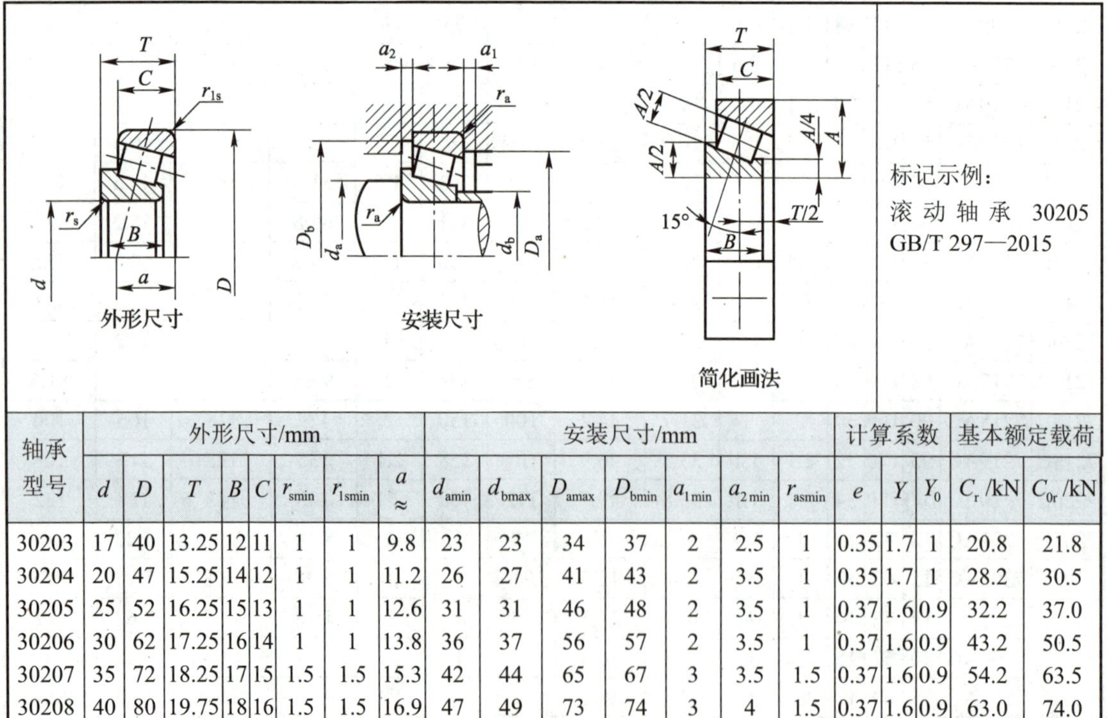

外形尺寸　　安装尺寸　　简化画法

标记示例：
滚动轴承 30205 GB/T 297—2015

轴承型号	外形尺寸/mm								安装尺寸/mm							计算系数			基本额定载荷	
	d	D	T	B	C	r_{smin}	r_{1smin}	a ≈	d_{amin}	d_{bmax}	D_{amax}	D_{bmin}	a_{1min}	a_{2min}	r_{asmin}	e	Y	Y_0	C_r /kN	C_{0r} /kN
30203	17	40	13.25	12	11	1	1	9.8	23	23	34	37	2	2.5	1	0.35	1.7	1	20.8	21.8
30204	20	47	15.25	14	12	1	1	11.2	26	27	41	43	2	3.5	1	0.35	1.7	1	28.2	30.5
30205	25	52	16.25	15	13	1	1	12.6	31	31	46	48	2	3.5	1	0.37	1.6	0.9	32.2	37.0
30206	30	62	17.25	16	14	1	1	13.8	36	37	56	57	2	3.5	1	0.37	1.6	0.9	43.2	50.5
30207	35	72	18.25	17	15	1.5	1.5	15.3	42	44	65	67	3	3.5	1.5	0.37	1.6	0.9	54.2	63.5
30208	40	80	19.75	18	16	1.5	1.5	16.9	47	49	73	74	3	4	1.5	0.37	1.6	0.9	63.0	74.0

（续表）

轴承型号	外形尺寸/mm								安装尺寸/mm							计算系数			基本额定载荷	
	d	D	T	B	C	r_{smin}	r_{1smin}	a ≈	d_{amin}	d_{bmax}	D_{amax}	D_{bmin}	a_{1min}	a_{2min}	r_{asmin}	e	Y	Y_0	C_r /kN	C_{0r} /kN
30209	45	85	20.75	19	16	1.5	1.5	18.6	52	54	78	80	3	5	1.5	0.4	1.5	0.8	67.8	83.5
30210	50	90	21.75	20	17	1.5	1.5	20	57	58	83	85	3	5	1.5	0.42	1.4	0.8	73.2	92.0
30211	55	100	22.75	21	18	2	1.5	21	64	64	91	94	4	5	2	0.4	1.5	0.8	90.8	115
30212	60	110	23.75	22	19	2	1.5	22.4	69	70	101	103	4	5	2	0.4	1.5	0.8	102	130
30213	65	120	24.75	23	20	2	1.5	24	74	77	111	113	4	5	2	0.4	1.5	0.8	120	152
30214	70	125	26.25	24	21	2	1.5	25.9	79	81	116	118	4	5.5	2	0.42	1.4	0.8	132	175
30215	75	130	27.25	25	22	2	1.5	27.4	84	86	121	124	4	5.5	2	0.44	1.4	0.8	138	185
30216	80	140	28.25	26	22	2.5	2	28	90	91	130	133	4	6	2.1	0.42	1.4	0.8	160	212
30217	85	150	30.5	28	24	2.5	2	29.9	95	97	140	141	5	6.5	2.1	0.42	1.4	0.8	178	238
30218	90	160	32.5	30	26	2.5	2	32.4	100	103	150	151	5	6.5	2.1	0.42	1.4	0.8	200	270
30219	95	170	34.5	32	27	3	2.5	35.1	107	109	158	160	5	7.5	2.5	0.42	1.4	0.8	228	308
30220	100	180	37	34	29	3	2.5	36.5	112	115	168	169	5	8	2.5	0.42	1.4	0.8	255	350
30302	15	42	14.25	13	11	1	1	9.6	21	22	36	38	2	3.5	1	0.29	2.1	1.2	22.8	21.5
30303	17	47	15.25	14	12	1	1	10	23	25	41	42	3	3.5	1	0.29	2.1	1.2	28.2	27.2
30304	20	52	16.25	15	13	1.5	1.5	11	27	28	45	47	3	3.5	1.5	0.3	2	1.1	33.0	33.2
30305	25	62	18.25	17	15	1.5	1.5	13	32	35	55	57	3	3.5	1.5	0.3	2	1.1	46.8	48.0
30306	30	72	20.75	19	16	1.5	1.5	15	37	41	65	66	3	5	1.5	0.31	1.9	1	59.0	63.0
30307	35	80	22.75	21	18	2	1.5	17	44	45	71	74	3	5	2	0.31	1.9	1	75.2	82.5
30308	40	90	25.25	23	20	2	1.5	19.5	49	52	81	82	3	5.5	2	0.35	1.7	1	90.8	108
30309	45	100	27.25	25	22	2	1.5	21.5	54	59	91	92	3	5.5	2	0.35	1.7	1	108	130
30310	50	110	29.25	27	23	2.5	2	23	60	65	100	102	4	6.5	2.1	0.35	1.7	1	130	158
30311	55	120	31.5	29	25	2.5	2	25	65	71	110	112	4	6.5	2.1	0.35	1.7	1	152	188
30312	60	130	33.5	31	26	3	2.5	26.5	72	77	118	121	5	7.5	2.5	0.35	1.7	1	170	210
30313	65	140	36	33	28	3	2.5	29	77	83	128	131	5	8	2.5	0.35	1.7	1	195	242
30314	70	150	38	35	30	3	2.5	30.6	82	89	138	140	5	8	2.5	0.35	1.7	1	218	272
30315	75	160	40	37	31	3	2.5	32	87	95	148	149	5	9	2.5	0.35	1.7	1	252	318
30316	80	170	42.5	39	33	3	2.5	34	92	102	158	159	5	9.5	2.5	0.35	1.7	1	278	352
30317	85	180	44.5	41	34	4	3	36	99	107	166	168	6	10.5	3	0.35	1.7	1	305	388
30318	90	190	46.5	43	36	4	3	37.5	104	113	176	177	6	10.5	3	0.35	1.7	0.8	342	440
30319	95	200	49.5	45	38	4	3	40	109	118	186	185	6	11.5	3	0.35	1.7	1	370	478
30320	100	215	51.5	47	39	4	3	42	114	127	201	198	6	12.5	3	0.35	1.7	1	405	525
32206	30	62	21.25	20	17	1	1	15.4	36	37	56	58	3	4.5	1	0.37	1.6	0.9	51.8	63.8
32207	35	72	24.25	23	19	1.5	1.5	17.6	42	43	65	67	3	5.5	1.5	0.37	1.6	0.9	70.5	89.5
32208	40	80	24.75	23	19	1.5	1.5	19	47	48	73	75	3	6	1.5	0.37	1.6	0.9	77.8	97.2
32209	45	85	24.75	23	19	1.5	1.5	20	52	53	78	80	3	6	1.5	0.4	1.5	0.8	80.8	105
32210	50	90	24.75	23	19	1.5	1.5	21	57	58	83	85	3	6	1.5	0.42	1.4	0.8	82.8	108
32211	55	100	26.75	25	21	2	1.5	22.5	64	63	91	95	4	6	2	0.4	1.5	0.8	108	142
32212	60	110	29.75	28	24	2	1.5	24.9	69	69	101	104	4	6	2	0.4	1.5	0.8	132	180
32213	65	120	32.75	31	27	2	1.5	27.2	74	75	111	115	4	6	2	0.4	1.5	0.8	160	222
32214	70	125	33.25	31	27	2	1.5	28.6	79	80	116	119	4	6.5	2	0.42	1.4	0.8	168	238
32215	75	130	33.25	31	27	2	1.5	30.2	84	85	121	125	4	6.5	2	0.44	1.4	0.8	170	242

（续表）

轴承型号	外形尺寸/mm								安装尺寸/mm							计算系数			基本额定载荷	
	d	D	T	B	C	r_{smin}	r_{1smin}	a ≈	d_{amin}	d_{bmax}	D_{amax}	D_{bmin}	a_{1min}	a_{2min}	r_{asmin}	e	Y	Y_0	C_r /kN	C_{0r} /kN
32216	80	140	35.25	33	28	2.5	2	31.3	90	90	130	134	5	7.5	2.1	0.42	1.4	0.8	198	278
32217	85	150	38.5	36	30	2.5	2	34	95	96	140	143	5	8.5	2.1	0.42	1.4	0.8	228	325
32218	90	160	42.5	40	34	2.5	2	36.7	100	101	150	153	5	8.5	2.1	0.42	1.4	0.8	270	395
32219	95	170	45.5	43	37	3	2.5	39	107	107	158	162	5	8.5	2.5	0.42	1.4	0.8	302	448
32220	100	180	49	46	39	3	2.5	41.8	112	113	168	171	5	10	2.5	0.42	1.4	0.8	340	512
32303	17	47	20.25	19	16	1	1	12	23	24	41	43	3	4.5	1	0.29	2.1	1.2	35.2	36.2
32304	20	52	22.25	21	18	1.5	1.5	13.4	27	27	45	47	3	4.5	1.5	0.3	2	1.1	42.8	46.2
32305	25	62	25.25	24	20	1.5	1.5	15.5	32	33	55	57	3	5.5	1.5	0.3	2	1.1	61.5	68.8
32306	30	72	28.75	27	23	1.5	1.5	18.8	37	39	65	66	4	6	1.5	0.31	1.9	1	81.5	96.5
32307	35	80	32.75	31	25	2	1.5	20.5	44	44	71	74	4	8	2	0.31	1.9	1	99.0	118
32308	40	90	35.25	33	27	2	1.5	23.4	49	50	81	82	4	8.5	2	0.35	1.7	1	115	148
32309	45	100	38.25	36	30	2	1.5	25.6	54	56	91	93	4	8.5	2	0.35	1.7	1	145	188
32310	50	110	42.25	40	33	2.5	2	28	60	62	100	102	5	9.5	2.1	0.35	1.7	1	178	235
32311	55	120	45.5	43	35	2.5	2	30.6	65	68	110	111	5	10.5	2.1	0.35	1.7	1	202	270
32312	60	130	48.5	46	37	3	2.5	32	72	73	118	121	6	11.5	2.5	0.35	1.7	1	228	302
32313	65	140	51	48	39	3	2.5	34	77	80	128	131	6	12	2.5	0.35	1.7	1	260	350
323143	70	150	54	51	42	3	2.5	36.5	82	86	138	140	6	12	2.5	0.35	1.7	1	298	408
32315	75	160	58	55	45	3	2.5	39	87	91	148	150	7	13	2.5	0.35	1.7	1	348	482
32316	80	170	61.5	58	48	3	2.5	42	92	98	158	160	7	13.5	2.5	0.35	1.7	1	388	542
32317	85	180	63.5	60	49	4	3	43.6	99	103	166	168	8	14.5	3	0.35	1.7	1	422	592
32318	90	190	67.5	64	53	4	3	46	104	108	176	178	8	14.5	3	0.35	1.7	1	478	682
32319	95	200	71.5	67	55	4	3	49	109	114	186	187	8	16.5	3	0.35	1.7	1	515	738
32320	100	215	77.5	73	60	4	3	53	114	123	201	201	8	17.5	3	0.35	1.7	1	600	872

附录 7.2　滚动轴承的配合

附表 7-4　向心轴承和轴承座孔的配合——孔公差带（摘自 GB/T 275—2015）

<table>
<tr><th colspan="2" rowspan="2">载荷情况</th><th rowspan="2">举例</th><th rowspan="2">其他状况</th><th colspan="2">公差带①</th></tr>
<tr><th>球轴承</th><th>滚子轴承</th></tr>
<tr><td rowspan="2">外圈承受固定载荷</td><td>轻、正常、重</td><td rowspan="2">一般机械、铁路机车车辆轴箱</td><td>轴向易移动，可采用剖分式轴承座</td><td colspan="2">H7、G7②</td></tr>
<tr><td>冲击</td><td rowspan="2">轴向能移动，可采用整体式或剖分式轴承座</td><td colspan="2" rowspan="2">J7、JS7</td></tr>
<tr><td rowspan="3">方向不定载荷</td><td>轻、正常</td><td rowspan="2">电动机、泵、曲轴主轴承</td></tr>
<tr><td>正常、重</td><td rowspan="5">轴向不移动，采用整体式轴承座</td><td colspan="2">K7</td></tr>
<tr><td>重、冲击</td><td>牵引电动机</td><td colspan="2">M7</td></tr>
<tr><td rowspan="3">外圈承受旋转载荷</td><td>轻</td><td>皮带张紧轮</td><td>J7</td><td>K7</td></tr>
<tr><td>正常</td><td rowspan="2">轮毂轴承</td><td>M7</td><td>N7</td></tr>
<tr><td>重</td><td>—</td><td>N7、P7</td></tr>
</table>

注：① 并列公差带随尺寸的增大从左到右选择，对旋转精度有较高要求时，可相应提高一个公差等级。

② 不适合剖分式外壳。

附表 7-5 向心轴承和轴的配合——轴公差带（摘自 GB/T 275—2015）

<table>
<tr><th colspan="3" rowspan="2">载荷情况</th><th rowspan="2">举例</th><th>深沟球轴承、调心球轴承和角接触球轴承</th><th>圆柱滚子轴承和圆锥滚子轴承</th><th>调心滚子轴承</th><th rowspan="2">公差带</th></tr>
<tr><th colspan="3">轴承公称内径/mm</th></tr>
<tr><td rowspan="15">内圈承受旋转载荷或方向不定载荷</td><td colspan="2" rowspan="4">轻载荷</td><td rowspan="4">输送机、轻载齿轮箱</td><td>≤18</td><td>—</td><td>—</td><td>h5</td></tr>
<tr><td>>18～100</td><td>≤40</td><td>≤40</td><td>j6①</td></tr>
<tr><td>>100～200</td><td>>40～140</td><td>>40～100</td><td>k6①</td></tr>
<tr><td>—</td><td>>140～200</td><td>>100～200</td><td>m6①</td></tr>
<tr><td colspan="2" rowspan="7">正常载荷</td><td rowspan="7">一般通用机械、电动机、泵、内燃机、正齿轮传动装置</td><td>≤18</td><td>—</td><td>—</td><td>j5、js5</td></tr>
<tr><td>>18～100</td><td>≤40</td><td>≤40</td><td>k5②</td></tr>
<tr><td>>100～140</td><td>>40～100</td><td>>40～65</td><td>m5②</td></tr>
<tr><td>>140～200</td><td>>100～140</td><td>>65～100</td><td>m6</td></tr>
<tr><td>>200～280</td><td>>140～200</td><td>>100～140</td><td>n6</td></tr>
<tr><td>—</td><td>>200～400</td><td>>140～280</td><td>p6</td></tr>
<tr><td>—</td><td>—</td><td>>280～500</td><td>r6</td></tr>
<tr><td colspan="2" rowspan="4">重载荷</td><td rowspan="4">铁路机车车辆轴箱、牵引电机、破碎机等</td><td rowspan="4">—</td><td>>50～140</td><td>>50～100</td><td>n6③</td></tr>
<tr><td>>140～200</td><td>>100～140</td><td>p6③</td></tr>
<tr><td>>200</td><td>>140～200</td><td>r6③</td></tr>
<tr><td>—</td><td>>200</td><td>r7③</td></tr>
<tr><td rowspan="4">内圈承受固定载荷</td><td rowspan="4">所有载荷</td><td rowspan="2">内圈需在轴向易移动</td><td rowspan="2">非旋转轴上的各种轮子</td><td colspan="3" rowspan="4">所有尺寸</td><td>f6</td></tr>
<tr><td>g6</td></tr>
<tr><td rowspan="2">内圈无须在轴向易移动</td><td rowspan="2">张紧轮、绳轮</td><td>h6</td></tr>
<tr><td>j6</td></tr>
<tr><td colspan="3">仅有轴向载荷</td><td colspan="4">所有尺寸</td><td>j6、js6</td></tr>
</table>

注：① 凡对精度有较高要求的场合，应用 j5、k5、m5 代替 j6、k6、m6。

② 圆锥滚子轴承、角接触球轴承配合对游隙影响不大，可用 k6、m6 代替 k5、m5。

③ 重载荷下轴承游隙应选大于 N 组。

附表 7-6　轴和轴承座孔的几何公差（摘自 GB/T 275—2015）

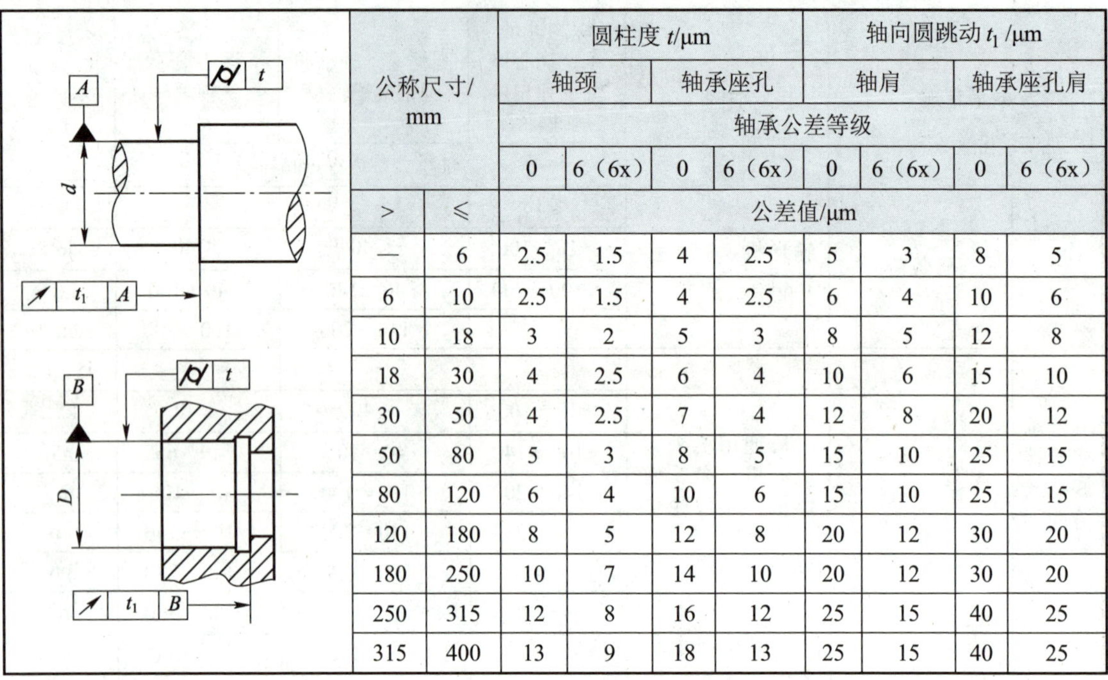

公称尺寸/mm		圆柱度 t/μm				轴向圆跳动 t_1/μm			
		轴颈		轴承座孔		轴肩		轴承座孔肩	
		轴承公差等级							
		0	6（6x）	0	6（6x）	0	6（6x）	0	6（6x）
>	≤	公差值/μm							
—	6	2.5	1.5	4	2.5	5	3	8	5
6	10	2.5	1.5	4	2.5	6	4	10	6
10	18	3	2	5	3	8	5	12	8
18	30	4	2.5	6	4	10	6	15	10
30	50	4	2.5	7	4	12	8	20	12
50	80	5	3	8	5	15	10	25	15
80	120	6	4	10	6	15	10	25	15
120	180	8	5	12	8	20	12	30	20
180	250	10	7	14	10	20	12	30	20
250	315	12	8	16	12	25	15	40	25
315	400	13	9	18	13	25	15	40	25

附录 8　电动机

附表 8-1　YX3、YE2、YE3 系列三相异步电动机的技术参数
（摘自 JB/T 10686—2006、JB/T 11707—2017、GB/T 28575—2020）

机座号	额定功率/kW	效率			堵转转矩/额定转矩			最大转矩/额定转矩		
		YX3	YE2	YE3	YX3	YE2	YE3	YX3	YE2	YE3
同步转速 1 000 r • m^{-1}，6 级										
90S	0.75	77.7	75.9	78.9	2.1	2.0	2.0	2.1	2.1	2.1
90L	1.1	79.9	78.1	81.0	2.1	2.0	2.0	2.1	2.1	2.1
100L	1.5	81.5	79.8	82.5	2.1	2.0	2.0	2.1	2.1	2.1
112M	2.2	83.4	81.8	84.3	2.1	2.0	2.0	2.1	2.1	2.1
132S	3	84.9	83.3	85.6	2.0	2.0	2.0	2.1	2.1	2.1
132M1	4	86.1	84.6	86.8	2.0	2.0	2.0	2.1	2.1	2.1
132M2	5.5	87.4	86.0	88.0	2.0	2.0	2.0	2.1	2.1	2.1
160M	7.5	89.0	87.2	89.1	2.1	2.0	2.0	2.1	2.1	2.1
160L	11	90.0	88.7	90.3	2.1	2.0	2.0	2.1	2.1	2.1
180L	15	91.0	89.7	91.2	2.0	2.0	2.0	2.1	2.1	2.1
200L1	18.5	91.5	90.4	91.7	2.1	2.0	2.0	2.1	2.1	2.1

（续表）

机座号	额定功率/kW	效率			堵转转矩/额定转矩			最大转矩/额定转矩		
		YX3	YE2	YE3	YX3	YE2	YE3	YX3	YE2	YE3
同步转速 1 000 r·m^{-1}，6 级										
200L2	22	92.0	90.9	92.2	2.1	2.0	2.0	2.1	2.1	2.1
225M	30	92.5	91.7	92.9	2.0	2.0	2.0	2.1	2.1	2.1
250M	37	93.0	92.2	93.3	2.1	2.0	2.0	2.1	2.1	2.1
同步转速 1 500 r·m^{-1}，4 级										
80M2	0.75	82.3	79.6	82.5	2.3	2.3	2.3	2.3	2.3	2.3
90S	1.1	83.8	81.4	84.1	2.3	2.3	2.3	2.3	2.3	2.3
90L	1.5	85.0	82.8	85.3	2.3	2.3	2.3	2.3	2.3	2.3
100L1	2.2	86.4	84.3	86.7	2.3	2.3	2.3	2.3	2.3	2.3
100L2	3	87.4	85.5	87.7	2.3	2.3	2.3	2.3	2.3	2.3
112M	4	88.3	86.6	88.6	2.3	2.3	2.2	2.3	2.3	2.3
132S	5.5	89.2	87.7	89.6	2.0	2.0	2.0	2.3	2.3	2.3
132M	7.5	90.1	88.7	90.4	2.0	2.0	2.0	2.3	2.3	2.3
160M	11	91.0	89.8	91.4	2.2	2.0	2.2	2.3	2.3	2.3
160L	15	91.8	90.6	92.1	2.2	2.0	2.2	2.3	2.3	2.3
180M	18.5	92.2	91.2	92.6	2.2	2.0	2.0	2.3	2.3	2.3
180L	22	92.6	91.6	93.0	2.2	2.1	2.0	2.3	2.3	2.3
200L	30	93.2	92.3	93.6	2.2	2.1	2.0	2.3	2.3	2.3
225S	37	93.6	92.7	93.9	2.2	2.1	2.0	2.3	2.3	2.3
225M	45	93.9	93.1	94.2	2.2	2.2	2.0	2.3	2.3	2.3
250M	55	94.2	93.5	94.6	2.2	2.2	2.2	2.3	2.3	2.3
同步转速 3 000 r·m^{-1}，2 级										
80M1	0.75	77.5	77.4	80.7	2.3	2.3	2.3	2.3	2.3	2.3
80M2	1.1	82.8	79.6	82.7	2.3	2.3	2.2	2.3	2.3	2.3
90S	1.5	84.1	81.3	84.2	2.3	2.3	2.2	2.3	2.3	2.3
90L	2.2	85.6	83.2	85.9	2.3	2.3	2.2	2.3	2.3	2.3
100L	3	86.7	84.6	87.1	2.3	2.2	2.2	2.3	2.3	2.3
112M	4	87.6	85.8	88.1	2.3	2.2	2.2	2.3	2.3	2.3
132S1	5.5	88.6	87.0	89.2	2.2	2.2	2.0	2.3	2.3	2.3
132S2	7.5	89.5	88.1	90.1	2.2	2.2	2.0	2.3	2.3	2.3
160M1	11	90.5	89.4	91.2	2.2	2.2	2.0	2.3	2.3	2.3
160M2	15	91.3	90.3	91.9	2.2	2.2	2.0	2.3	2.3	2.3
160L	18.5	91.8	90.9	92.4	2.2	2.2	2.0	2.3	2.3	2.3
180M	22	92.2	91.3	92.7	2.2	2.2	2.0	2.3	2.3	2.3

（续表）

机座号	额定功率/kW	效率			堵转转矩/额定转矩			最大转矩/额定转矩		
		YX3	YE2	YE3	YX3	YE2	YE3	YX3	YE2	YE3
同步转速 3 000 r・m^{-1}，2 级										
200L1	30	92.9	92.0	93.3	2.2	2.0	2.0	2.3	2.3	2.3
200L2	37	93.3	92.5	93.7	2.2	2.0	2.0	2.3	2.3	2.3
225M	45	93.7	92.9	94.0	2.2	2.2	2.0	2.3	2.3	2.3
250M	55	94.0	93.2	94.3	2.2	2.2	2.0	2.3	2.3	2.3

注：① 堵转转矩是指电动机在额定电压、额定频率和转子在所有转角位置堵住时，其转轴上产生的最小转矩。

② 电动机型号由系列号-机座号-极数组成。例如，YX3-90S-6 表示电动机属于 YX3 系列，机座号为 90S，极数为 6。其中，90S 表示电动机中心高为 90 mm，长度代号为 S（S 代表短机座，M 代表中机座，L 代表长机座）。长度代号后边可以加一位数字，表示同一机座号和转速下的不同功率。

附表 8-2　YX3 系列机座带底脚、端盖无凸缘的电动机的安装和外形尺寸（摘自 JB/T 10686—2006）

单位：mm

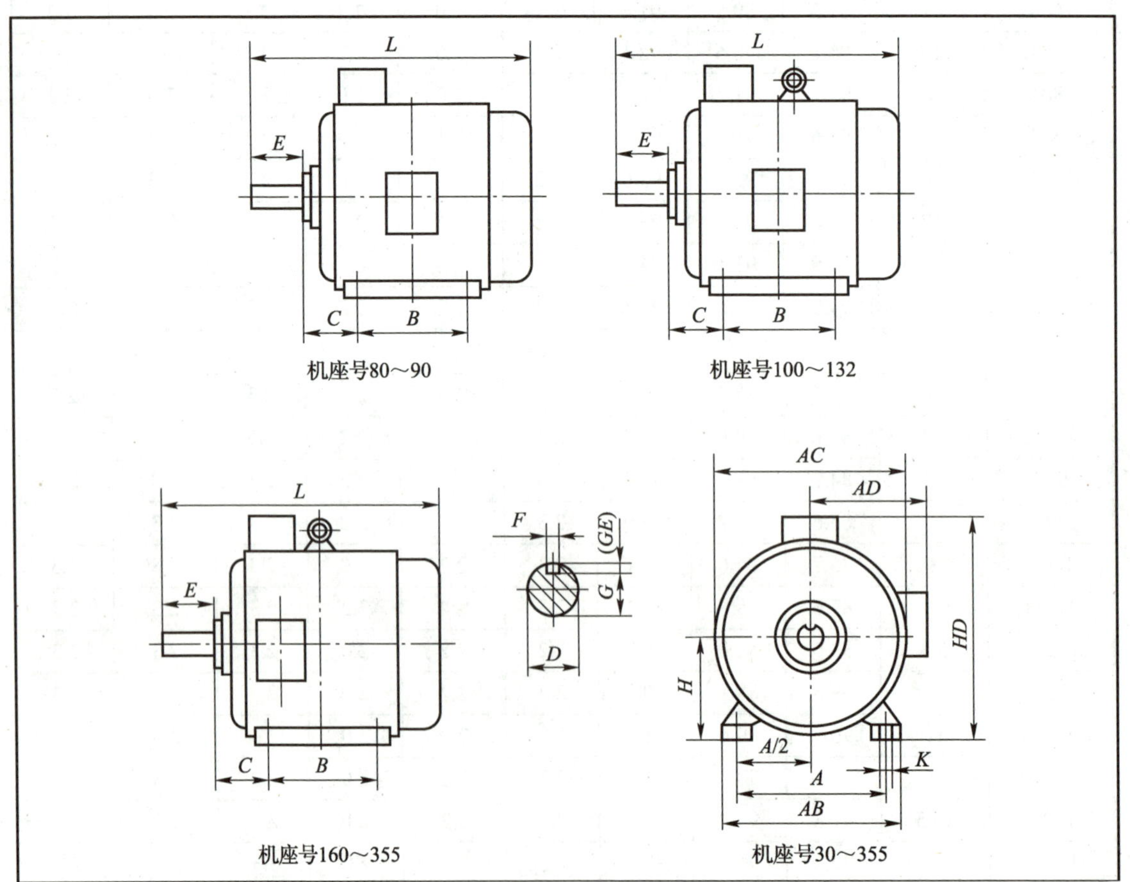

（续表）

<table>
<tr><th rowspan="2">机座号</th><th rowspan="2">极数</th><th colspan="9">安装尺寸</th><th colspan="5">外形尺寸</th></tr>
<tr><th>A</th><th>B</th><th>C</th><th>D</th><th>E</th><th>F</th><th>G</th><th>H</th><th>K</th><th>AB</th><th>AC</th><th>AD</th><th>HD</th><th>L</th></tr>
<tr><td>80M</td><td rowspan="12">2、4、6</td><td>125</td><td rowspan="2">100</td><td>50</td><td>19</td><td>40</td><td>6</td><td>15.5</td><td>80</td><td rowspan="3">10</td><td>165</td><td>175</td><td>145</td><td>220</td><td>305</td></tr>
<tr><td>90S</td><td rowspan="2">140</td><td rowspan="2">56</td><td rowspan="2">24</td><td rowspan="2">50</td><td rowspan="4">8</td><td rowspan="2">20</td><td rowspan="2">90</td><td rowspan="2">180</td><td rowspan="2">195</td><td rowspan="2">165</td><td rowspan="2">260</td><td>360</td></tr>
<tr><td>90L</td><td>125</td><td>390</td></tr>
<tr><td>100L</td><td>160</td><td rowspan="3">140</td><td>63</td><td rowspan="2">28</td><td rowspan="2">60</td><td rowspan="2">24</td><td>100</td><td rowspan="4">12</td><td>205</td><td>215</td><td>180</td><td>275</td><td>435</td></tr>
<tr><td>112M</td><td>190</td><td>70</td><td>112</td><td>230</td><td>240</td><td>190</td><td>300</td><td>470</td></tr>
<tr><td>132S</td><td rowspan="2">216</td><td rowspan="2">89</td><td rowspan="2">38</td><td rowspan="2">80</td><td rowspan="2">10</td><td rowspan="2">33</td><td rowspan="2">132</td><td rowspan="2">270</td><td rowspan="2">275</td><td rowspan="2">210</td><td rowspan="2">345</td><td>510</td></tr>
<tr><td>132M</td><td>178</td><td>560</td></tr>
<tr><td>160M</td><td rowspan="2">254</td><td>210</td><td rowspan="2">108</td><td rowspan="2">42</td><td rowspan="5">110</td><td rowspan="2">12</td><td rowspan="2">37</td><td rowspan="2">160</td><td rowspan="4">14.5</td><td rowspan="2">320</td><td rowspan="2">330</td><td rowspan="2">255</td><td rowspan="2">420</td><td>670</td></tr>
<tr><td>160L</td><td>254</td><td>700</td></tr>
<tr><td>180M</td><td rowspan="2">279</td><td>241</td><td rowspan="2">121</td><td rowspan="2">48</td><td rowspan="2">14</td><td rowspan="2">42.5</td><td rowspan="2">180</td><td rowspan="2">355</td><td rowspan="2">380</td><td rowspan="2">280</td><td rowspan="2">455</td><td>740</td></tr>
<tr><td>180L</td><td>279</td><td>790</td></tr>
<tr><td>200L</td><td>318</td><td>305</td><td>133</td><td>55</td><td>16</td><td>49</td><td>200</td><td rowspan="4">18.5</td><td>395</td><td>420</td><td>305</td><td>505</td><td>790</td></tr>
<tr><td>225S</td><td>4</td><td rowspan="3">356</td><td>286</td><td rowspan="3">149</td><td>60</td><td>140</td><td>18</td><td>53</td><td rowspan="3">225</td><td rowspan="3">435</td><td rowspan="3">470</td><td rowspan="3">335</td><td rowspan="3">560</td><td>830</td></tr>
<tr><td rowspan="2">225M</td><td>2</td><td rowspan="2">311</td><td>55</td><td>110</td><td>16</td><td>49</td><td>825</td></tr>
<tr><td>4、6</td><td rowspan="2">60</td><td rowspan="7">140</td><td rowspan="4">18</td><td rowspan="2">53</td><td>855</td></tr>
<tr><td rowspan="2">250M</td><td>2</td><td rowspan="2">406</td><td rowspan="2">349</td><td rowspan="2">168</td><td rowspan="2">250</td><td rowspan="6">24</td><td rowspan="2">490</td><td rowspan="2">510</td><td rowspan="2">370</td><td rowspan="2">615</td><td rowspan="2">915</td></tr>
<tr><td>4、6</td><td rowspan="2">65</td><td rowspan="2">58</td></tr>
<tr><td rowspan="2">280S</td><td>2</td><td rowspan="4">457</td><td rowspan="2">368</td><td rowspan="4">190</td><td rowspan="4">280</td><td rowspan="4">550</td><td rowspan="4">580</td><td rowspan="4">410</td><td rowspan="4">680</td><td rowspan="2">985</td></tr>
<tr><td>4、6</td><td>75</td><td>20</td><td>67.5</td></tr>
<tr><td rowspan="2">280M</td><td>2</td><td rowspan="2">419</td><td>65</td><td>18</td><td>58</td><td rowspan="2">1 035</td></tr>
<tr><td>4、6</td><td>75</td><td>20</td><td>67.5</td></tr>
</table>

附表 8-3　YZ、YZR 系列电动机技术参数（摘自 JB/T 10104—2018、JB/T 10105—2017）

机座号	功率/kW		转子转动惯量/（$kg \cdot m^2$）		功率/kW		转子转动惯量/（$kg \cdot m^2$）	
	YZ	YZR	YZ	YZR	YZ	YZR	YZ	YZR
同步转速 1 000 $r \cdot m^{-1}$					同步转速 750 $r \cdot m^{-1}$			
112M	1.5	1.5	0.022	0.03	—	—	—	—
132M1	2.2	2.2	0.056	0.06	—	—	—	—
132M2	3.7	3.7	0.062	0.07	—	—	—	—
160M1	5.5	5.5	0.114	0.12	—	—	—	—
160M2	7.5	7.5	0.143	0.15	—	—	—	—
160L	11	11	0.192	0.20	7.5	7.5	0.192	0.20
180L	—	15	—	0.39	11	11	0.352	0.39
200L	—	22	—	0.67	15	15	0.622	0.67
225M	—	30	—	0.84	22	22	0.820	0.82
250M1	—	37	—	1.52	30	30	1.432	1.52

附表 8-4　YZ 系列机座带底脚、端盖无凸缘的电动机的安装和外形尺寸（IM1001、IM1002、IM1003、IM1004 型）（摘自 JB/T 10104—2018）　单位：mm

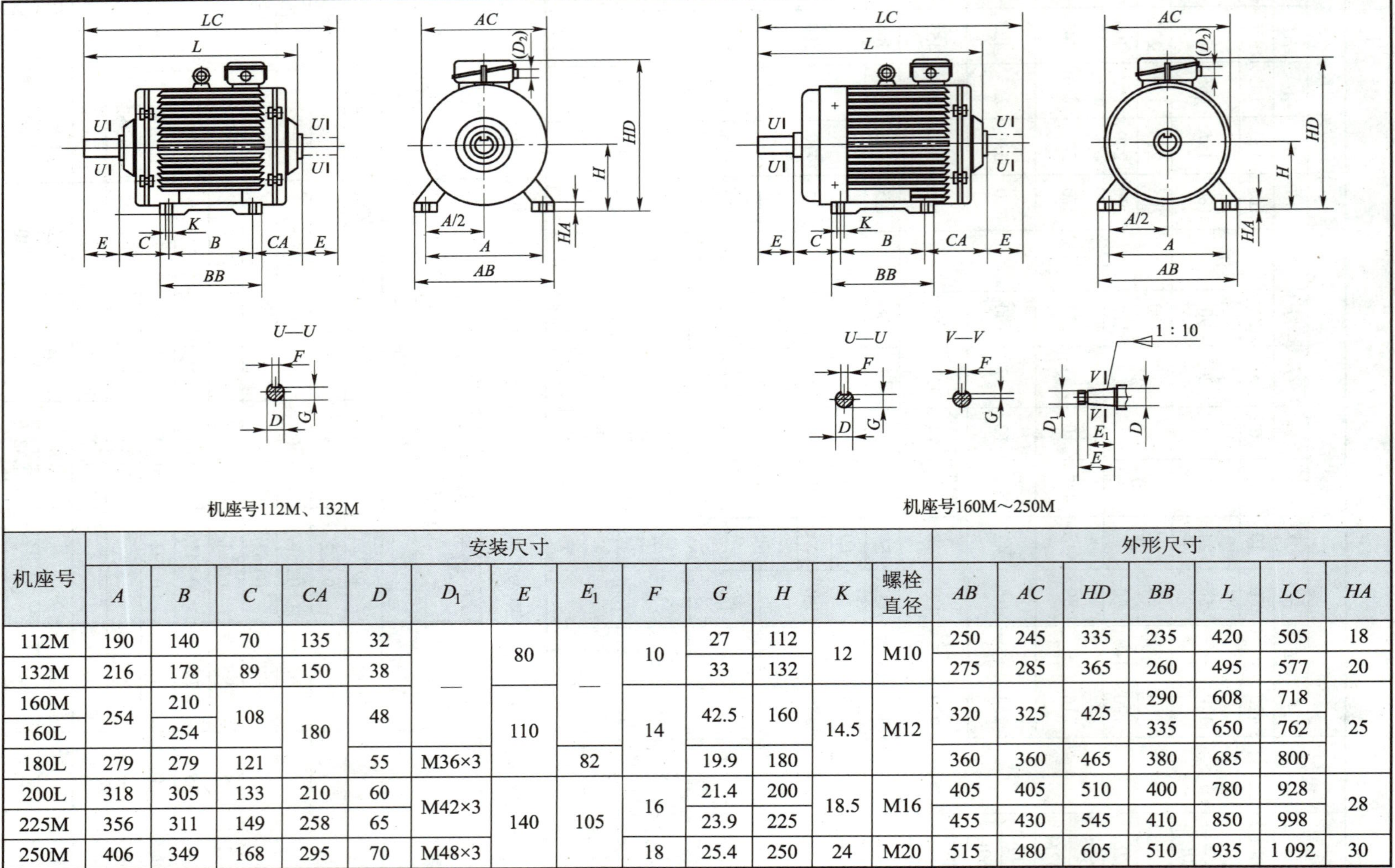

机座号112M、132M　　机座号160M～250M

机座号	安装尺寸													外形尺寸						
	A	*B*	*C*	*CA*	*D*	D_1	*E*	E_1	*F*	*G*	*H*	*K*	螺栓直径	*AB*	*AC*	*HD*	*BB*	*L*	*LC*	*HA*
112M	190	140	70	135	32	—	80	—	10	27	112	12	M10	250	245	335	235	420	505	18
132M	216	178	89	150	38					33	132			275	285	365	260	495	577	20
160M	254	210	108	180	48		110		14	42.5	160	14.5	M12	320	325	425	290	608	718	25
160L		254															335	650	762	
180L	279	279	121		55	M36×3		82		19.9	180			360	360	465	380	685	800	
200L	318	305	133	210	60	M42×3	140	105	16	21.4	200	18.5	M16	405	405	510	400	780	928	28
225M	356	311	149	258	65					23.9	225			455	430	545	410	850	998	
250M	406	349	168	295	70	M48×3			18	25.4	250	24	M20	515	480	605	510	935	1 092	30

附表 8-5　YZR 系列机座带底脚、端盖无凸缘的电动机的安装和外形尺寸（IM1001、IM1002、IM1003、IM1004 型）（摘自 JB/T 10105—2017）

单位：mm

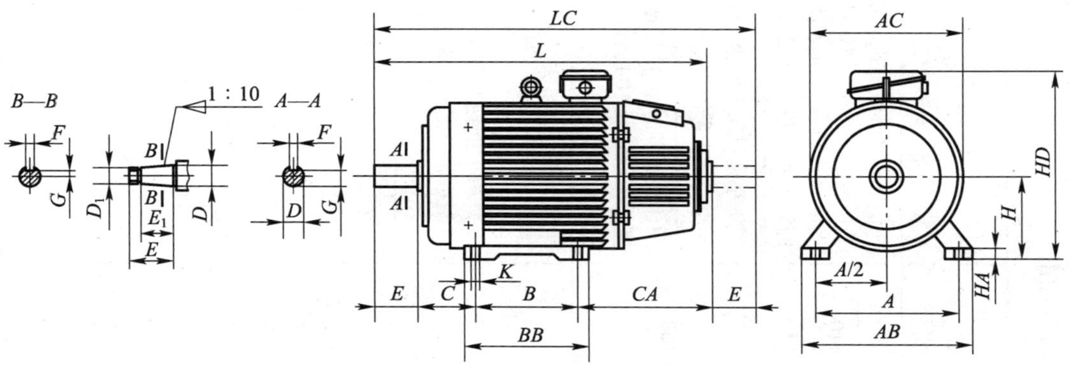

机座号	安装尺寸													外形尺寸						
	A	B	C	CA	D	D_1	E	E_1	F	G	H	K	螺栓直径	AB	AC	HD	BB	L	LC	HA
112M	190	140	70	300	32	—	80	—	10	27	112	12	M10	250	245	335	235	590	670	18
132M	216	178	89		38					33	132			275	285	365	260	645	727	20
160M	254	210	108	330	48		110		14	42.5	160	14.5	M12	320	325	425	290	758	868	25
160L		254															335	800	912	
180L	279	279	121	360	55	M36×3		82		19.9	180			360	360	465	380	870	980	
200L	318	305	133	400	60	M42×3	140	105	16	21.4	200	18.5	M16	405	405	510	400	975	1 118	28
225M	356	311	149	450	65					23.9	225			455	430	545	410	1 050	1 190	
250M	406	349	168	540	70	M48×3			18	25.4	250	24	M20	515	480	605	510	1 195	1 337	30

附录 9 润滑和密封

附录 9.1 润滑剂

附表 9-1 常用润滑油的主要性质和用途

<table>
<tr><th>名称</th><th>代号</th><th>40℃
运动粘度/
($mm^2 \cdot s^{-1}$)</th><th>倾点/℃
(不高于)</th><th>闪点
(开口)/℃
(不低于)</th><th>主要用途</th></tr>
<tr><td rowspan="10">全损耗系统用油
(GB/T 443—1989)</td><td>L-AN5</td><td>4.14～5.06</td><td rowspan="10">−5</td><td>80</td><td rowspan="3">用于各种高速轻载机械轴承的润滑和冷却，如转速在 10 000 r/min 以上的精密机械、机床及纺织纱锭的润滑和冷却</td></tr>
<tr><td>L-AN7</td><td>6.12～7.48</td><td>110</td></tr>
<tr><td>L-AN10</td><td>9.00～11.0</td><td>130</td></tr>
<tr><td>L-AN15</td><td>13.5～16.5</td><td rowspan="3">150</td><td rowspan="2">用于小型机床齿轮箱、传动装置的轴承，中小型电机，风动工具等</td></tr>
<tr><td>L-AN22</td><td>19.8～24.2</td></tr>
<tr><td>L-AN32</td><td>28.8～35.2</td><td>用于一般机床齿轮变速箱、中小型机床导轨及 100 kW 以上电动机的轴承</td></tr>
<tr><td>L-AN46</td><td>41.4～50.6</td><td rowspan="2">160</td><td>主要用于大型机床、大型刨床</td></tr>
<tr><td>L-AN68</td><td>61.2～74.8</td><td rowspan="3">主要用于低速重载的纺织机械及重型机床、锻压、铸造设备</td></tr>
<tr><td>L-AN100</td><td>90.0～110</td><td rowspan="2">180</td></tr>
<tr><td>L-AN150</td><td>135～165</td></tr>
<tr><td rowspan="9">工业闭式
齿轮油
(GB 5903—2011)</td><td>L-CKC32</td><td>28.8～35.2</td><td rowspan="4">−12</td><td rowspan="3">180</td><td rowspan="9">适用于煤炭、水泥、冶金工业部门大型封闭式齿轮传动装置的润滑</td></tr>
<tr><td>L-CKC46</td><td>41.4～50.6</td></tr>
<tr><td>L-CKC68</td><td>61.2～74.8</td></tr>
<tr><td>L-CKC100</td><td>90.0～110</td><td rowspan="6">200</td></tr>
<tr><td>L-CKC150</td><td>135～165</td><td rowspan="4">−9</td></tr>
<tr><td>L-CKC220</td><td>198～242</td></tr>
<tr><td>L-CKC320</td><td>288～352</td></tr>
<tr><td>L-CKC460</td><td>414～506</td></tr>
<tr><td>L-CKC680</td><td>612～748</td><td>−5</td></tr>
<tr><td rowspan="6">液压油
(GB 11118.1—2011)</td><td>L-HL15</td><td>13.5～16.5</td><td>−12</td><td>140</td><td rowspan="6">适用于机床和其他设备的低压齿轮泵，也可以用于使用其他抗氧防锈型润滑油的机械设备</td></tr>
<tr><td>L-HL22</td><td>19.8～24.2</td><td>−9</td><td>165</td></tr>
<tr><td>L-HL32</td><td>28.8～35.2</td><td rowspan="4">−6</td><td>175</td></tr>
<tr><td>L-HL46</td><td>41.4～50.6</td><td>185</td></tr>
<tr><td>L-HL68</td><td>61.2～74.8</td><td>195</td></tr>
<tr><td>L-HL100</td><td>90.0～110</td><td>205</td></tr>
</table>

（续表）

名称	代号	40℃运动粘度/（$mm^2 \cdot s^{-1}$）	倾点/℃（不高于）	闪点（开口）/℃（不低于）	主要用途
涡轮机油（GB 11120—2011）	L-TGA32	28.8～35.2	–6	186	适用于电力、工业、船舶及其他工业汽轮机组、水轮机组的润滑和密封
	L-TGA46	41.4～50.6			
	L-TGA68	61.2～74.8			
	L-TGE32	28.8～35.2	–6	186	
	L-TGE46	41.4～50.6			
	L-TGE68	61.2～74.8			
蜗轮蜗杆油（SH/T 0094—1991）	L-CKE220	198～242	–6	200	用于铜-钢配对的圆柱形、承受重载荷、传动中有振动和冲击的蜗轮蜗杆副
	L-CKE320	288～352			
	L-CKE460	414～506		220	
	L-CKE680	612～748			
	L-CKE1 000	900～1 100			

附表 9-2　常用润滑脂的主要性质和用途

名称	牌号	滴点/℃（不低于）	工作锥入度（150 g，25℃）/（0.1 mm）	主要用途
钙基润滑脂（GB/T 491—2008）	1 号	80	310～340	适用于工作温度低于 60℃的各种工农业、交通运输业机械设备的轴承的润滑
	2 号	85	265～295	
	3 号	90	220～250	
	4 号	95	175～205	
钠基润滑脂（GB/T 492—1989）	2 号	160	265～295	适用于工作温度为–10～110℃的一般中等载荷机械设备轴承的润滑
	3 号	160	220～250	
钙钠基润滑脂（SH/T 0368—1992）	2 号	120	250～290	适用于工作温度为 80～100℃、有水分或较潮湿环境中工作的机械润滑，多用于铁路机车、列车、小电动机、发电机滚动轴（温度较高者）的润滑
	3 号	135	200～240	
通用锂基润滑脂（GB/T 7324—2010）	1 号	170	310～340	适用于工作温度为–20～120℃的各种机械的滚动轴承、滑动轴承及其他摩擦部位的润滑
	2 号	175	265～295	
	3 号	180	220～250	
工业凡士林（SH/T 0039—1990）	1 号	45～80	140～210	用作机械及其零件的防腐蚀剂。在机械的温度不高和负荷不大时，可用作减摩润滑脂
	2 号		80～140	
高温润滑脂（SH/T 0376—1992）	4 号	200	170～225	适用于高温下各种滚动轴承的润滑，也可用于一般滑动轴承和齿轮的润滑，使用温度为–40～200℃
齿轮润滑脂（SH/T 0469—1994）	7407 号	160	75～90（1/4 工作锥入度）	适用于各种低速，中、重载荷齿轮、链和联轴器等的润滑，使用温度小于 120℃

附录 9.2　油杯

附表 9-3　直通式压注油杯（摘自 JB/T 7940.1—1995）　　单位：mm

<table>
<tr><td rowspan="2" colspan="1">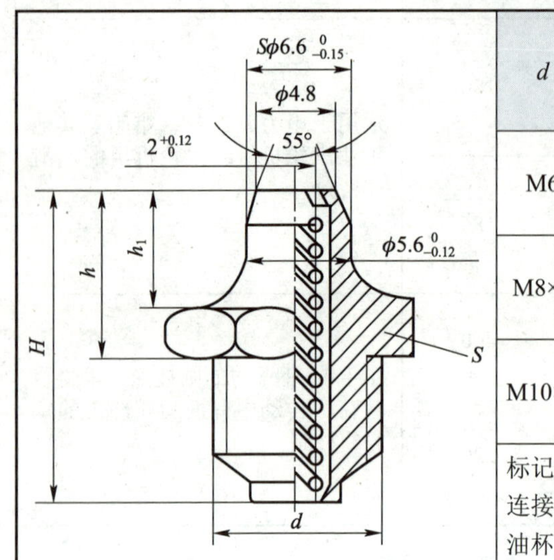</td><td rowspan="2">d</td><td rowspan="2">H</td><td rowspan="2">h</td><td rowspan="2">h₁</td><td colspan="2">S</td><td rowspan="2">钢球（按 GB/T 308.1—2013）</td></tr>
<tr><td>基本尺寸</td><td>极限偏差</td></tr>
<tr><td></td><td>M6</td><td>13</td><td>8</td><td>6</td><td>8</td><td rowspan="3">0
−0.22</td><td rowspan="3">3</td></tr>
<tr><td></td><td>M8×1</td><td>16</td><td>9</td><td>6.5</td><td>10</td></tr>
<tr><td></td><td>M10×1</td><td>18</td><td>10</td><td>7</td><td>11</td></tr>
<tr><td></td><td colspan="7">标记示例：
连接螺纹 M10×1，直通式压注油杯：
油杯　M10×1　JB/T 7940.1—1995</td></tr>
</table>

附表 9-4　压配式压注油杯（JB/T 7940.4—1995）　　单位：mm

<table>
<tr><td rowspan="2">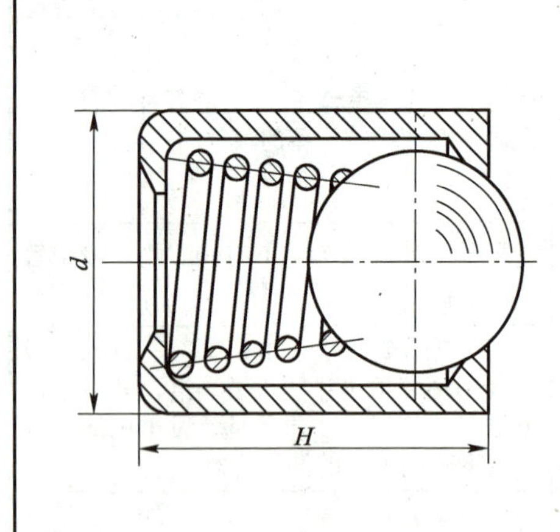</td><td colspan="2">d</td><td rowspan="2">H</td><td rowspan="2">钢球（按 GB/T 308.1—2013）</td></tr>
<tr><td>基本尺寸</td><td>极限偏差</td></tr>
<tr><td></td><td>6</td><td>+0.040
+0.028</td><td>6</td><td>4</td></tr>
<tr><td></td><td>8</td><td>+0.049
+0.034</td><td>10</td><td>5</td></tr>
<tr><td></td><td>10</td><td>+0.058
+0.040</td><td>12</td><td>6</td></tr>
<tr><td></td><td>16</td><td>+0.063
+0.045</td><td>20</td><td>11</td></tr>
<tr><td></td><td>25</td><td>+0.085
+0.064</td><td>30</td><td>13</td></tr>
<tr><td></td><td colspan="4">标记示例：
d = 6 mm，压配式压注油杯：
油杯　6　JB/T 7940.4—1995</td></tr>
</table>

附表 9-5　旋盖式油杯（摘自 JB/T 7940.3—1995）　　单位：mm

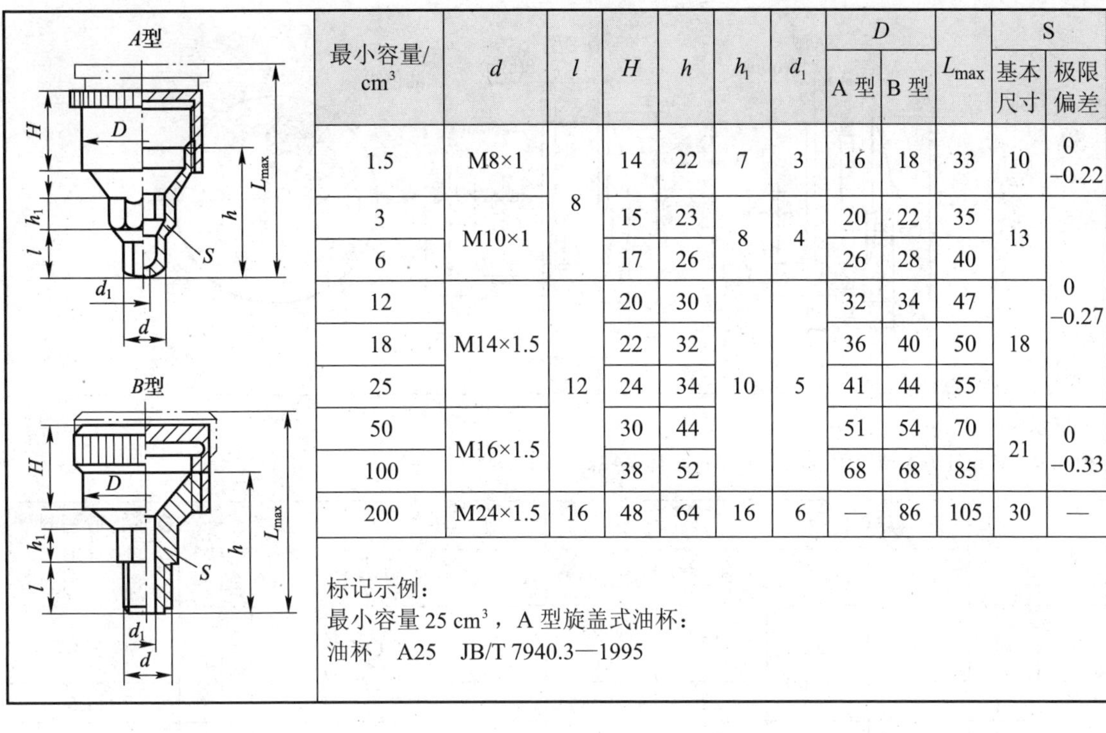

<table>
<tr><th rowspan="2">最小容量/cm³</th><th rowspan="2">d</th><th rowspan="2">l</th><th rowspan="2">H</th><th rowspan="2">h</th><th rowspan="2">h_1</th><th rowspan="2">d_1</th><th colspan="2">D</th><th rowspan="2">L_{max}</th><th colspan="2">S</th></tr>
<tr><th>A 型</th><th>B 型</th><th>基本尺寸</th><th>极限偏差</th></tr>
<tr><td>1.5</td><td>M8×1</td><td rowspan="3">8</td><td>14</td><td>22</td><td>7</td><td>3</td><td>16</td><td>18</td><td>33</td><td>10</td><td>0
−0.22</td></tr>
<tr><td>3</td><td rowspan="2">M10×1</td><td>15</td><td>23</td><td rowspan="2">8</td><td rowspan="2">4</td><td>20</td><td>22</td><td>35</td><td rowspan="2">13</td><td rowspan="5">0
−0.27</td></tr>
<tr><td>6</td><td>17</td><td>26</td><td>26</td><td>28</td><td>40</td></tr>
<tr><td>12</td><td rowspan="3">M14×1.5</td><td rowspan="5">12</td><td>20</td><td>30</td><td rowspan="5">10</td><td rowspan="5">5</td><td>32</td><td>34</td><td>47</td><td rowspan="3">18</td></tr>
<tr><td>18</td><td>22</td><td>32</td><td>36</td><td>40</td><td>50</td></tr>
<tr><td>25</td><td>24</td><td>34</td><td>41</td><td>44</td><td>55</td></tr>
<tr><td>50</td><td rowspan="2">M16×1.5</td><td>30</td><td>44</td><td>51</td><td>54</td><td>70</td><td rowspan="2">21</td><td rowspan="2">0
−0.33</td></tr>
<tr><td>100</td><td>38</td><td>52</td><td>68</td><td>68</td><td>85</td></tr>
<tr><td>200</td><td>M24×1.5</td><td>16</td><td>48</td><td>64</td><td>16</td><td>6</td><td>—</td><td>86</td><td>105</td><td>30</td><td>—</td></tr>
<tr><td colspan="12">标记示例：
最小容量 25 cm³，A 型旋盖式油杯：
油杯　A25　JB/T 7940.3—1995</td></tr>
</table>

附录 9.3　油标

附表 9-6　油标尺　　单位：mm

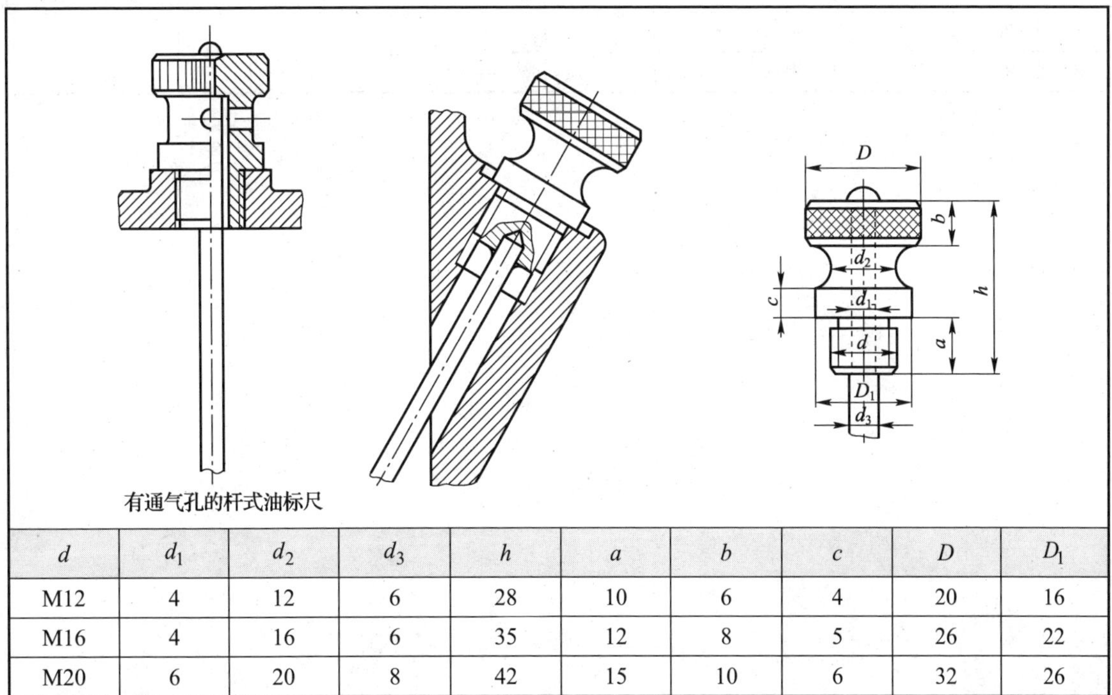

有通气孔的杆式油标尺

d	d_1	d_2	d_3	h	a	b	c	D	D_1
M12	4	12	6	28	10	6	4	20	16
M16	4	16	6	35	12	8	5	26	22
M20	6	20	8	42	15	10	6	32	26

附表 9-7　压配式圆形油标（摘自 JB/T 7941.1—1995）　　单位：mm

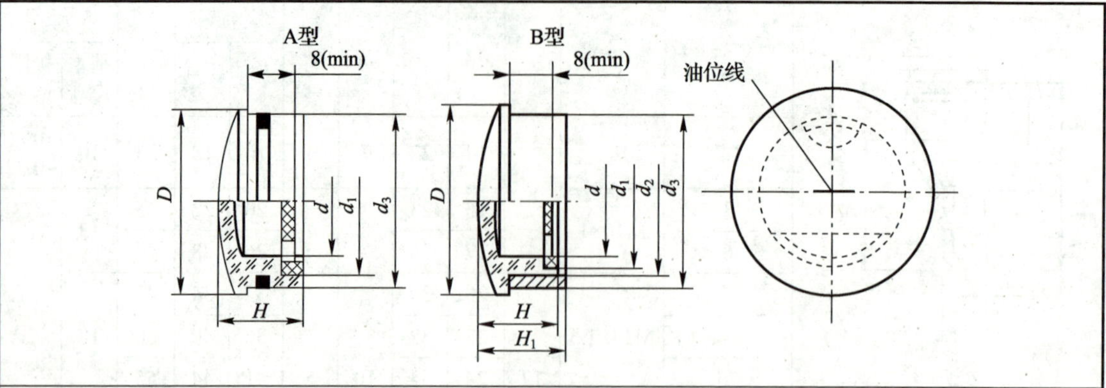

标记示例：

视孔 $d=32$ mm、A 型压配式圆形油标：油标　A32　JB/T 7941.1—1995

<table>
<tr><th rowspan="2">d</th><th rowspan="2">D</th><th colspan="2">d_1</th><th colspan="2">d_2</th><th colspan="2">d_3</th><th rowspan="2">H</th><th rowspan="2">H_1</th><th rowspan="2">O 形橡胶密封圈（按 GB/T 3452.1—2005）</th></tr>
<tr><th>基本尺寸</th><th>极限偏差</th><th>基本尺寸</th><th>极限偏差</th><th>基本尺寸</th><th>极限偏差</th></tr>
<tr><td>12</td><td>22</td><td>12</td><td rowspan="2">−0.050
−0.160</td><td>17</td><td>−0.050
−0.160</td><td>20</td><td rowspan="2">−0.065
−0.195</td><td rowspan="2">14</td><td rowspan="2">16</td><td>15×2.65</td></tr>
<tr><td>16</td><td>27</td><td>18</td><td>22</td><td rowspan="2">−0.065
−0.195</td><td>25</td><td>20×2.65</td></tr>
<tr><td>20</td><td>34</td><td>22</td><td rowspan="2">−0.065
−0.195</td><td>28</td><td>32</td><td rowspan="3">−0.080
−0.240</td><td rowspan="2">16</td><td rowspan="2">18</td><td>25×3.55</td></tr>
<tr><td>25</td><td>40</td><td>28</td><td>34</td><td rowspan="2">−0.080
−0.240</td><td>38</td><td>31.5×3.55</td></tr>
<tr><td>32</td><td>48</td><td>35</td><td rowspan="2">−0.080
−0.240</td><td>41</td><td>45</td><td rowspan="2">18</td><td rowspan="2">20</td><td>38.7×3.55</td></tr>
<tr><td>40</td><td>58</td><td>45</td><td>51</td><td rowspan="3">−0.100
−0.290</td><td>55</td><td rowspan="3">−0.100
−0.290</td><td>48.7×3.55</td></tr>
<tr><td>50</td><td>70</td><td>55</td><td rowspan="2">−0.100
−0.290</td><td>61</td><td>65</td><td rowspan="2">22</td><td rowspan="2">24</td><td rowspan="2">—</td></tr>
<tr><td>63</td><td>85</td><td>70</td><td>76</td><td>80</td></tr>
</table>

附表 9-8 长形油标（摘自 JB/T 7941.3—1995） 单位：mm

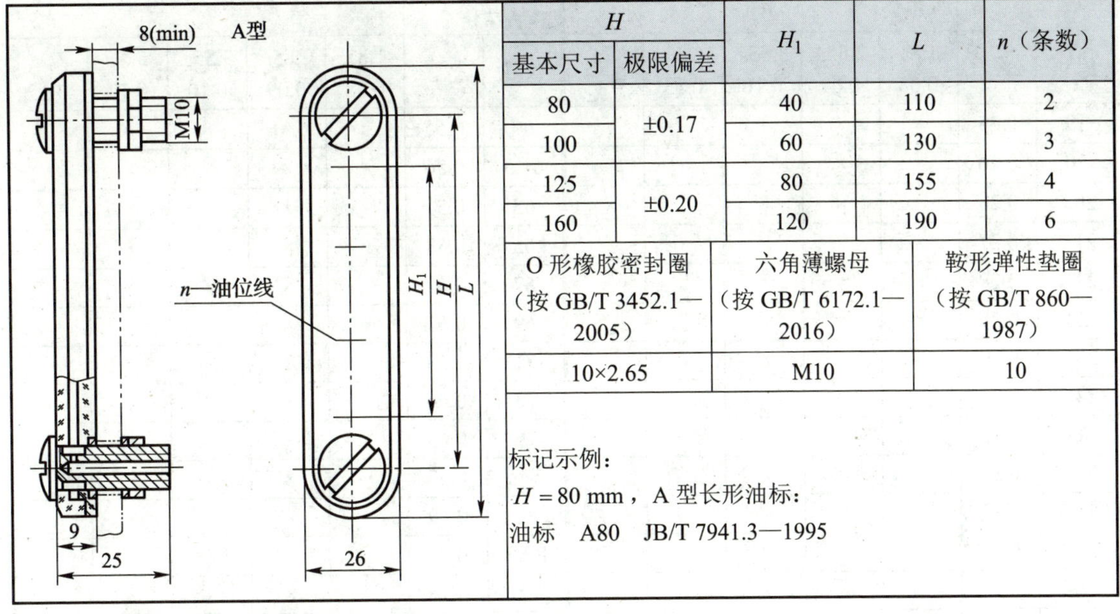

H		H_1	L	n（条数）
基本尺寸	极限偏差			
80	±0.17	40	110	2
100		60	130	3
125	±0.20	80	155	4
160		120	190	6

O 形橡胶密封圈（按 GB/T 3452.1—2005）	六角薄螺母（按 GB/T 6172.1—2016）	鞍形弹性垫圈（按 GB/T 860—1987）
10×2.65	M10	10

标记示例：

$H=80$ mm，A 型长形油标：

油标 A80 JB/T 7941.3—1995

注：B 型长形油标的相关参数见 JB/T 7941.3—1995。

附录 9.4 密封件

附表 9-9 液压气动用 O 形橡胶密封圈（摘自 GB/T 3452.1—2005、GB/T 3452.3—2005） 单位：mm

轴向密封沟槽尺寸

d_2	b	h	r_1	r_2
1.8	2.6	1.28	0.2～0.4	0.1～0.3
2.65	3.8	1.97		
3.55	5.0	2.75	0.4～0.8	
5.30	7.3	4.24		
7.00	9.7	5.72	0.8～1.2	

标记示例：

内径 $d_1=32.5$ mm，截面直径 $d_2=2.65$ mm，A 系列 N 级 O 形橡胶密封圈：O 形圈 32.5×2.65-A-N-GB/T 3452.1—2005

d_1		d_2					d_1		d_2				
尺寸	公差±	1.8±0.08	2.65±0.09	3.55±0.10	5.3±0.13	7±0.15	尺寸	公差±	1.8±0.08	2.65±0.09	3.55±0.10	5.3±0.13	7±0.15
13.2	0.21	×	×				15.5	0.23	×	×			
14	0.22	×	×				16	0.23	×	×			
14.5	0.22	×	×				17	0.24	×	×			
15	0.22	×	×				18	0.25	×	×	×		

（续表）

d_1		d_2					d_1		d_2				
尺寸	公差±	1.8±0.08	2.65±0.09	3.55±0.10	5.3±0.13	7±0.15	尺寸	公差±	1.8±0.08	2.65±0.09	3.55±0.10	5.3±0.13	7±0.15
19	0.25	×	×	×			60	0.55		×	×	×	
20	0.26	×	×	×			61.5	0.56		×	×	×	
20.6	0.26	×	×	×			63	0.57		×	×	×	
21.2	0.27	×	×	×			65	0.58		×	×	×	
22.4	0.28	×	×	×			67	0.60		×	×	×	
23	0.29	×	×	×			69	0.61		×	×	×	
23.6	0.29	×	×	×			71	0.63		×	×	×	
24.3	0.30	×	×	×			73	0.64		×	×	×	
25	0.30	×	×	×			75	0.65		×	×	×	
25.8	0.31	×	×	×			77.5	0.67		×	×	×	
26.5	0.31	×	×	×			80	0.69		×	×	×	
27.3	0.32	×	×	×			82.5	0.71		×	×	×	
28	0.32	×	×	×			85	0.72		×	×	×	
29	0.33	×	×	×			87.5	0.74		×	×	×	
30	0.34	×	×	×			90	0.76		×	×	×	
31.5	0.35	×	×	×			92.5	0.77		×	×	×	
32.5	0.36	×	×	×			95	0.79		×	×	×	
33.5	0.36	×	×	×			97.5	0.81		×	×	×	
34.5	0.37	×	×	×			100	0.82		×	×	×	
35.5	0.38	×	×	×			103	0.85		×	×	×	
36.5	0.38	×	×	×			106	0.87		×	×	×	
37.5	0.39	×	×	×			109	0.89		×	×	×	×
38.7	0.40	×	×	×			112	0.91		×	×	×	×
40	0.41	×	×	×	×		115	0.93		×	×	×	×
41.2	0.42	×	×	×	×		118	0.95		×	×	×	×
42.5	0.43	×	×	×	×		122	0.97		×	×	×	×
43.7	0.44	×	×	×	×		125	0.99		×	×	×	×
45	0.44	×	×	×	×		128	1.01		×	×	×	×
46.2	0.45	×	×	×	×		132	1.04		×	×	×	×
47.5	0.46	×	×	×	×		136	1.07		×	×	×	×
48.7	0.47	×	×	×	×		140	1.09		×	×	×	×
50	0.48	×	×	×	×		142.5	1.11		×	×	×	×
51.5	0.49		×	×	×		145	1.13		×	×	×	×
53	0.50		×	×	×		147.5	1.14		×	×	×	×
54.5	0.51		×	×	×		150	1.16		×	×	×	×
56	0.52		×	×	×		152.5	1.18			×	×	×
58	0.54		×	×	×		155	1.19			×	×	×

（续表）

d_1		d_2					d_1		d_2				
尺寸	公差±	1.8±0.08	2.65±0.09	3.55±0.10	5.3±0.13	7±0.15	尺寸	公差±	1.8±0.08	2.65±0.09	3.55±0.10	5.3±0.13	7±0.15
157.5	1.21			×	×	×	167.5	1.28			×	×	×
160	1.23			×	×		170	1.29			×	×	×
162.5	1.24			×	×	×	172.5	1.31			×	×	×
165	1.26			×	×	×	175	1.33			×	×	×

注：“×”表示包括的规格。

附表 9-10　油封毡圈和沟槽尺寸（摘自 FZ/T 92010—1991）　　单位：mm

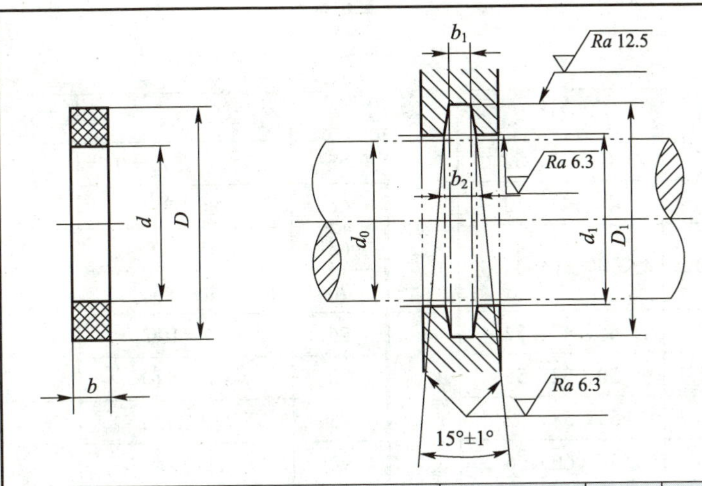

标记示例：

轴径 $d_0=25$ mm 用油封毡圈：

毡圈　25　FZ/T 92010—1991

<table>
<tr><th rowspan="2">轴径 d_0</th><th colspan="5">油封毡圈</th><th colspan="2">沟槽</th><th rowspan="2">轴径 d_0</th><th colspan="5">油封毡圈</th><th colspan="2">沟槽</th></tr>
<tr><th>d</th><th>D</th><th>b</th><th>D_1</th><th>d_1</th><th>b_1</th><th>b_2</th><th>d</th><th>D</th><th>b</th><th>D_1</th><th>d_1</th><th>b_1</th><th>b_2</th></tr>
<tr><td>15</td><td>14</td><td>23</td><td>2.5</td><td>24</td><td>16</td><td>2</td><td>3</td><td>48</td><td>47</td><td>60</td><td>5</td><td>61</td><td>49</td><td>4</td><td>5.5</td></tr>
<tr><td>16</td><td>15</td><td>26</td><td rowspan="4">3.5</td><td>27</td><td>17</td><td rowspan="4">3</td><td rowspan="4">4.3</td><td>50</td><td>49</td><td>66</td><td rowspan="8">7</td><td>67</td><td>51</td><td rowspan="4">5</td><td rowspan="4">7.1</td></tr>
<tr><td>18</td><td>17</td><td>28</td><td>29</td><td>19</td><td>55</td><td>54</td><td>71</td><td>72</td><td>56</td></tr>
<tr><td>20</td><td>19</td><td>30</td><td>31</td><td>21</td><td>60</td><td>59</td><td>76</td><td>77</td><td>61</td></tr>
<tr><td>22</td><td>21</td><td>32</td><td>33</td><td>23</td><td>65</td><td>64</td><td>81</td><td>82</td><td>66</td></tr>
<tr><td>25</td><td>24</td><td>37</td><td rowspan="9">5</td><td>38</td><td>26</td><td rowspan="9">4</td><td rowspan="9">5.5</td><td>70</td><td>69</td><td>88</td><td>89</td><td>71</td><td rowspan="4">6</td><td rowspan="4">8.3</td></tr>
<tr><td>28</td><td>27</td><td>40</td><td>41</td><td>29</td><td>75</td><td>74</td><td>93</td><td>94</td><td>76</td></tr>
<tr><td>30</td><td>29</td><td>42</td><td>43</td><td>31</td><td>80</td><td>79</td><td>98</td><td>99</td><td>81</td></tr>
<tr><td>32</td><td>31</td><td>44</td><td>45</td><td>33</td><td>85</td><td>84</td><td>103</td><td>104</td><td>86</td></tr>
<tr><td>35</td><td>34</td><td>47</td><td>48</td><td>36</td><td>90</td><td>89</td><td>110</td><td rowspan="2">8.5</td><td>111</td><td>91</td><td rowspan="2">7</td><td rowspan="2">9.6</td></tr>
<tr><td>38</td><td>37</td><td>50</td><td>51</td><td>39</td><td>95</td><td>94</td><td>115</td><td>116</td><td>96</td></tr>
<tr><td>40</td><td>39</td><td>52</td><td>53</td><td>41</td><td>100</td><td>99</td><td>124</td><td rowspan="3">9.5</td><td>125</td><td>101</td><td rowspan="3">8</td><td rowspan="3">11.1</td></tr>
<tr><td>42</td><td>41</td><td>54</td><td>55</td><td>43</td><td>105</td><td>104</td><td>129</td><td>130</td><td>106</td></tr>
<tr><td>45</td><td>44</td><td>57</td><td>58</td><td>46</td><td>110</td><td>109</td><td>134</td><td>135</td><td>111</td></tr>
</table>

注：本标准适用于线速度 $v<5$ m/s 的场合。

附表 9-11 旋转轴唇形密封圈的类型和尺寸（摘自 GB/T 13871.1—2022）

单位：mm

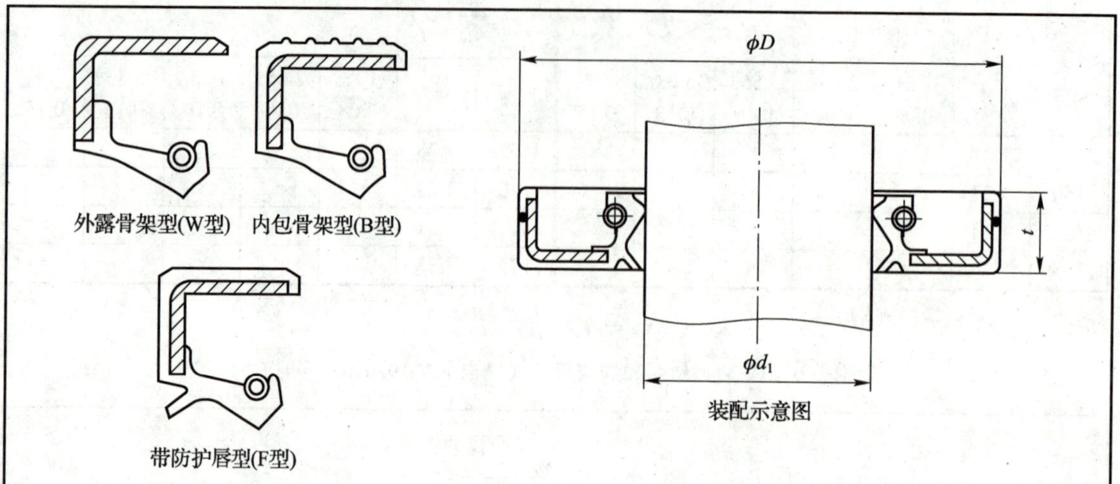

外露骨架型(W型)　内包骨架型(B型)

带防护唇型(F型)

ϕD　ϕd_1　t

装配示意图

d_1	D	b	d_1	D	b	d_1	D	b
6	16、22	7	25	40、47、52	7	55	72、（75）、80	8
7	22		28	40、47、52		60	80、85	
8	22、24		30	42、47、（50）、52		65	85、90	10
9	22					70	90、95	
10	22、25		32	45、47、52	8	75	95、100	
12	24、25、30		35	50、52、55		80	100、110	
15	26、30、35		38	55、58、62		85	110、120	12
16	30、（35）		40	55、（60）、62		90	（115）、120	
18	30、35		42	55、62		95	120	
20	35、40、（45）		45	62、65		100	125	
22	35、40、47		50	68、（70）、72		105	（130）	

注：括号内的尺寸尽量不用。

附表 9-12 六角螺塞的尺寸（摘自 GB/T 43077.4—2023）

单位：mm

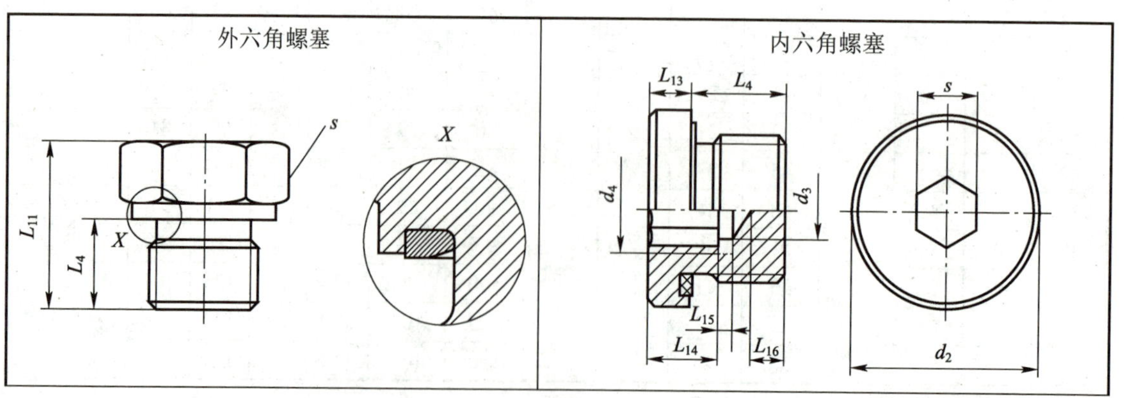

（续表）

螺纹（$d_1 \times P$）	L_4 ±0.2	L_{11} ±0.5	s	d_2 $^{0}_{-0.2}$	d_3 ±0.1	d_4 $^{-0.25}_{0}$	L_4 ±0.2	L_{13} ±0.1	L_{14} min	L_{15} max	L_{16} min	s
M10×1	8	16	14	14	5	5.9	8	4.3	5	2	3	5
M12×1.5	12	20	17	17	6	7	12	5.3	7	2	3	6
M14×1.5	12	20	19	19	6	7	12	5.3	7	2	3	6
M16×1.5	12	22	22	22	8	9.3	12	5.3	7	2	3	8
M18×1.5	12	23	24	24	8	9.3	12	5.3	7	2	3	8
M20×1.5	14	25	27	26	10	11.6	14	5.3	7.5	2	3	10
M22×1.5	14	26	27	27	10	11.6	14	5.3	7.5	2	3	10
M26×1.5	16	29	32	32	12	14	16	5.3	9	2.4	3	12
M27×2	16	29	32	32	12	14	16	5.3	9	2.4	3	12
M33×2	16	34	41	40	17	19.7	16	6.8	9	2.5	3	17
M42×2	16	36	50	50	22	25.5	16	6.8	10.5	2.5	3	22
M48×2	16	37	55	55	24	27.8	16	6.8	10.5	2.5	3	24

附表 9-13　弹性体垫圈的尺寸（摘自 GB/T 43077.4—2023）　　单位：mm

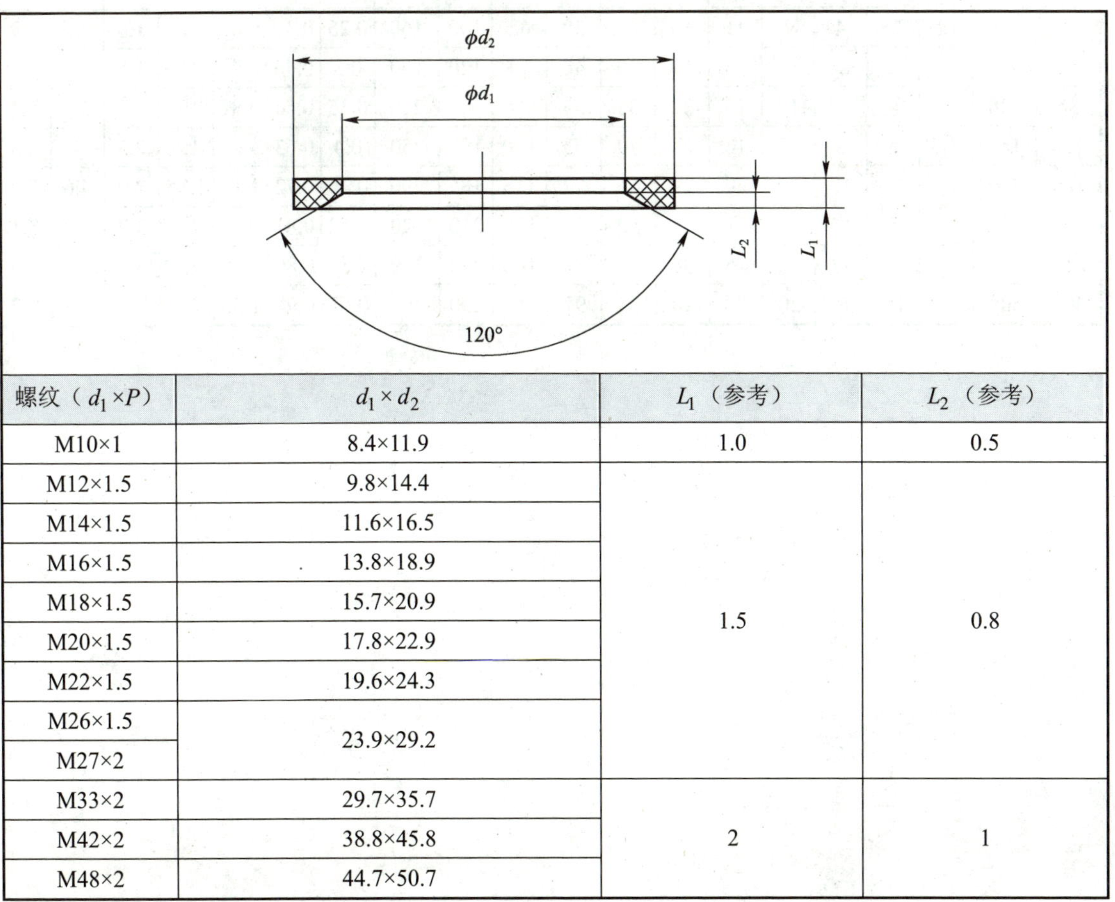

<table>
<tr><th>螺纹（$d_1 \times P$）</th><th>$d_1 \times d_2$</th><th>L_1（参考）</th><th>L_2（参考）</th></tr>
<tr><td>M10×1</td><td>8.4×11.9</td><td>1.0</td><td>0.5</td></tr>
<tr><td>M12×1.5</td><td>9.8×14.4</td><td rowspan="8">1.5</td><td rowspan="8">0.8</td></tr>
<tr><td>M14×1.5</td><td>11.6×16.5</td></tr>
<tr><td>M16×1.5</td><td>13.8×18.9</td></tr>
<tr><td>M18×1.5</td><td>15.7×20.9</td></tr>
<tr><td>M20×1.5</td><td>17.8×22.9</td></tr>
<tr><td>M22×1.5</td><td>19.6×24.3</td></tr>
<tr><td>M26×1.5</td><td rowspan="2">23.9×29.2</td></tr>
<tr><td>M27×2</td></tr>
<tr><td>M33×2</td><td>29.7×35.7</td><td rowspan="3">2</td><td rowspan="3">1</td></tr>
<tr><td>M42×2</td><td>38.8×45.8</td></tr>
<tr><td>M48×2</td><td>44.7×50.7</td></tr>
</table>

附录 10 极限与配合、几何公差和表面粗糙度

附录 10.1 极限与配合

附表 10-1 标准公差值（摘自 GB/T 1800.1—2020）

公称尺寸/mm		标准公差等级																	
		IT1	IT2	IT3	IT4	IT5	IT6	IT7	IT8	IT9	IT10	IT11	IT12	IT13	IT14	IT15	IT16	IT17	IT18
大于	至	标准公差值																	
		μm											mm						
—	3	0.8	1.2	2	3	4	6	10	14	25	40	60	0.1	0.14	0.25	0.4	0.6	1	1.4
3	6	1	1.5	2.5	4	5	8	12	18	30	48	75	0.12	0.18	0.3	0.48	0.75	1.2	1.8
6	10	1	1.5	2.5	4	6	9	15	22	36	58	90	0.15	0.22	0.36	0.58	0.9	1.5	2.2
10	18	1.2	2	3	5	8	11	18	27	43	70	110	0.18	0.27	0.43	0.7	1.1	1.8	2.7
18	30	1.5	2.5	4	6	9	13	21	33	52	84	130	0.21	0.33	0.52	0.84	1.3	2.1	3.3
30	50	1.5	2.5	4	7	11	16	25	39	62	100	160	0.25	0.39	0.62	1	1.6	2.5	3.9
50	80	2	3	5	8	13	19	30	46	74	120	190	0.3	0.46	0.74	1.2	1.9	3	4.6
80	120	2.5	4	6	10	15	22	35	54	87	140	220	0.35	0.54	0.87	1.4	2.2	3.5	5.4
120	180	3.5	5	8	12	18	25	40	63	100	160	250	0.4	0.63	1	1.6	2.5	4	6.3
180	250	4.5	7	10	14	20	29	46	72	115	185	290	0.46	0.72	1.15	1.85	2.9	4.6	7.2
250	315	6	8	12	16	23	32	52	81	130	210	320	0.52	0.81	1.3	2.1	3.2	5.2	8.1
315	400	7	9	13	18	25	36	57	89	140	230	360	0.57	0.89	1.4	2.3	3.6	5.7	8.9
400	500	8	10	15	20	27	40	63	97	155	250	400	0.63	0.97	1.55	2.5	4	6.3	9.7

附表 10-2　孔的极限偏差（基本偏差 A、B、C，摘自 GB/T 1800.2—2020）

单位：μm

公称尺寸/mm		A					B						C					
大于	至	9	10	11	12	13	8	9	10	11	12	13	8	9	10	11	12	13
—	3	+295 +270	+310 +270	+330 +270	+370 +270	+410 +270	+154 +140	+165 +140	+180 +140	+200 +140	+240 +140	+280 +140	+74 +60	+85 +60	+100 +60	+120 +60	+160 +60	+200 +60
3	6	+300 +270	+318 +270	+345 +270	+390 +270	+450 +270	+158 +140	+170 +140	+188 +140	+215 +140	+260 +140	+320 +140	+88 +70	+100 +70	+118 +70	+145 +70	+190 +70	+250 +70
6	10	+316 +280	+338 +280	+370 +280	+430 +280	+500 +280	+172 +150	+186 +150	+208 +150	+240 +150	+300 +150	+370 +150	+102 +80	+116 +80	+138 +80	+170 +80	+230 +80	+300 +80
10	18	+333 +290	+360 +290	+400 +290	+470 +290	+560 +290	+177 +150	+193 +150	+220 +150	+260 +150	+330 +150	+420 +150	+122 +95	+138 +95	+165 +95	+205 +95	+275 +95	+365 +95
18	30	+352 +300	+384 +300	+430 +300	+510 +300	+630 +300	+193 +160	+212 +160	+244 +160	+290 +160	+370 +160	+490 +160	+143 +110	+162 +110	+194 +110	+240 +110	+320 +110	+440 +110
30	40	+372 +310	+410 +310	+470 +310	+560 +310	+700 +310	+209 +170	+232 +170	+270 +170	+330 +170	+420 +170	+560 +170	+159 +120	+182 +120	+220 +120	+280 +120	+370 +120	+510 +120
40	50	+382 +320	+420 +320	+480 +320	+570 +320	+710 +320	+219 +180	+242 +180	+280 +180	+340 +180	+430 +180	+570 +180	+169 +130	+192 +130	+230 +130	+290 +130	+380 +130	+520 +130
50	65	+414 +340	+460 +340	+530 +340	+640 +340	+800 +340	+236 +190	+264 +190	+310 +190	+380 +190	+490 +190	+650 +190	+186 +140	+214 +140	+260 +140	+330 +140	+440 +140	+600 +140
65	80	+434 +360	+480 +360	+550 +360	+660 +360	+820 +360	+246 +200	+274 +200	+320 +200	+390 +200	+500 +200	+660 +200	+196 +150	+224 +150	+270 +150	+340 +150	+450 +150	+610 +150
80	100	+467 +380	+520 +380	+600 +380	+730 +380	+920 +380	+274 +220	+307 +220	+360 +220	+440 +220	+570 +220	+760 +220	+224 +170	+257 +170	+310 +170	+390 +170	+520 +170	+710 +170
100	120	+497 +410	+550 +410	+630 +410	+760 +410	+950 +410	+294 +240	+327 +240	+380 +240	+460 +240	+590 +240	+780 +240	+234 +180	+267 +180	+320 +180	+400 +180	+530 +180	+720 +180
120	140	+560 +460	+620 +460	+710 +460	+860 +460	+1 090 +460	+323 +260	+360 +260	+420 +260	+510 +260	+660 +260	+890 +260	+263 +200	+300 +200	+360 +200	+450 +200	+600 +200	+830 +200

（续表）

公称尺寸/mm		A					B						C					
大于	至	9	10	11	12	13	8	9	10	11	12	13	8	9	10	11	12	13
140	160	+620 +520	+680 +520	+770 +520	+920 +520	+1 150 +520	+343 +280	+380 +280	+440 +280	+530 +280	+680 +280	+910 +280	+273 +210	+310 +210	+370 +210	+460 +210	+610 +210	+840 +210
160	180	+680 +580	+740 +580	+830 +580	+980 +580	+1 210 +580	+373 +310	+410 +310	+470 +310	+560 +310	+710 +310	+940 +310	+293 +230	+330 +230	+390 +230	+480 +230	+630 +230	+860 +230
180	200	+775 +660	+845 +660	+950 +660	+1 120 +660	+1 380 +660	+412 +340	+455 +340	+525 +340	+630 +340	+800 +340	+1 060 +340	+312 +240	+355 +240	+425 +240	+530 +240	+700 +240	+960 +240
200	225	+855 +740	+925 +740	+1 030 +740	+1 200 +740	+1 460 +740	+452 +380	+495 +380	+565 +380	+670 +380	+840 +380	+1 100 +380	+332 +260	+375 +260	+445 +260	+550 +260	+720 +260	+980 +260
225	250	+935 +820	+1 050 +820	+1 100 +820	+1 280 +820	+1 540 +820	+492 +420	+535 +420	+605 +420	+710 +420	+880 +420	+1 140 +420	+352 +280	+395 +280	+465 +280	+570 +280	+740 +280	+1 000 +280
250	280	+1 050 +920	+1 130 +920	+1 240 +920	+1 440 +920	+1 730 +920	+561 +480	+610 +480	+690 +480	+800 +480	+1 000 +480	+1 290 +480	+381 +300	+430 +300	+510 +300	+620 +300	+820 +300	+1 110 +300
280	315	+1 180 +1 050	+1 260 +1 050	+1 370 +1 050	+1 570 +1 050	+1 860 +1 050	+621 +540	+670 +540	+750 +540	+860 +540	+1 060 +540	+1 350 +540	+411 +330	+460 +330	+540 +330	+650 +330	+850 +330	+1 140 +330
315	355	+1 340 +1 200	+1 430 +1 200	+1 560 +1 200	+1 770 +1 200	+2 090 +1 200	+689 +600	+740 +600	+830 +600	+960 +600	+1 170 +600	+1 490 +600	+449 +360	+500 +360	+590 +360	+720 +360	+930 +360	+1 250 +360
355	400	+1 490 +1 350	+1 580 +1 350	+1 710 +1 350	+1 920 +1 350	+2 240 +1 350	+769 +680	+820 +680	+910 +680	+1 040 +680	+1 250 +680	+1 570 +680	+489 +400	+540 +400	+630 +400	+760 +400	+970 +400	+1 290 +400
400	450	+1 655 +1 500	+1 750 +1 500	+1 900 +1 500	+2 130 +1 500	+2 470 +1 500	+857 +760	+915 +760	+1 010 +760	+1 160 +760	+1 390 +760	+1 730 +760	+537 +440	+595 +440	+690 +440	+840 +440	+1 070 +440	+1 410 +440
450	500	+1 805 +1 650	+1 900 +1 650	+2 050 +1 650	+2 280 +1 650	+2 620 +1 650	+937 +840	+995 +840	+1 090 +840	+1 240 +840	+1 470 +840	+1 810 +840	+577 +480	+635 +480	+730 +480	+880 +480	+1 110 +480	+1 450 +480

附表 10-3　孔的极限偏差（基本偏差 D、E、F、G，摘自 GB/T 1800.2—2020）

单位：μm

公称尺寸/mm		D					E				F				G			
大于	至	7	8	9	10	11	7	8	9	10	6	7	8	9	5	6	7	8
—	3	+30 +20	+34 +20	+45 +20	+60 +20	+80 +20	+24 +14	+28 +14	+39 +14	+54 +14	+12 +6	+16 +6	+20 +6	+31 +6	+6 +2	+8 +2	+12 +2	+16 +2
3	6	+42 +30	+48 +30	+60 +30	+78 +30	+105 +30	+32 +20	+38 +20	+50 +20	+68 +20	+18 +10	+22 +10	+28 +10	+40 +10	+9 +4	+12 +4	+16 +4	+22 +4
6	10	+55 +40	+62 +40	+76 +40	+98 +40	+130 +40	+40 +25	+47 +25	+61 +25	+83 +25	+22 +13	+28 +13	+35 +13	+49 +13	+11 +5	+14 +5	+20 +5	+27 +5
10	18	+68 +50	+77 +50	+93 +50	+120 +50	+160 +50	+50 +32	+59 +32	+75 +32	+102 +32	+27 +16	+34 +16	+43 +16	+59 +16	+14 +6	+17 +6	+24 +6	+33 +6
18	30	+86 +65	+98 +65	+117 +65	+149 +65	+195 +65	+61 +40	+73 +40	+92 +40	+124 +40	+33 +20	+41 +20	+53 +20	+72 +20	+16 +7	+20 +7	+28 +7	+40 +7
30	50	+105 +80	+119 +80	+142 +80	+180 +80	+240 +80	+75 +50	+89 +50	+112 +50	+150 +50	+41 +25	+50 +25	+64 +25	+87 +25	+20 +9	+25 +9	+34 +9	+48 +9
50	80	+130 +100	+146 +100	+174 +100	+220 +100	+290 +100	+90 +60	+106 +60	+134 +60	+180 +60	+49 +30	+60 +30	+76 +30	+104 +30	+23 +10	+29 +10	+40 +10	+56 +10
80	120	+155 +120	+174 +120	+207 +120	+260 +120	+340 +120	+107 +72	+126 +72	+159 +72	+212 +72	+58 +36	+71 +36	+90 +36	+123 +36	+27 +12	+34 +12	+47 +12	+66 +12
120	180	+185 +145	+208 +145	+245 +145	+305 +145	+395 +145	+125 +85	+148 +85	+185 +85	+245 +85	+68 +43	+83 +43	+106 +43	+143 +43	+32 +14	+39 +14	+54 +14	+77 +14
180	250	+216 +170	+242 +170	+285 +170	+355 +170	+460 +170	+146 +100	+172 +100	+215 +100	+285 +100	+79 +50	+96 +50	+122 +50	+165 +50	+35 +15	+44 +15	+61 +15	+87 +15
250	315	+242 +190	+271 +190	+320 +190	+400 +190	+510 +190	+162 +110	+191 +110	+240 +110	+320 +110	+88 +56	+108 +56	+137 +56	+186 +56	+40 +17	+49 +17	+69 +17	+98 +17
315	400	+267 +210	+299 +210	+350 +210	+440 +210	+570 +210	+182 +125	+214 +125	+265 +125	+355 +125	+98 +62	+119 +62	+151 +62	+202 +62	+43 +18	+54 +18	+75 +18	+107 +18
400	500	+293 +230	+327 +230	+385 +230	+480 +230	+630 +230	+198 +135	+232 +135	+290 +135	+385 +135	+108 +68	+131 +68	+165 +68	+223 +68	+47 +20	+60 +20	+83 +20	+117 +20

附表 10-4　孔的极限偏差（基本偏差 H、J、JS、K，摘自 GB/T 1800.2—2020）

单位：μm

公称尺寸/mm		H							J		JS					K		
大于	至	6	7	8	9	10	11	12	6	7	6	7	8	9	10	6	7	8
—	3	+6 0	+10 0	+14 0	+25 0	+40 +0	+60 0	+100 +0	+2 −4	+4 −6	±3	±5	±7	±12.5	±20	0 −6	0 −10	0 −14
3	6	+8 0	+12 0	+18 0	+30 0	+48 0	+75 0	+120 0	+5 −3	±6	±4	±6	±9	±15	±24	+2 −6	+3 −9	+5 −13
6	10	+9 0	+15 0	+22 0	+36 0	+58 +0	+90 0	+150 0	+5 −4	+8 −7	±4.5	±7.5	±11	±18	±29	+2 −7	+5 −10	+6 −16
10	18	+11 0	+18 0	+27 0	+43 0	+70 0	+110 0	+180 0	+6 −5	+10 −8	±5.5	±9	±13.5	±21.5	±35	+2 −9	+6 −12	+8 −19
18	30	+13 0	+21 0	+33 0	+52 0	+84 0	+130 0	+210 0	+8 −5	+12 −9	±6.5	±10.5	±16.5	±26	±42	+2 −11	+6 −15	+10 −23
30	50	+16 0	+25 0	+39 0	+62 0	+100 0	+160 0	+250 0	+10 −6	+14 −11	±8	±12.5	±19.5	±31	±50	+3 −13	+7 −18	+12 −27
50	80	+19 0	+30 0	+46 0	+74 0	+120 0	+190 0	+300 0	+13 −6	+18 −12	±9.5	±15	±23	±37	±60	+4 −15	+9 −21	+14 −32
80	120	+22 0	+35 0	+54 0	+87 0	+140 0	+220 0	+350 0	+16 −6	+22 −13	±11	±17.5	±27	±43.5	±70	+4 −18	+10 −25	+16 −38
120	180	+25 0	+40 0	+63 0	+100 0	+160 0	+250 0	+400 0	+18 −7	+26 −14	±12.5	±20	±31.5	±50	±80	+4 −21	+12 −28	+20 −43
180	250	+29 0	+46 0	+72 0	+115 0	+185 0	+290 0	+460 0	+22 −7	+30 −16	±14.5	±23	±36	±57.5	±92.5	+5 −24	+13 −33	+22 −50
250	315	+32 0	+52 0	+81 0	+130 0	+210 0	+320 0	+520 0	+25 −7	+36 −16	±16	±26	±40.5	±65	±105	+5 −27	+16 −36	+25 −56
315	400	+36 0	+57 0	+89 0	+140 0	+230 0	+360 0	+570 0	+29 −7	+39 −18	±18	±28.5	±44.5	±70	±115	+7 −29	+17 −40	+28 −61
400	500	+40 0	+63 0	+97 0	+155 0	+250 0	+400 0	+630 0	+33 −7	+43 −20	±20	±31.5	±48.5	±77.5	±125	+8 −32	+18 −45	+29 −68

附表 10-5 孔的极限偏差（基本偏差 M、N、P、R、S、U，摘自 GB/T 1800.2—2020） 单位：μm

公称尺寸/mm		M			N			P				R		S		U		
大于	至	6	7	8	6	7	8	6	7	8	9	6	7	6	7	6	7	8
—	3	−2 −8	−2 −12	−2 −16	−4 −10	−4 −14	−4 −18	−6 −12	−6 −16	−6 −20	−6 −31	−10 −16	−10 −20	−14 −20	−14 −24	−18 −24	−18 −28	−18 −32
3	6	−1 −9	0 −12	+2 −16	−5 −13	−4 −16	−2 −20	−9 −17	−8 −20	−12 −30	−12 −42	−12 −20	−11 −23	−16 −24	−15 −27	−20 −28	−19 −31	−23 −41
6	10	−3 −12	0 −15	+1 −21	−7 −16	−4 −19	−3 −25	−12 −21	−9 −24	−15 −37	−15 −51	−16 −25	−13 −28	−20 −29	−17 −32	−25 −34	−22 −37	−28 −50
10	18	−4 −15	0 −18	+2 −25	−9 −20	−5 −23	−3 −30	−15 −26	−11 −29	−18 −45	−18 −61	−20 −31	−16 −34	−25 −36	−21 −39	−30 −41	−26 −44	−33 −60
18	24	−4 −17	0 −21	+4 −29	−11 −24	−7 −28	−3 −36	−18 −31	−14 −35	−22 −55	−22 −74	−24 −37	−20 −41	−31 −44	−27 −48	−37 −50	−33 −54	−41 −74
24	30															−44 −57	−40 −61	−48 −81
30	40	−4 −20	0 −25	+5 −34	−12 −28	−8 −33	−3 −42	−21 −37	−17 −42	−26 −65	−26 −88	−29 −45	−25 −50	−38 −54	−34 −59	−55 −71	−51 −76	−60 −99
40	50															−65 −81	−61 −86	−70 −109
50	65	−5 −24	0 −30	+5 −41	−14 −33	−9 −39	−4 −50	−26 −45	−21 −51	−32 −78	−32 −106	−35 −54	−30 −60	−47 −66	−42 −72	−81 −100	−76 −106	−87 −133
65	80											−37 −56	−32 −62	−53 −72	−48 −78	−96 −115	−91 −121	−102 −148
80	100	−6 −28	0 −35	+6 −48	−16 −38	−10 −45	−4 −58	−30 −52	−24 −59	−37 −91	−37 −124	−44 −66	−38 −73	−64 −86	−59 −93	−117 −139	−111 −146	−124 −178
100	120											−47 −69	−41 −76	−72 −94	−66 −101	−137 −159	−131 −166	−144 −198

（续表）

公称尺寸/mm		M			N			P				R		S		U		
大于	至	6	7	8	6	7	8	6	7	8	9	6	7	6	7	6	7	8
120	140	−8 −33	0 −40	+8 −55	−20 −45	−12 −52	−4 −67	−36 −61	−28 −68	−43 −106	−43 −143	−56 −81	−48 −88	−85 −110	−77 −117	−163 −188	−155 −195	−170 −233
140	160											−58 −83	−50 −90	−93 −118	−85 −125	−183 −208	−175 −215	−190 −253
160	180											−61 −86	−53 −93	−101 −126	−93 −133	−203 −228	−195 −235	−210 −273
180	200	−8 −37	0 −46	+9 −63	−22 −51	−14 −60	−5 −77	−41 −70	−33 −79	−50 −122	−50 −165	−68 −97	−60 −106	−113 −142	−105 −151	−227 −256	−219 −265	−236 −308
200	225											−71 −100	−63 −106	−121 −150	−113 −159	−249 −278	−241 −287	−258 −330
225	250											−75 −104	−67 −113	−131 −160	−123 −169	−275 −304	−267 −313	−284 −356
250	280	−9 −41	0 −52	+9 −72	−25 −57	−14 −66	−5 −86	−47 −79	−36 −88	−56 −137	−56 −186	−85 −117	−74 −126	−149 −181	−138 −190	−306 −338	−295 −347	−315 −396
280	315											−89 −121	−78 −130	−161 −193	−150 −202	−341 −373	−330 −382	−350 −431
315	355	−10 −46	0 −57	+11 −78	−26 −62	−16 −73	−5 −94	−51 −87	−41 −98	−62 −151	−62 −202	−97 −133	−87 −144	−179 −215	−169 −226	−379 −415	−369 −426	−390 −479
355	400											−103 −139	−93 −150	−197 −233	−187 −244	−424 −460	−414 −471	−435 −524
400	450	−10 −50	0 −63	+11 −86	−27 −67	−17 −80	−6 −103	−55 −95	−45 −108	−68 −165	−68 −223	−113 −153	−103 −166	−219 −259	−209 −272	−477 −517	−467 −530	−490 −587
450	500											−119 −159	−109 −172	−239 −279	−229 −292	−527 −567	−517 −580	−540 −637

附表 10-6 轴的极限偏差（基本偏差 a、b、c、d、e，摘自 GB/T 1800.2—2020）

单位：μm

公称尺寸/mm		a			b				c			d				e		
大于	至	9	10	11	9	10	11	12	9	10	11	8	9	10	11	7	8	9
—	3	−270 −295	−270 −310	−270 −330	−140 −165	−140 −180	−140 −200	−140 −240	−60 −85	−60 −100	−60 −120	−20 −34	−20 −45	−20 −60	−20 −80	−14 −24	−14 −28	−14 −39
3	6	−270 −300	−270 −318	−270 −345	−140 −170	−140 −188	−140 −215	−140 −260	−70 −100	−70 −118	−70 −145	−30 −48	−30 −60	−30 −78	−30 −105	−20 −32	−20 −38	−20 −50
6	10	−280 −316	−280 −338	−280 −370	−150 −186	−150 −208	−150 −240	−150 −300	−80 −116	−80 −138	−80 −170	−40 −62	−40 −76	−40 −98	−40 −130	−25 −40	−25 −47	−25 −61
10	18	−290 −333	−290 −360	−290 −400	−150 −193	−150 −220	−150 −260	−150 −330	−95 −138	−95 −165	−95 −205	−50 −77	−50 −93	−50 −120	−50 −160	−32 −50	−32 −59	−32 −75
18	30	−300 −352	−300 −384	−300 −430	−160 −212	−160 −244	−160 −290	−160 −370	−110 −162	−110 −194	−110 −240	−65 −98	−65 −117	−65 −149	−65 −195	−40 −61	−40 −73	−40 −92
30	40	−310 −372	−310 −410	−310 −470	−170 −232	−170 −270	−170 −330	−170 −420	−120 −182	−120 −220	−120 −280	−80 −119	−80 −142	−80 −180	−80 −240	−50 −75	−50 −89	−50 −112
40	50	−320 −382	−320 −420	−320 −480	−180 −242	−180 −280	−180 −340	−180 −430	−130 −192	−130 −230	−130 −290							
50	65	−340 −414	−340 −460	−340 −530	−190 −264	−190 −310	−190 −380	−190 −490	−140 −214	−140 −260	−140 −330	−100 −146	−100 −174	−100 −220	−100 −290	−60 −90	−60 −106	−60 −134
65	80	−360 −434	−360 −480	−360 −550	−200 −274	−200 −320	−200 −390	−200 −500	−150 −224	−150 −270	−150 −340							
80	100	−380 −467	−380 −520	−380 −600	−220 −307	−220 −360	−220 −440	−220 −570	−170 −257	−170 −310	−170 −390	−120 −174	−120 −207	−120 −260	−120 −340	−72 −107	−72 −126	−72 −159
100	120	−410 −497	−410 −550	−410 −630	−240 −327	−240 −380	−240 −460	−240 −590	−180 −267	−180 −320	−180 −400							

（续表）

公称尺寸/mm		a			b				c			d				e		
大于	至	9	10	11	9	10	11	12	9	10	11	8	9	10	11	7	8	9
120	140	−460 −560	−460 −620	−460 −710	−260 −360	−260 −420	−260 −510	−260 −660	−200 −300	−200 −360	−200 −450							
140	160	−520 −620	−520 −680	−520 −770	−280 −380	−280 −440	−280 −530	−280 −680	−210 −310	−210 −370	−210 −460	−145 −208	−145 −245	−145 −305	−145 −395	−85 −125	−85 −148	−85 −185
160	180	−580 −680	−580 −740	−580 −830	−310 −410	−310 −470	−310 −560	−310 −710	−230 −330	−230 −390	−230 −480							
180	200	−660 −775	−660 −845	−660 −950	−340 −455	−340 −525	−340 −630	−340 −800	−240 −355	−240 −425	−240 −530							
200	225	−740 −855	−740 −925	−740 −1 030	−380 −495	−380 −565	−380 −670	−380 −840	−260 −375	−260 −445	−260 −550	−170 −242	−170 −285	−170 −355	−170 −460	−100 −146	−100 −172	−100 −215
225	250	−820 −935	−820 −1 005	−820 −1 110	−420 −535	−420 −605	−420 −710	−420 −880	−280 −395	−280 −465	−280 −570							
250	280	−920 −1 050	−920 −1 130	−920 −1 240	−480 −610	−480 −690	−480 −800	−480 −1 000	−300 −430	−300 −510	−300 −620	−190 −271	−190 −320	−190 −400	−190 −510	−110 −162	−110 −191	−110 −240
280	315	−1 050 −1 180	−1 050 −1 260	−1 050 −1 370	−540 −670	−540 −750	−540 −860	−540 −1 060	−330 −460	−330 −540	−330 −650							
315	355	−1 200 −1 340	−1 200 −1 430	−1 200 −1 560	−600 −740	−600 −830	−600 −960	−600 −1 170	−360 −500	−360 −590	−360 −720	−210 −299	−210 −350	−210 −440	−210 −570	−125 −182	−125 −214	−125 −265
355	400	−1 350 −1 490	−1 350 −1 580	−1 350 −1 710	−680 −820	−680 −910	−680 −1 040	−680 −1 250	−400 −540	−400 −630	−400 −760							
400	450	−1 500 −1 655	−1 500 −1 750	−1 500 −1 900	−760 −915	−760 −1 010	−760 −1 160	−760 −1 390	−440 −595	−440 −690	−440 −840	−230 −327	−230 −385	−230 −480	−230 −630	−135 −198	−135 −232	−135 −290
450	500	−1 650 −1 805	−1 650 −1 900	−1 650 −2 050	−840 −995	−840 −1 090	−840 −1 240	−840 −1 470	−480 −635	−480 −730	−480 −880							

附表 10-7　轴的极限偏差（基本偏差 f、g、h，摘自 GB/T 1800.2—2020）

单位：μm

公称尺寸/mm		f					g			h								
大于	至	5	6	7	8	9	5	6	7	5	6	7	8	9	10	11	12	13
—	3	−6 −10	−6 −12	−6 −16	−6 −20	−6 −31	−2 −6	−2 −8	−2 −12	0 −4	0 −6	0 −10	0 −14	0 −25	0 −40	0 −60	0 −100	0 −140
3	6	−10 −15	−10 −18	−10 −22	−10 −28	−10 −40	−4 −9	−4 −12	−4 −16	0 −5	0 −8	0 −12	0 −18	0 −30	0 −48	0 −75	0 −120	0 −180
6	10	−13 −19	−13 −22	−13 −28	−13 −35	−13 −49	−5 −11	−5 −14	−5 −20	0 −6	0 −9	0 −15	0 −22	0 −36	0 −58	0 −90	0 −150	0 −220
10	18	−16 −24	−16 −27	−16 −34	−16 −43	−16 −59	−6 −14	−6 −17	−6 −24	0 −8	0 −11	0 −18	0 −27	0 −43	0 −70	0 −110	0 −180	0 −270
18	30	−20 −29	−20 −33	−20 −41	−20 −53	−20 −72	−7 −16	−7 −20	−7 −28	0 −9	0 −13	0 −21	0 −33	0 −52	0 −84	0 −130	0 −210	0 −330
30	50	−25 −36	−25 −41	−25 −50	−25 −64	−25 −87	−9 −20	−9 −25	−9 −34	0 −11	0 −16	0 −25	0 −39	0 −62	0 −100	0 −160	0 −250	0 −390
50	80	−30 −43	−30 −49	−30 −60	−30 −76	−30 −104	−10 −23	−10 −29	−10 −40	0 −13	0 −19	0 −30	0 −46	0 −74	0 −120	0 −190	0 −300	0 −460
80	120	−36 −51	−36 −58	−36 −71	−36 −90	−36 −123	−12 −27	−12 −34	−12 −47	0 −15	0 −22	0 −35	0 −54	0 −87	0 −140	0 −220	0 −350	0 −540
120	180	−43 −61	−43 −68	−43 −83	−43 −106	−43 −143	−14 −32	−14 −39	−14 −54	0 −18	0 −25	0 −40	0 −63	0 −100	0 −160	0 −250	0 −400	0 −630
180	250	−50 −70	−50 −79	−50 −96	−50 −122	−50 −165	−15 −35	−15 −44	−15 −61	0 −20	0 −29	0 −46	0 −72	0 −115	0 −185	0 −290	0 −460	0 −720
250	315	−56 −79	−56 −88	−56 −108	−56 −137	−56 −186	−17 −40	−17 −49	−17 −69	0 −23	0 −32	0 −52	0 −81	0 −130	0 −210	0 −320	0 −520	0 −810
315	400	−62 −87	−62 −98	−62 −119	−62 −151	−62 −202	−18 −43	−18 −54	−18 −75	0 −25	0 −36	0 −57	0 −89	0 −140	0 −230	0 −360	0 −570	0 −890
400	500	−68 −95	−68 −108	−68 −131	−68 −165	−68 −223	−20 −47	−20 −60	−20 −83	0 −27	0 −40	0 −63	0 −97	0 −155	0 −250	0 −400	0 −630	0 −970

附表 10-8　轴的极限偏差（基本偏差 j、js、k、m、n、p，摘自 GB/T 1800.2—2020）

单位：μm

公称尺寸/mm		j		js				k			m			n			p		
大于	至	5	6	5	6	7	9	5	6	7	5	6	7	5	6	7	5	6	7
—	3	±2	+4 −2	±2	±3	±5	±12.5	+4 0	+6 0	+10 0	+6 +2	+8 +2	+12 +2	+8 +4	+10 +4	+14 +4	+10 +6	+12 +6	+16 +6
3	6	+3 −2	+6 −2	±2.5	±4	±6	±15	+6 +1	+9 +1	+13 +1	+9 +4	+12 +4	+16 +4	+13 +8	+16 +8	+20 +8	+17 +12	+20 +12	+24 +12
6	10	+4 −2	+7 −2	±3	±4.5	±7.5	±18	+7 +1	+10 +1	+16 +1	+12 +6	+15 +6	+21 +6	+16 +10	+19 +10	+25 +10	+21 +15	+24 +15	+30 +15
10	18	+5 −3	+8 −3	±4	±5.5	±9	±21.5	+9 +1	+12 +1	+19 +1	+15 +7	+18 +7	+25 +7	+20 +12	+23 +12	+30 +12	+26 +18	+29 +18	+36 +18
18	30	+5 −4	+9 −4	±4.5	±6.5	±10.5	±26	+11 +2	+15 +2	+23 +2	+17 +8	+21 +8	+29 +8	+24 +15	+28 +15	+36 +15	+31 +22	+35 +22	+43 +22
30	50	+6 −5	+11 −5	±5.5	±8	±12.5	±31	+13 +2	+18 +2	+27 +2	+20 +9	+25 +9	+34 +9	+28 +17	+33 +17	+42 +17	+37 +26	+42 +26	+51 +26
50	80	+6 −7	+12 −7	±6.5	±9.5	±15	±37	+15 +2	+21 +2	+32 +2	+24 +11	+30 +11	+41 +11	+33 +20	+39 +20	+50 +20	+45 +32	+51 +32	+62 +32
80	120	+6 −9	+13 −9	±7.5	±11	±17.5	±43.5	+18 +3	+25 +3	+38 +3	+28 +13	+35 +13	+41 +13	+38 +23	+45 +23	+58 +23	+52 +37	+59 +37	+72 +37
120	180	+7 −11	+14 −11	±9	±12.5	±20	±50	+21 +3	+28 +3	+43 +3	+33 +15	+40 +15	+55 +15	+45 +27	+52 +27	+67 +27	+61 +43	+68 +43	+83 +43
180	250	+7 −13	+16 −13	±10	±14.5	±23	±57.5	+24 +4	+33 +4	+50 +4	+37 +17	+46 +17	+63 +17	+51 +31	+60 +31	+77 +31	+70 +50	+79 +50	+96 +50
250	315	+7 −16	±16	±11.5	±16	±26	±65	+27 +4	+36 +4	+56 +4	+43 +20	+52 +20	+72 +20	+57 +34	+66 +34	+86 +34	+79 +56	+88 +56	+108 +56
315	400	+7 −18	±18	±12.5	±18	±28.5	±70	+29 +4	+40 +4	+61 +4	+46 +21	+57 +21	+78 +21	+62 +37	+73 +37	+94 +37	+87 +62	+98 +62	+119 +62
400	500	+7 −20	±20	±13.5	±20	±31.5	±77.5	+32 +5	+45 +5	+68 +5	+50 +23	+63 +23	+86 +23	+67 +40	+80 +40	+103 +40	+95 +68	+108 +68	+131 +68

附表 10-9　轴的极限偏差（基本偏差 r、s、u，摘自 GB/T 1800.2—2020）　单位：μm

<table>
<tr><th colspan="2">公称尺寸/mm</th><th colspan="3">r</th><th colspan="3">s</th><th colspan="4">u</th></tr>
<tr><th>大于</th><th>至</th><th>5</th><th>6</th><th>7</th><th>5</th><th>6</th><th>7</th><th>5</th><th>6</th><th>7</th><th>8</th></tr>
<tr><td>—</td><td>3</td><td>+14
+10</td><td>+16
+10</td><td>+20
+10</td><td>+18
+14</td><td>+20
+14</td><td>+24
+14</td><td>+22
+18</td><td>+24
+18</td><td>+28
+18</td><td>+32
+18</td></tr>
<tr><td>3</td><td>6</td><td>+20
+15</td><td>+23
+15</td><td>+27
+15</td><td>+24
+19</td><td>+27
+19</td><td>+31
+19</td><td>+28
+23</td><td>+31
+23</td><td>+35
+23</td><td>+41
+23</td></tr>
<tr><td>6</td><td>10</td><td>+25
+19</td><td>+28
+19</td><td>+34
+19</td><td>+29
+23</td><td>+32
+23</td><td>+38
+23</td><td>+34
+28</td><td>+37
+28</td><td>+43
+28</td><td>+50
+28</td></tr>
<tr><td>10</td><td>18</td><td>+31
+23</td><td>+34
+23</td><td>+41
+23</td><td>+36
+28</td><td>+39
+28</td><td>+46
+28</td><td>+41
+33</td><td>+44
+33</td><td>+51
+33</td><td>+60
+33</td></tr>
<tr><td>18</td><td>24</td><td rowspan="2">+37
+28</td><td rowspan="2">+41
+28</td><td rowspan="2">+49
+28</td><td rowspan="2">+44
+35</td><td rowspan="2">+48
+35</td><td rowspan="2">+56
+35</td><td>+50
+41</td><td>+54
+41</td><td>+62
+41</td><td>+74
+41</td></tr>
<tr><td>24</td><td>30</td><td>+57
+48</td><td>+61
+48</td><td>+69
+48</td><td>+81
+48</td></tr>
<tr><td>30</td><td>40</td><td rowspan="2">+45
+34</td><td rowspan="2">+50
+34</td><td rowspan="2">+59
+34</td><td rowspan="2">+54
+43</td><td rowspan="2">+59
+43</td><td rowspan="2">+68
+43</td><td>+71
+60</td><td>+76
+60</td><td>+85
+60</td><td>+99
+60</td></tr>
<tr><td>40</td><td>50</td><td>+81
+70</td><td>+86
+70</td><td>+95
+70</td><td>+109
+70</td></tr>
<tr><td>50</td><td>65</td><td>+54
+41</td><td>+60
+41</td><td>+71
+41</td><td>+66
+53</td><td>+72
+53</td><td>+83
+53</td><td>+100
+87</td><td>+106
+87</td><td>+117
+87</td><td>+133
+87</td></tr>
<tr><td>65</td><td>80</td><td>+56
+43</td><td>+62
+43</td><td>+73
+43</td><td>+72
+59</td><td>+78
+59</td><td>+89
+59</td><td>+115
+102</td><td>+121
+102</td><td>+132
+102</td><td>+148
+102</td></tr>
<tr><td>80</td><td>100</td><td>+66
+51</td><td>+73
+51</td><td>+86
+51</td><td>+86
+71</td><td>+93
+71</td><td>+106
+71</td><td>+139
+124</td><td>+146
+124</td><td>+159
+124</td><td>+178
+124</td></tr>
<tr><td>100</td><td>120</td><td>+69
+54</td><td>+76
+54</td><td>+89
+54</td><td>+94
+79</td><td>+101
+79</td><td>+114
+79</td><td>+159
+144</td><td>+166
+144</td><td>+179
+144</td><td>+198
+144</td></tr>
<tr><td>120</td><td>140</td><td>+81
+63</td><td>+88
+63</td><td>+103
+63</td><td>+110
+92</td><td>+117
+92</td><td>+132
+92</td><td>+188
+170</td><td>+195
+170</td><td>+210
+170</td><td>+233
+170</td></tr>
<tr><td>140</td><td>160</td><td>+83
+65</td><td>+90
+65</td><td>+105
+65</td><td>+118
+100</td><td>+125
+100</td><td>+140
+100</td><td>+208
+190</td><td>+215
+190</td><td>+230
+190</td><td>+253
+190</td></tr>
<tr><td>160</td><td>180</td><td>+86
+68</td><td>+93
+68</td><td>+108
+68</td><td>+126
+108</td><td>+133
+108</td><td>+148
+108</td><td>+228
+210</td><td>+235
+210</td><td>+250
+210</td><td>+273
+210</td></tr>
<tr><td>180</td><td>200</td><td>+97
+77</td><td>+106
+77</td><td>+123
+77</td><td>+142
+122</td><td>+151
+122</td><td>+168
+122</td><td>+256
+236</td><td>+265
+236</td><td>+282
+236</td><td>+308
+236</td></tr>
<tr><td>200</td><td>225</td><td>+100
+80</td><td>+109
+80</td><td>+126
+80</td><td>+150
+130</td><td>+159
+130</td><td>+176
+130</td><td>+278
+258</td><td>+287
+258</td><td>+304
+258</td><td>+330
+258</td></tr>
<tr><td>225</td><td>250</td><td>+104
+84</td><td>+113
+84</td><td>+130
+84</td><td>+160
+140</td><td>+169
+140</td><td>+186
+140</td><td>+304
+284</td><td>+313
+284</td><td>+330
+284</td><td>+356
+284</td></tr>
</table>

（续表）

公称尺寸/mm		r			s			u			
大于	至	5	6	7	5	6	7	5	6	7	8
250	280	+117 +94	+126 +94	+146 +94	+181 +158	+190 +158	+210 +158	+338 +315	+347 +315	+367 +315	+396 +315
280	315	+121 +98	+130 +98	+150 +98	+193 +170	+202 +170	+222 +170	+373 +350	+382 +350	+402 +350	+431 +350
315	355	+133 +108	+144 +108	+165 +108	+215 +190	+226 +190	+247 +190	+415 +390	+426 +390	+447 +390	+479 +390
355	400	+139 +114	+150 +114	+171 +114	+233 +208	+244 +208	+265 +208	+460 +435	+471 +435	+492 +435	+524 +435
400	450	+153 +126	+166 +126	+189 +126	+259 +232	+272 +232	+295 +232	+517 +490	+530 +490	+553 +490	+587 +490
450	500	+159 +132	+172 +132	+195 +132	+279 +252	+292 +252	+315 +252	+567 +540	+580 +540	+603 +540	+637 +540

附表 10-10　减速器主要零件的荐用配合

配合零件	荐用配合
一般情况下的齿轮、蜗轮、带轮、链轮、联轴器与轴的配合	$\frac{H7}{r6}$、$\frac{H7}{n6}$
小锥齿轮与轴，或较常装拆的齿轮、联轴器与轴的配合	$\frac{H7}{m6}$、$\frac{H7}{k6}$
轴套、封油盘、挡油盘与轴的配合	$\frac{D11}{k6}$、$\frac{F9}{k6}$、$\frac{H8}{h7}$、$\frac{H8}{h8}$
嵌入式轴承盖的凸缘与箱体孔凹槽之间的配合	$\frac{H11}{h11}$
与密封件相接触轴段的配合	f9 、h11

附录 10.2 几何公差

附表 10-11 几何公差的几何特征和符号（摘自 GB/T 1182—2018）

公差类型	几何特征	符号	有无基准
形状公差	直线度	⏤	无
	平面度	⏥	无
	圆度	○	无
	圆柱度	⌭	无
	线轮廓度	⌒	无
	面轮廓度	⌓	无
方向公差	平行度	∥	有
	垂直度	⊥	有
	倾斜度	∠	有
	线轮廓度	⌒	有
	面轮廓度	⌓	有
位置公差	位置度	⌖	有或无
	同心度（用于中心点）	◎	有
	同轴度（用于轴线）	◎	有
	对称度	⌯	有
	线轮廓度	⌒	有
	面轮廓度	⌓	有
跳动公差	圆跳动	↗	有
	全跳动	⌰	有

附表 10-12 直线度和平面度公差（摘自 GB/T 1184—1996）

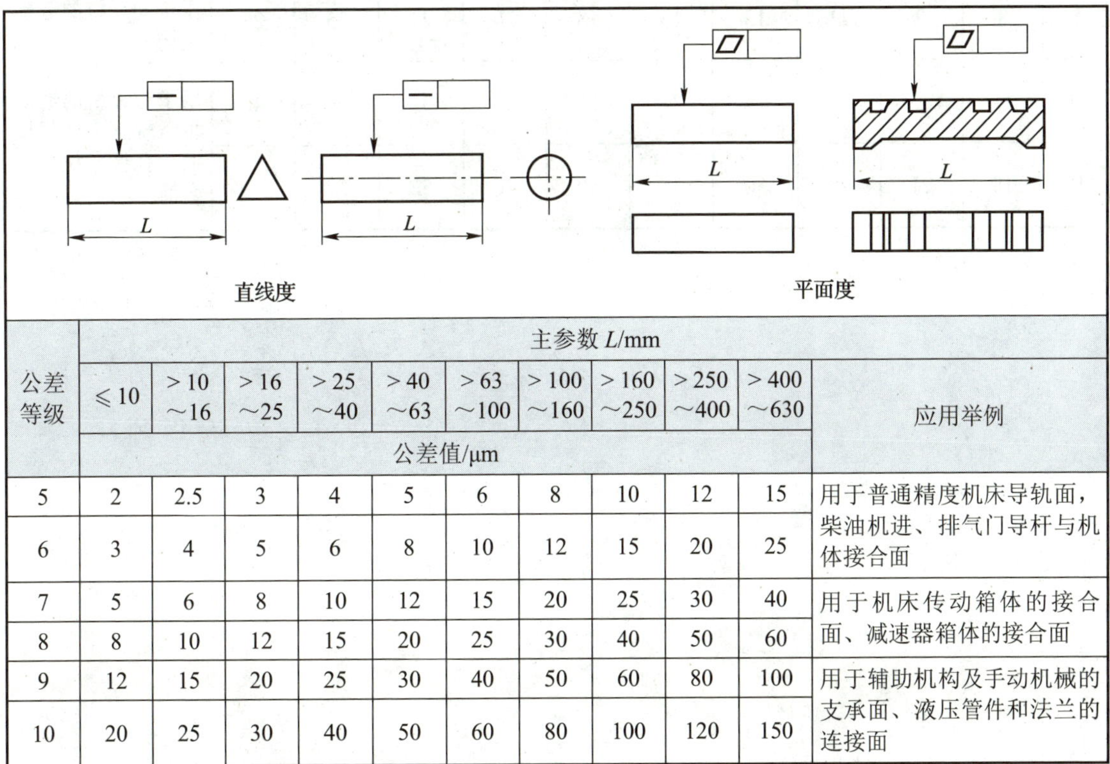

公差等级	主参数 L/mm										应用举例
	≤10	>10～16	>16～25	>25～40	>40～63	>63～100	>100～160	>160～250	>250～400	>400～630	
	公差值/μm										
5	2	2.5	3	4	5	6	8	10	12	15	用于普通精度机床导轨面，柴油机进、排气门导杆与机体接合面
6	3	4	5	6	8	10	12	15	20	25	
7	5	6	8	10	12	15	20	25	30	40	用于机床传动箱体的接合面、减速器箱体的接合面
8	8	10	12	15	20	25	30	40	50	60	
9	12	15	20	25	30	40	50	60	80	100	用于辅助机构及手动机械的支承面、液压管件和法兰的连接面
10	20	25	30	40	50	60	80	100	120	150	

附表 10-13　圆度和圆柱度公差（摘自 GB/T 1184—1996）

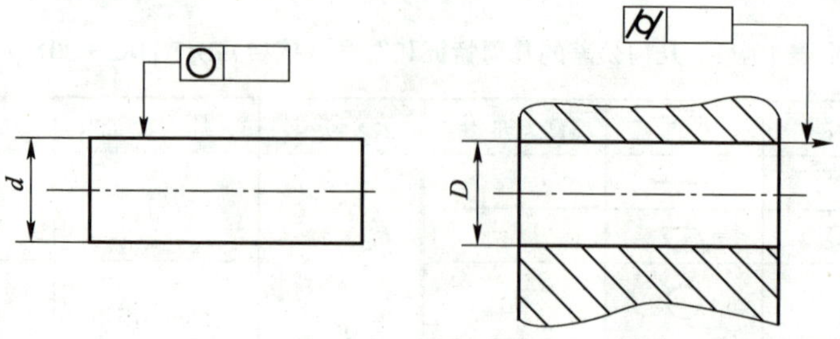

圆度　　圆柱度

公差等级	主参数 d（D）/mm										应用举例
	＞10～18	＞18～30	＞30～50	＞50～80	＞80～120	＞120～180	＞180～250	＞250～315	＞315～400	＞400～500	
	公差值/μm										
5	2	2.5	2.5	3	4	5	7	8	9	10	用于装 P6、P0 级精度滚动轴承的配合面，通用减速器轴颈，一般机床主轴和箱孔
6	3	4	4	5	6	8	10	12	13	15	
7	5	6	7	8	10	12	14	16	18	20	用于千斤顶或液压缸活塞、水泵和一般减速器轴颈，液压传动系统的分配机构
8	8	9	11	13	15	18	20	23	25	27	
9	11	13	16	19	22	25	29	32	36	40	用于起重机的滑动轴承轴颈，通用机械的杠杆、拉杆、套筒
10	18	21	25	30	35	40	46	52	57	63	

附表 10-14 平行度、垂直度和倾斜度公差（摘自 GB/T 1184—1996）

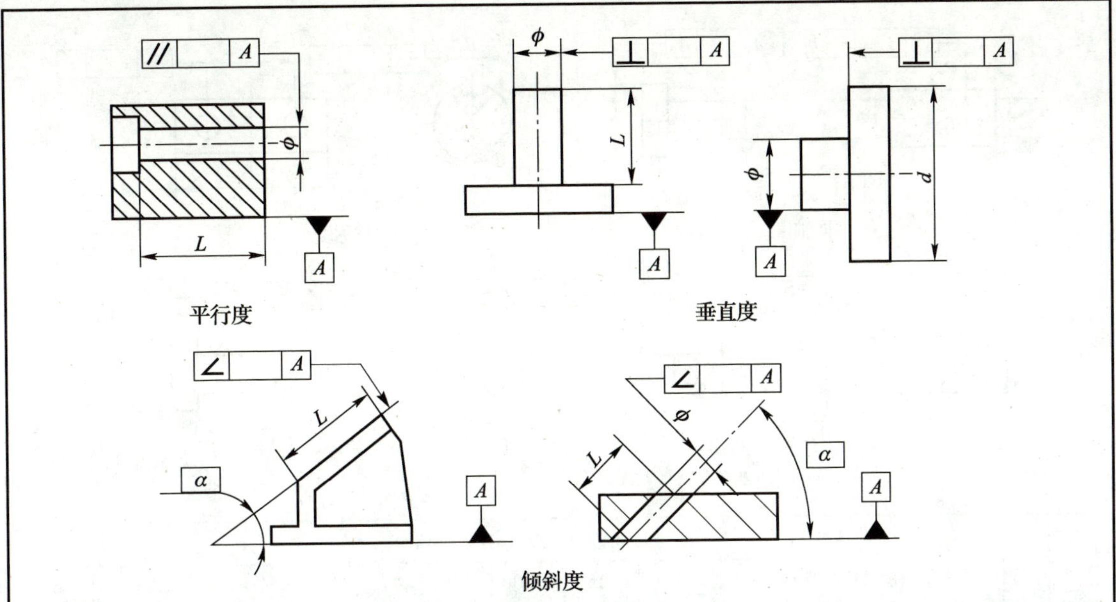

公差等级	主要参数 L、d（D）/mm										应用举例	
	≤10	>10～16	>16～25	>25～40	>40～63	>63～100	>100～160	>160～250	>250～400	>400～630	平行度	垂直度和倾斜度
	公差值/μm											
5	5	6	8	10	12	15	20	25	30	40	用于重要轴承孔对基准面的要求、一般减速器箱体孔的中心线间的要求等	用于装 P4、P5 级轴承的箱体的凸肩，发动机轴和离合器的凸缘
6	8	10	12	15	20	25	30	40	50	60	用于一般机械中箱体孔中心线（如减速器箱体的轴承孔、7～10 级精度齿轮传动箱体孔的中心线等）间的要求	用于装 P6、P0 级轴承的箱体孔的中心线，低精度机床主要基准面和工作面
7	12	15	20	25	30	40	50	60	80	100		
8	20	25	30	40	50	60	80	100	120	150	用于重型机械轴承盖的端面、手动传动装置中的传动轴	用于一般导轨、普通传动箱体中的轴肩
9	30	40	50	60	80	100	120	150	200	250	用于低精度零件、重型机械滚动轴承端盖	用于花键轴肩端面、减速器箱体平面等
10	50	60	80	100	120	150	200	250	300	400		

附表 10-15　同轴度、对称度、圆跳动和全跳动公差（摘自 GB/T 1184—1996）

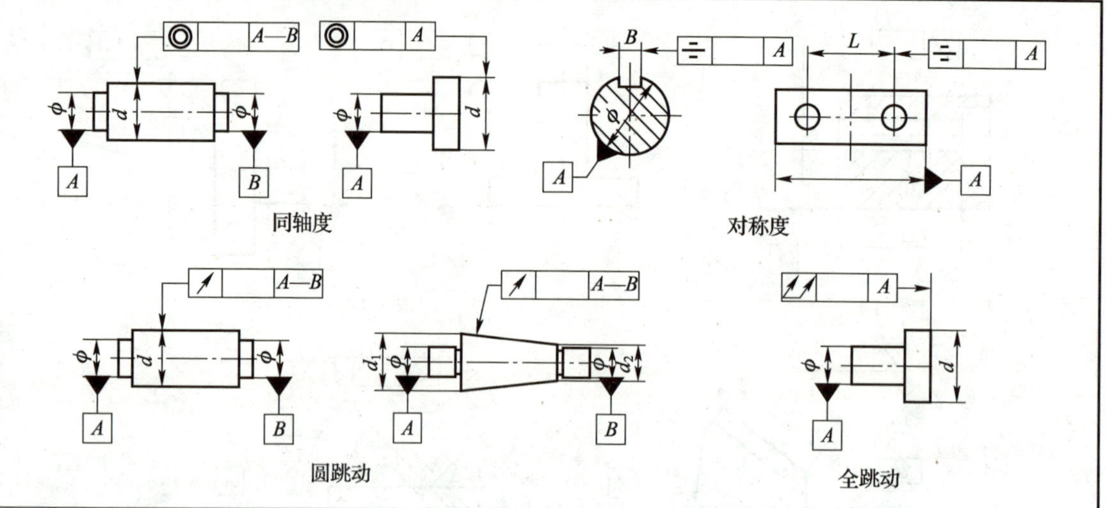

同轴度　对称度

圆跳动　全跳动

公差等级	主参数 d（D）、B、L/mm									应用举例
	＞3～6	＞6～10	＞10～18	＞18～30	＞30～50	＞50～120	＞120～250	＞250～500	＞500～800	
	公差值/μm									
5	3	4	5	6	8	10	12	15	20	用于 6、7 级精度齿轮轴，较高精度滚动轴承外圈，一般精度轴承内圈等的配合面
6	5	6	8	10	12	15	20	25	30	
7	8	10	12	15	20	25	30	40	50	用于 8、9 级精度齿轮轴，普通精度滚动轴承内圈等的配合面
8	12	15	20	25	30	40	50	60	80	
9	25	30	40	50	60	80	100	120	150	用于 9 级精度以下齿轮轴、自行车中轴、摩托车活塞的配合面
10	50	60	80	100	120	150	200	250	300	

附录 10.3　表面粗糙度

附表 10-16　标注表面结构的图形符号及其说明（摘自 GB/T 131—2006）

名称	图形符号	说明
基本图形符号		表示表面可用任何方法获得，当不加注表面粗糙度参数值或有关说明（如表面处理、局部热处理情况等）时，仅适用于简化代号标注
扩展图形符号		表示指定表面是用去除材料的方法（如车、铣、磨等）获得的
	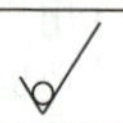	表示指定表面是用不去除材料的方法（如铸、锻、冷轧等）获得的
完整图形符号		用于标注有关参数和说明
工件轮廓各表面的图形符号	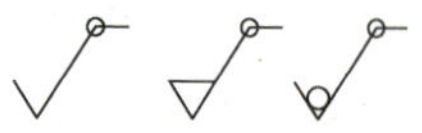	当在图样的某个视图上构成封闭轮廓的各表面有相同的表面结构时，应在完整图形符号上加一个小圆圈，标注在图样中零件的封闭轮廓线上

附表 10-17　表面粗糙度的主要评定参数（摘自 GB/T 1031—2009）　　单位：μm

轮廓的算术平均偏差 *Ra*							
优先系列值	补充系列值	优先系列值	补充系列值	优先系列值	补充系列值	优先系列值	补充系列值
	0.008	0.1			1.25		16.0
	0.010		0.125	1.6			20
0.012			0.160		2.0	25	
	0.016	0.2			2.5		32
	0.020		0.25	3.2			40
0.025			0.32		4.0	50	
	0.032	0.4			5.0		63
	0.040		0.50	6.3			80
0.05			0.63		8.0	100	
	0.063	0.8			10.0		
	0.080		1.00	12.5			
轮廓的最大高度 *Rz*							
优先系列值	补充系列值	优先系列值	补充系列值	优先系列值	补充系列值	优先系列值	补充系列值
0.025		0.4		6.3		100	
	0.032		0.50		8.0		125
	0.040		0.63		10.0		160
0.05		0.8		12.5		200	
	0.063		1.00		16.0		320
	0.080		1.25		20	400	
0.1		1.6		25			500
	0.125		2.0		32		630
	0.160		2.5		40	800	
0.2		3.2		50			1 000
	0.25		4.0		63		1 250
	0.32		5.0		80	1 600	

注：优先选用 *Ra*。

附表 10-18　表面结构要求的标注（摘自 GB/T 131—2006）

示例	说明
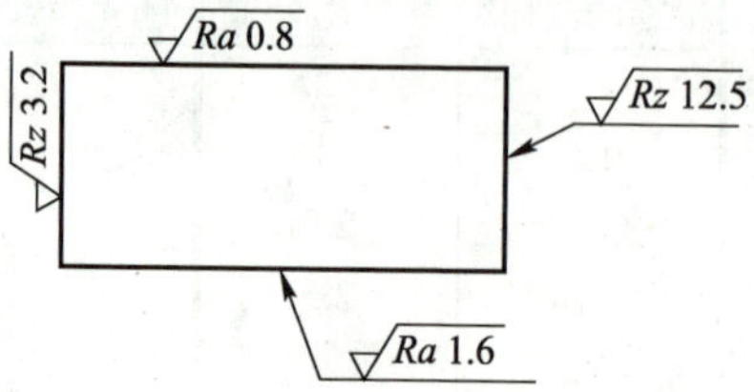 Ra 0.8　Rz 3.2　Rz 12.5　Ra 1.6	标注时，应使表面结构的注写和读取方向与尺寸的注写和读取方向一致
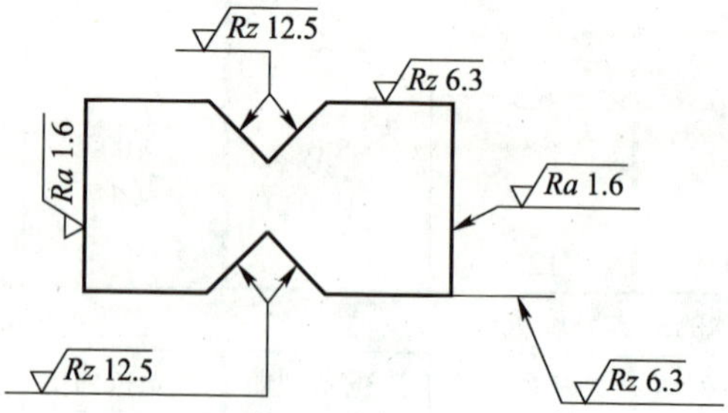 Rz 12.5　Rz 6.3　Ra 1.6　Ra 1.6　Rz 12.5　Rz 6.3	表面结构要求可标注在轮廓线上，其符号应从材料外指向并接触表面；可以直接标注在延长线上，或用带箭头的指引线引出标注
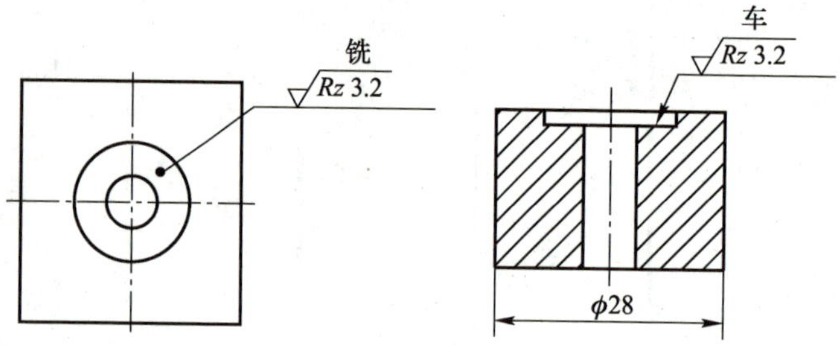 铣　Rz 3.2　车　Rz 3.2　ϕ28	必要时，表面结构符号也可用带箭头或黑点的指引线引出标注
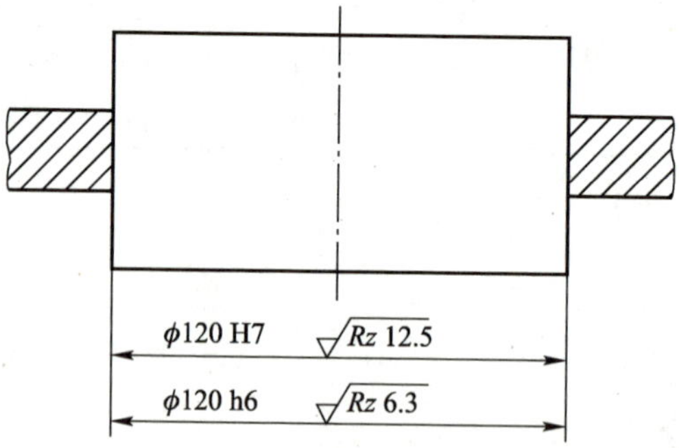 ϕ120 H7　Rz 12.5　ϕ120 h6　Rz 6.3	在不引起误解时，表面结构要求可标注在给定的尺寸线上
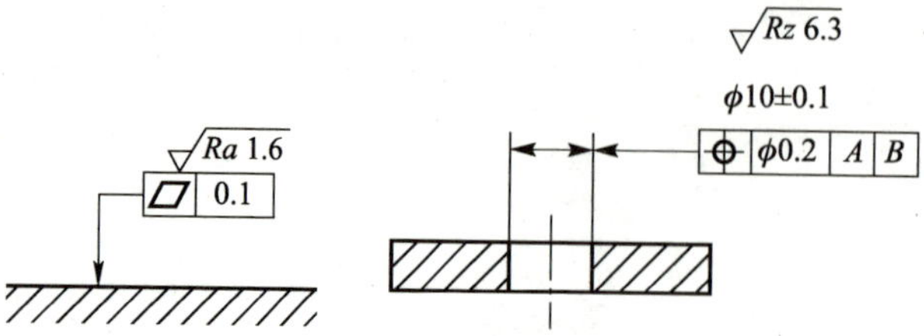 Ra 1.6　⏥ 0.1　Rz 6.3　ϕ10±0.1　⌖ ϕ0.2 A B	表面结构要求可标注在形位公差框格的上方

（续表）

示例	说明
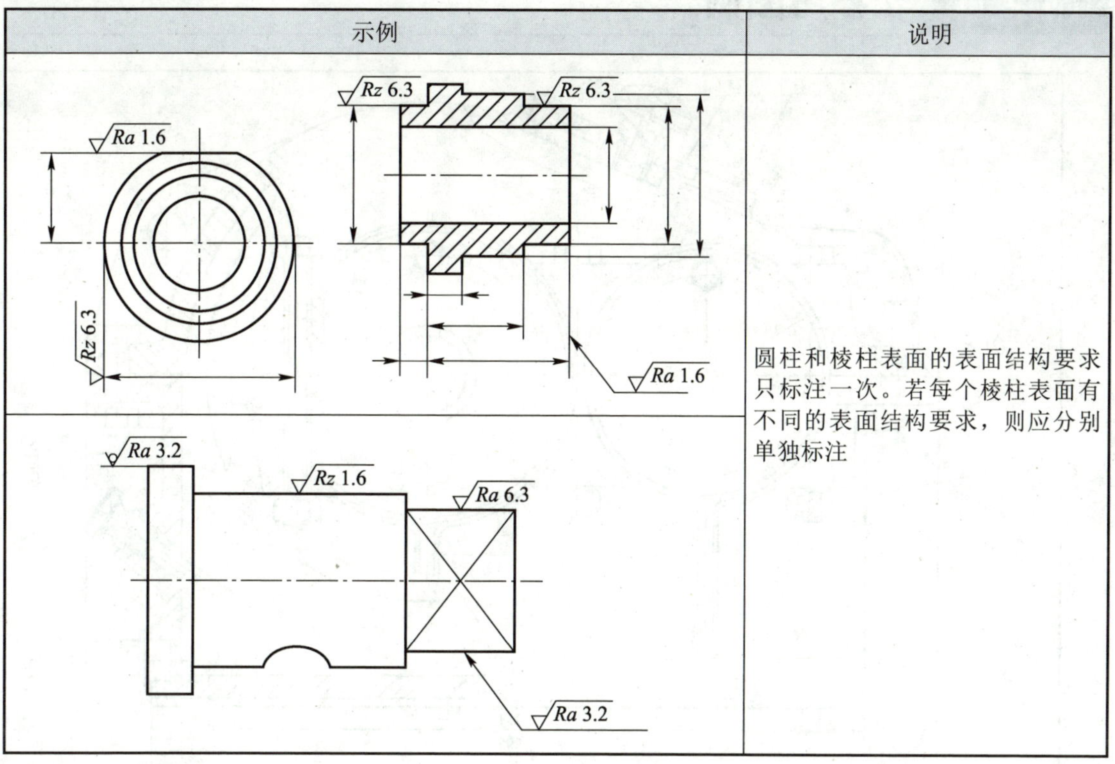	圆柱和棱柱表面的表面结构要求只标注一次。若每个棱柱表面有不同的表面结构要求，则应分别单独标注

附录 11 参考图例

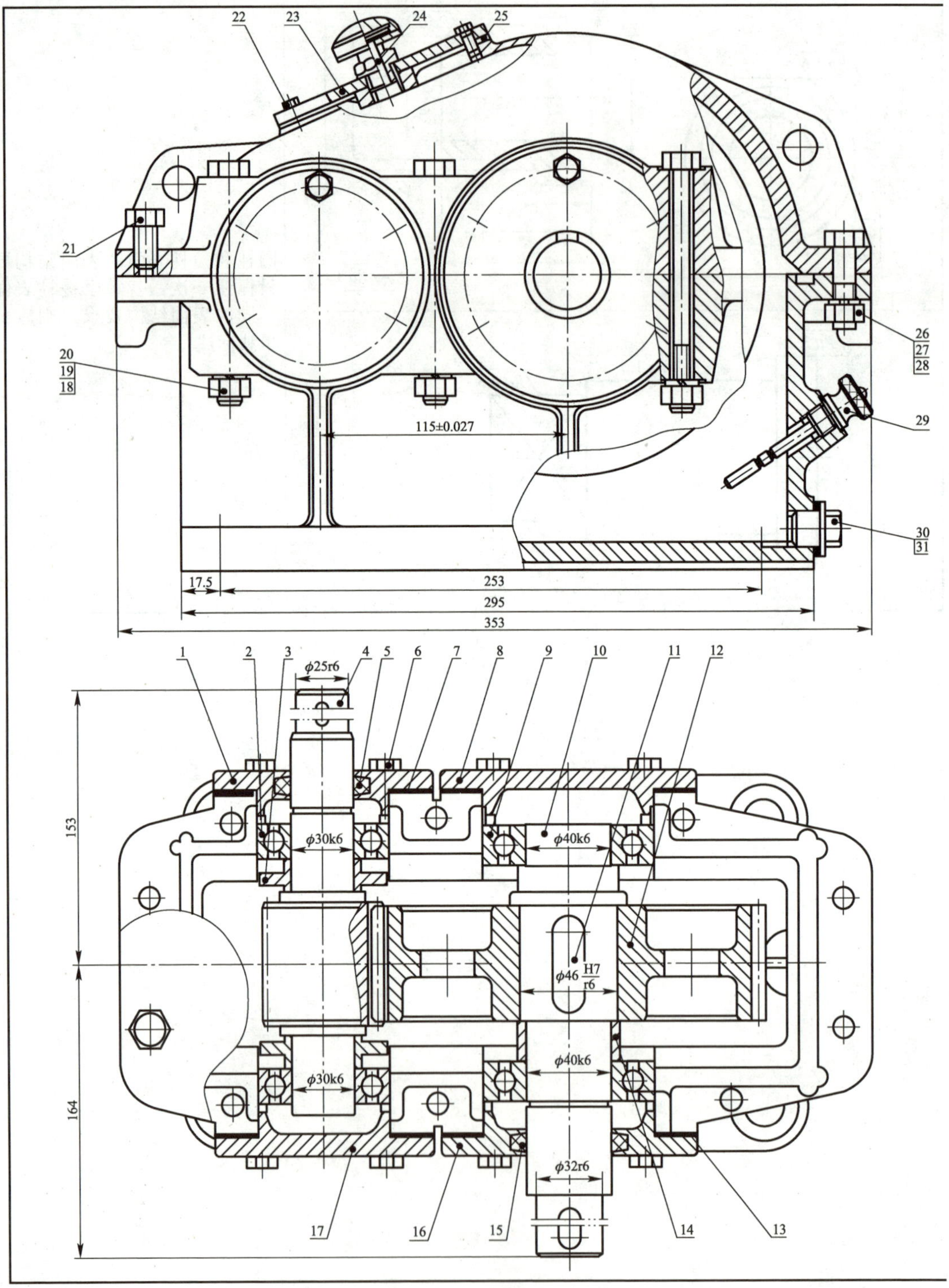

附图 11-1 圆柱齿轮

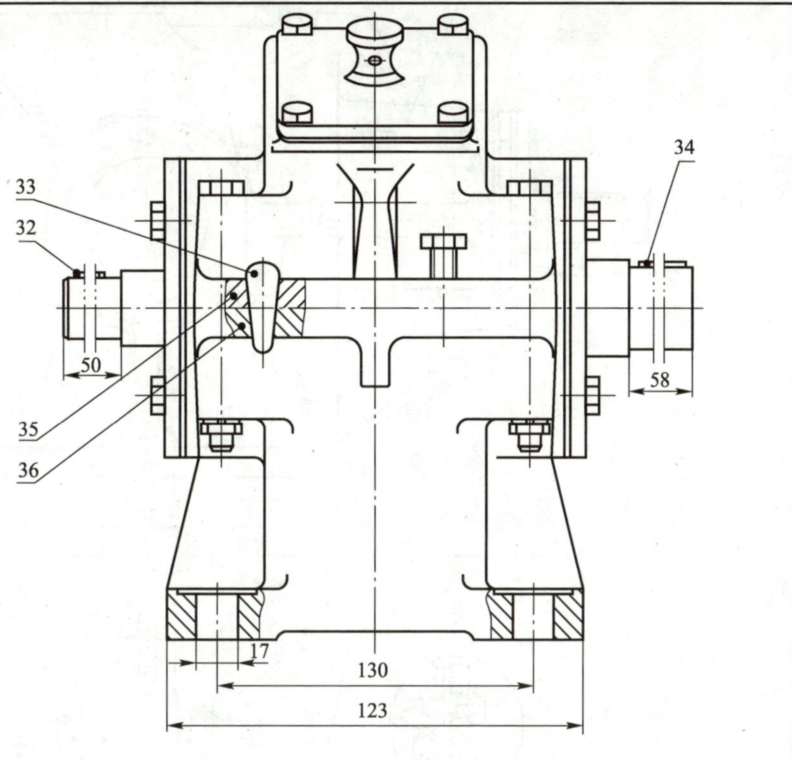

技术特性

功率/kW	高速轴转速/(r/min)	传动比
3	483	3.46

技术要求

1. 装配前，所有零件用煤油清洗，箱体内不允许有任何杂物，箱体内壁涂防锈油漆。
2. 用铅丝检验齿轮圆啮合侧隙，侧隙不小于0.14 mm，铅丝直径不得大于最小侧隙的2倍。
3. 用涂色法检验齿轮接触斑点，要求齿高接触斑点不少于40%，齿宽接触斑点不少于50%。
4. 调整轴承轴向间隙ϕ30轴处轴承的轴向间隙为0.04～0.07 mm，ϕ40轴处轴承的轴向间隙为0.05～0.10 mm。
5. 减速器剖分面，各接触面及密封处均不允许漏油，剖分面允许涂以密封胶或水玻璃，不允许使用任何填料。
6. 箱体内装全损耗系统用油L-AN68至规定高度。
7. 箱体表面涂灰色油漆。

序号	名称	材料	数量	标准	备注
36	箱座	HT200	1		
35	箱盖	HT200	1		
34	键10×8×50		1	GB/T 1096—2003	
33	销BB×30		2	GB/T 117—2000	
32	键8×7×40		1	GB/T 1096—2003	
31	垫片	石棉橡胶纸	1		
30	螺塞M8×1.5	Q235	1		
29	油标		1		组件
28	螺栓M10×40		4	GB/T 5781—2016	
27	垫圈10		4	GB/T 93—1987	
26	螺母M10		4		
25	垫片	石棉橡胶纸	1	GB/T 41—2016	
24	通气器		1		
23	视孔盖		1		
22	螺栓M6×16		4	GB/T 5781—2016	
21	启盖螺钉M10	45	1		
20	螺栓M12×110		6	GB/T 5780—2016	
19	垫圈12		6	GB/T 93—1987	
18	螺母M12		6	GB/T 41—2016	
17	轴承盖	HT150	1		
16	轴承盖	HT150	1		
15	毡圈	半粗羊毛毡	1		
14	套筒	Q235	1		
13	调整垫片	08F	2组		
12	齿轮	45	1		
11	键14×9×40		1	GB/T 1096—2003	
10	从动轴	45	1		m=2，z=69
9	轴承6210		2	GB/T 276—2013	
8	轴承盖	HT150	1		
7	调整垫片	08F	2组		
6	螺栓M8×30		24	GB/T 5781—2016	
5	毡圈	半粗羊毛毡	1		
4	齿轮轴	45	1		m=2，z=19
3	挡油盘	Q215	2		
2	轴承6208		2	GB/T 276—2013	
1	轴承盖	HT150	1		

标注	处数	分区	更改文件号	签名	年、月、日	(材料标记)			(单位名称)
设计	(签名)	(年月日)	标准化	(签名)	(年月日)	阶段标记	重量	比例	圆柱齿轮减速器
审核									(图样代号)
工艺			批准			共 张 第 张			

减速器装配图

1
2
3
4
5
6
7
8
9
10
11
12
13
14
15
43
70
260
340
650
A
4∶1
30
31
32
33
34
35
36
37
29
28
27
A
26
25
24
23
22
21
20
19
18
17
16
ϕ60r6
ϕ130H7/f9
ϕ40r6
ϕ110H7
ϕ130H7/h6
ϕ50k6
ϕ45H7/r6
ϕ65H7/r6
ϕ60k6

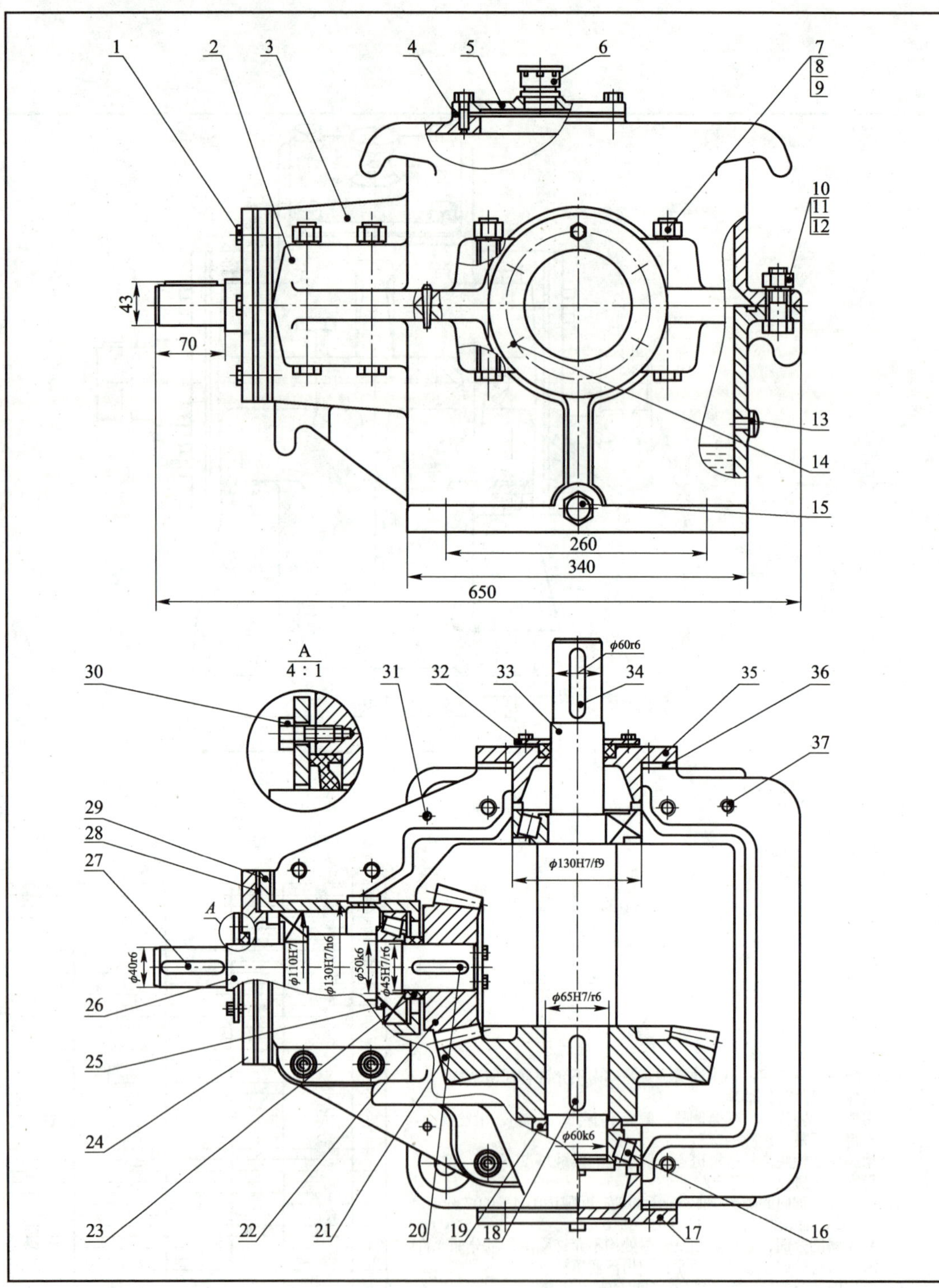

附图 11-2 圆锥齿轮

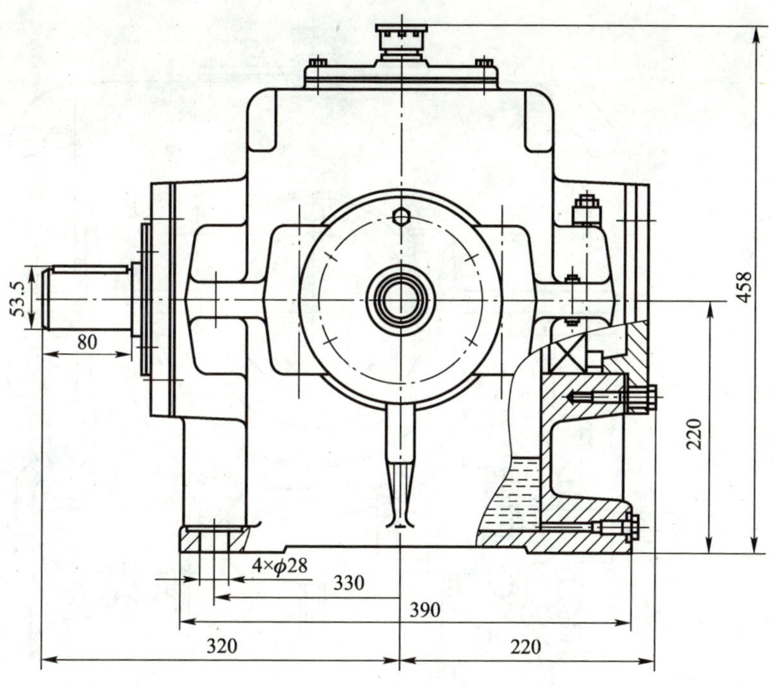

技术特性

功率/kW	高速轴转速/(r/min)	传动比
4.5	420	2

技术要求

1. 装配前，所有零件用煤油清洗，箱体内不允许有任何杂物，箱体内壁涂防锈油漆。
2. 用铅丝检验齿轮圆啮合侧隙，侧隙不小于0.14 mm，铅丝直径不得大于最小侧隙的2倍。
3. 用涂色法检验齿轮接触斑点，要求齿高接触斑点不少于40%，齿宽接触斑点不少于50%。
4. 调整轴承轴向间隙ϕ30mm轴处轴承的轴向间隙为0.04～0.07 mm，ϕ40 mm轴处轴承的轴向间隙为0.05～0.10 mm。
5. 减速器剖分面，各接触面及密封处均不允许漏油，剖分面允许涂以密封胶或水玻璃，不允许使用任何填料。
6. 箱体内装全损耗系统用油L-AN68至规定高度。
7. 箱体表面涂灰色油漆。

37	启盖螺钉M10	45	1		
36	调整垫片	08F	2组		
35	轴承盖	HT150	1		
34	键16×10×50		1	GB/T 1096—2003	
33	轴	45	1		
32	密封盖	Q215	1		
31	销A8×40		2	GB/T 117—2000	
30	螺钉M8×25		12	GB/T 5781—2016	
29	套杯	HT150	1		
28	调整垫片	08F	2组		
27	键12×8×63		1	GB/T 1096—2003	
26	轴	45	1		
25	轴承30310		2	GB/T 297—2015	
24	轴承盖	HT150	1		
23	垫圈	A3	1		
22	小圆锥齿轮	45	1		m=7，z=20
21	大圆锥齿轮	40	1		m=7，z=30
20	键12×8×45		1	GB/T 1096—2003	
19	挡油盘	Q235	1		
18	键16×10×56		1	GB/T 1096—2003	
17	轴承盖	HT150	1		
16	轴承30312		2	GB/T 297—2015	
15	螺塞M20×1.5	Q235	1	JB/ZQ 4450—2006	
14	螺栓M10×30		12	GB/T 5781—2016	
13	油标		1		
12	垫圈12		2		
11	螺栓M12		2		
10	螺栓M12×45		2		
9	垫圈16		8	GB/T 93—1987	
8	螺母M16		8	GB/T 41—2016	
7	螺栓M16×130		8	GB/T 5780—2016	
6	通气器		1		
5	视孔盖	Q235	1		组件
4	垫片	压纸板	1		
3	箱盖	HT150	1		
2	箱座	HT150	1		
1	螺栓M10×40		6	GB/T 5785—2016	
序号	名称	材料	数量	标准	备注

标注	处数	分区	更改文件号	签名	年、月、日	(材料标记)			(单位名称)
设计	(签名)	(年月日)	标准化	(签名)	(年月日)	阶段标记	重量	比例	圆锥齿轮减速器
审核									(图样代号)
工艺			批准			共 张 第 张			

减速器装配图

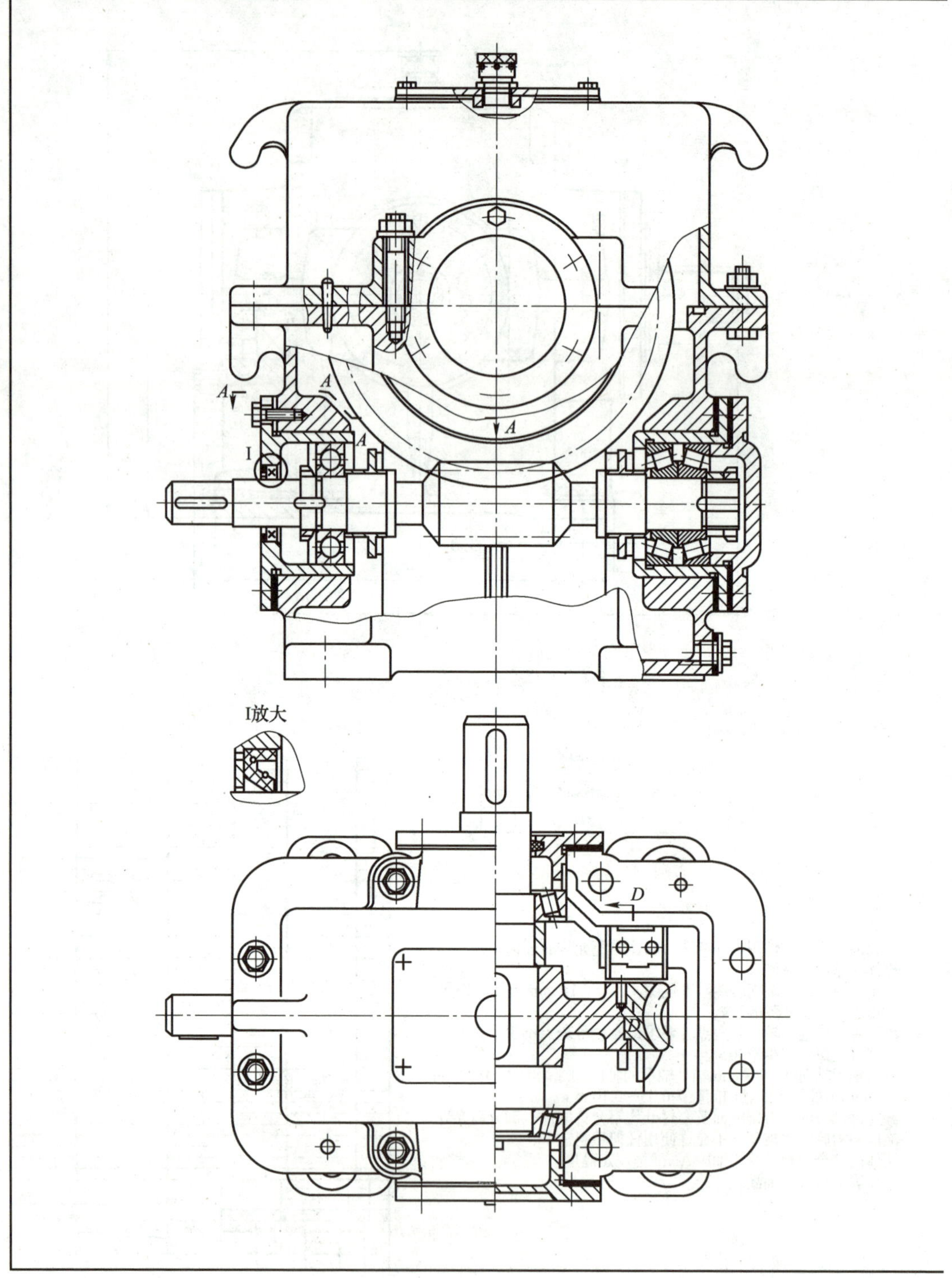

附图 11-3 蜗杆减速器

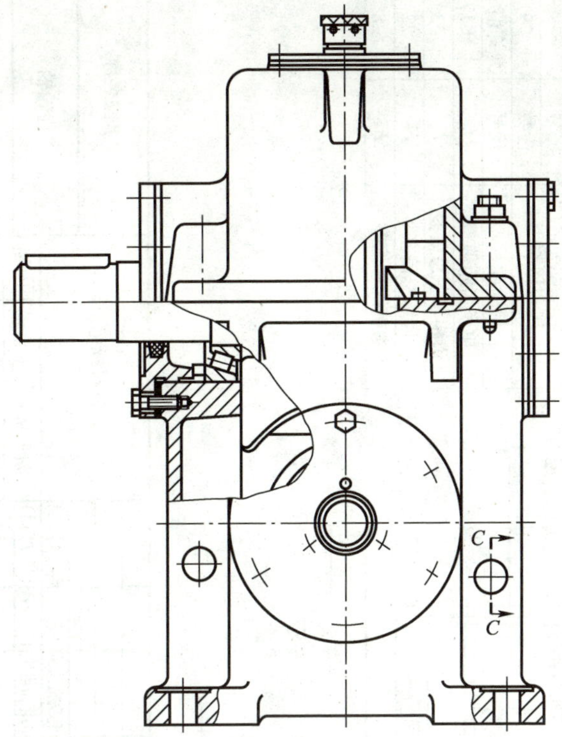

C
C

A—A

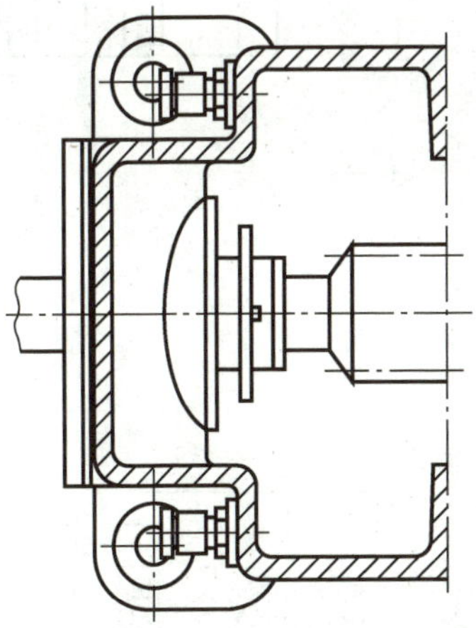

C—C
a : 1

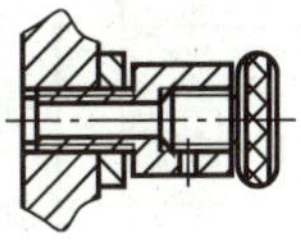

D—D
a : 1

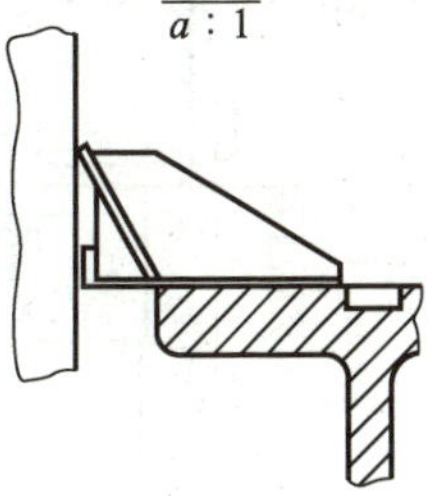

						(材料标记)			(单位名称)
标注	处数	分区	更改文件号	签名	年月日				蜗杆减速器
设计	(签名)	(年月日)	标准化	(签名)	(年月日)	阶段标记	重量	比例	
审核									(图样代号)
工艺			批准			共 张 第 张			

装配图

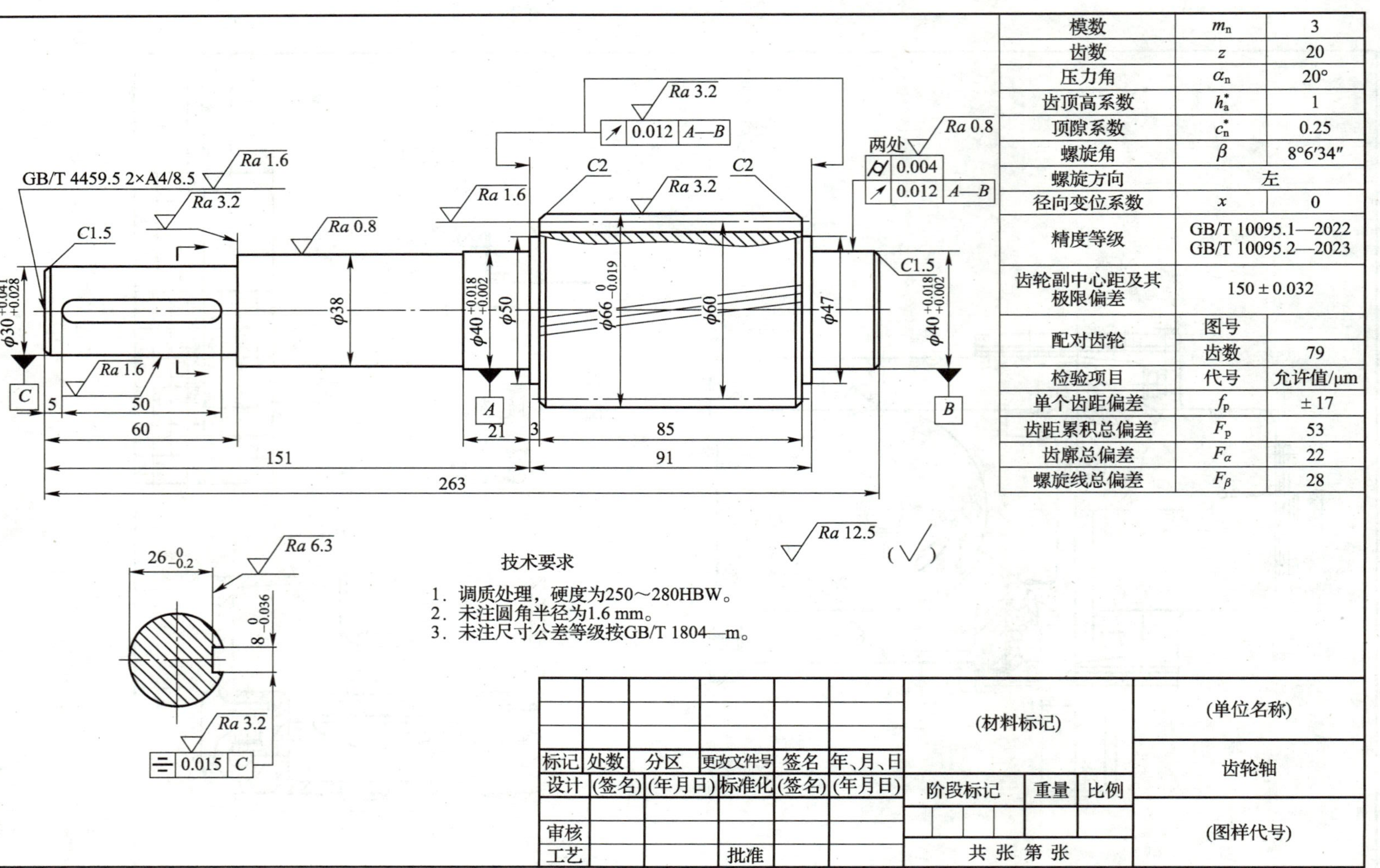

附图 11-4 齿轮轴零件图

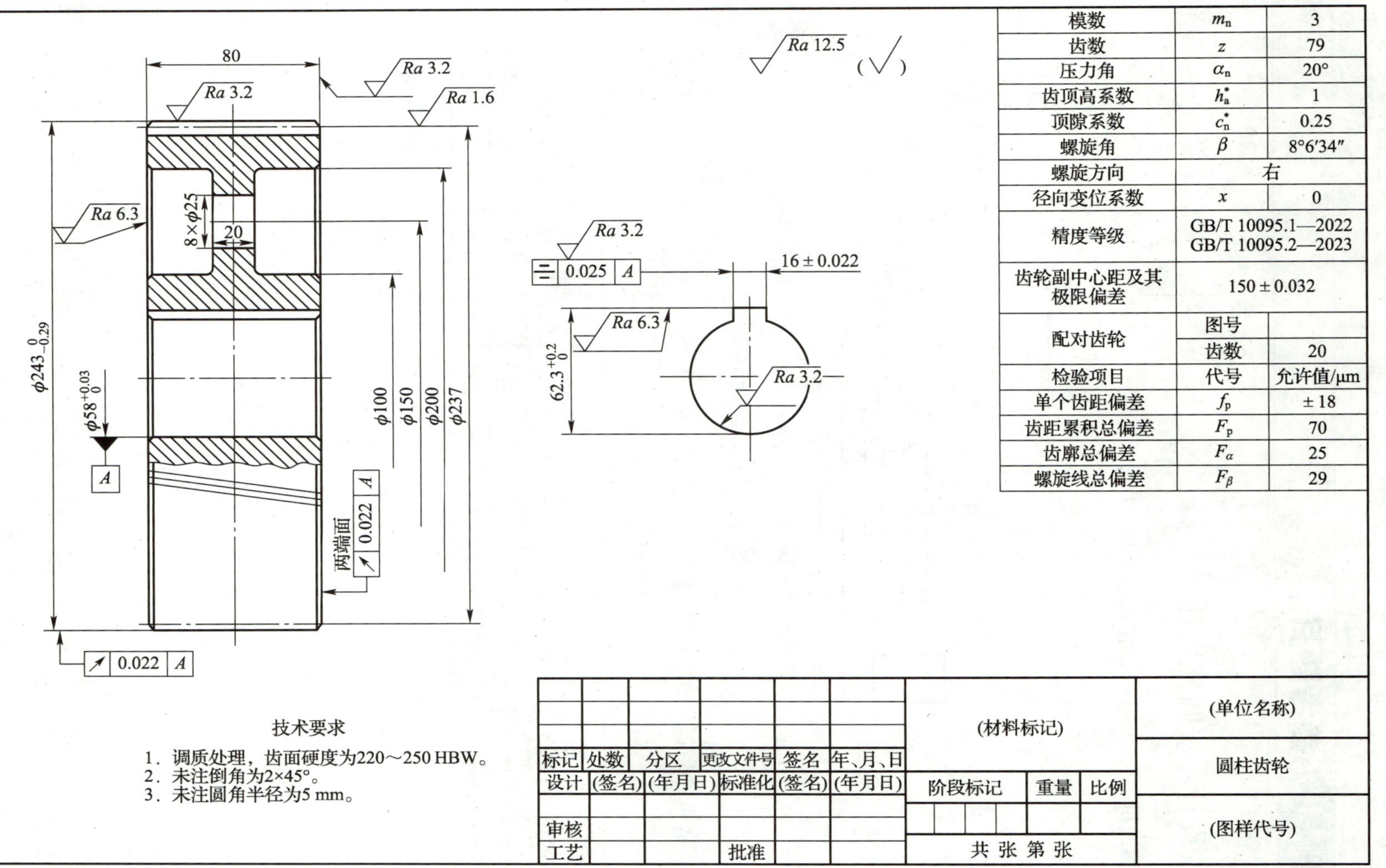

模数	m_n	3
齿数	z	79
压力角	α_n	20°
齿顶高系数	h_a^*	1
顶隙系数	c_n^*	0.25
螺旋角	β	8°6′34″
螺旋方向	右	
径向变位系数	x	0
精度等级	GB/T 10095.1—2022 GB/T 10095.2—2023	
齿轮副中心距及其极限偏差	150±0.032	
配对齿轮	图号	
	齿数	20
检验项目	代号	允许值/μm
单个齿距偏差	f_p	±18
齿距累积总偏差	F_p	70
齿廓总偏差	F_α	25
螺旋线总偏差	F_β	29

附图 11-5 圆柱齿轮零件图

附录 12 参考题目

题目 1　设计一级圆柱齿轮减速器

带式输送机中传动装置的简图如附图 12-1 所示。

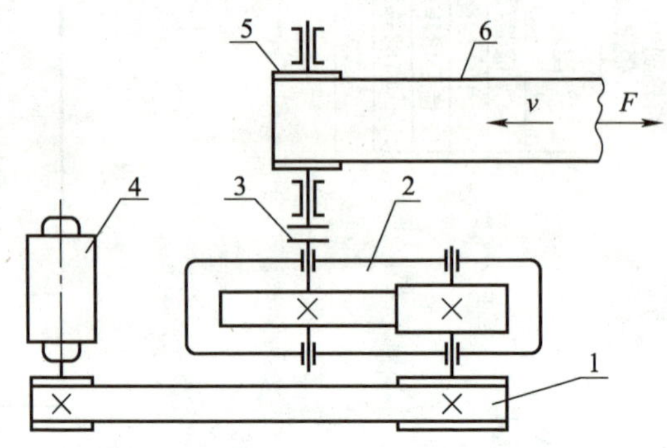

1—V 带；2—减速器；3—联轴器；4—电动机；5—卷筒；6—输送带。

附图 12-1　带式输送机中传动装置的简图（1）

原始数据如附表 12-1 所示。

附表 12-1　原始数据（1）

数据编号	1	2	3	4	5	6	7	8	9	10
输送带工作拉力 F/kN	1.1	1.15	1.2	1.25	1.3	1.35	1.45	1.5	1.5	1.6
输送带工作速度 v/（m・s^{-1}）	1.5	1.6	1.7	1.5	1.55	1.6	1.55	1.65	1.7	1.8
卷筒直径 D/mm	250	260	270	240	250	260	250	260	280	300

工作条件：带式输送机在室内连续单向运转，空载启动，载荷平稳，使用期限为 10 年，小批量生产，每天工作 16 个小时，每年工作 250 天。输送带速度允许误差为±5%。

题目 2　设计二级展开式圆柱齿轮减速器

带式输送机中传动装置的简图如附图 12-2 所示。

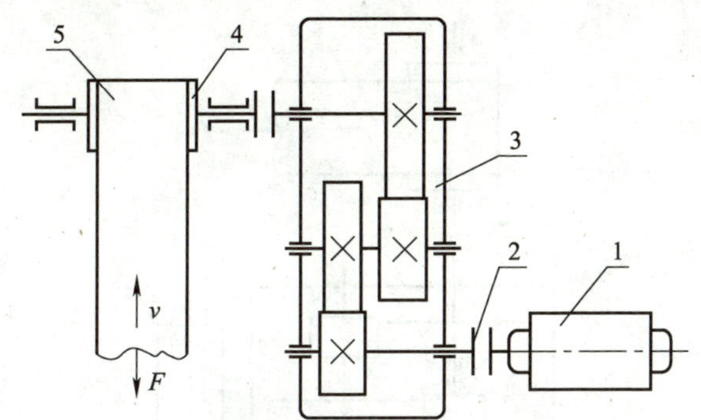

1—电动机；2—联轴器；3—减速器；4—卷筒；5—输送带。

附图 12-2　带式输送机中传动装置的简图（2）

原始数据如附表 12-2 所示。

附表 12-2　原始数据（2）

数据编号	1	2	3	4	5	6	7	8	9	10
输送带工作拉力 F/kN	2.0	1.8	1.8	2.2	2.4	2.5	2.6	1.9	2.3	2.0
输送带工作速度 v/（$m \cdot s^{-1}$）	2.3	2.35	2.5	2.4	1.8	1.8	1.8	2.45	2.1	2.4
卷筒直径 D/mm	330	340	360	350	260	250	280	360	310	360

工作条件：带式输送机在室内连续单向运转，空载启动，载荷平稳，使用期限为 8 年，小批量生产，每天工作 8 个小时，每年工作 250 天。输送带速度允许误差为±5%。

题目 3　设计二级同轴式圆柱齿轮减速器

带式输送机中传动装置的简图如附图 12-3 所示。

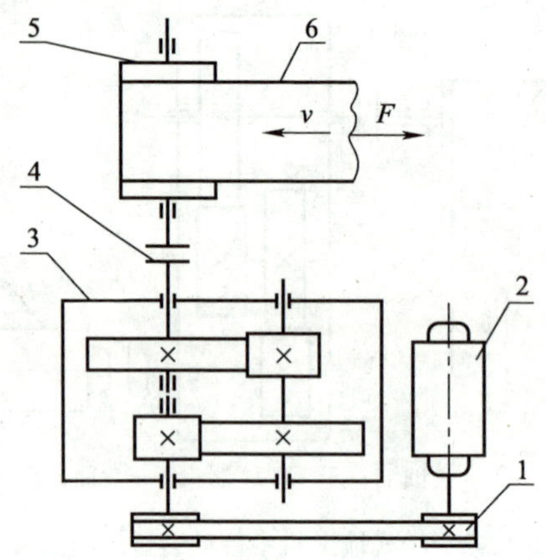

1—V 带；2—电动机；3—减速器；4—联轴器；5—卷筒；6—输送带。

附图 12-3　带式输送机中传动装置的简图（3）

原始数据如附表 12-3 所示。

附表 12-3　原始数据（3）

数据编号	1	2	3	4	5	6	7	8	9	10
输送带工作轴转矩 T/N・m	1 000	1 050	1 100	1 150	1 200	1 250	1 300	1 050	1 100	1 150
输送带工作速度 v/（m・s^{-1}）	0.70	0.75	0.80	0.85	0.70	0.70	0.75	0.80	0.85	0.90
卷筒直径 D/mm	400	420	450	480	400	420	450	480	420	450

工作条件：带式输送机在室内连续单向运转，空载启动，载荷平稳，使用期限为 8 年，小批量生产，每天工作 8 个小时，每年工作 250 天。输送带速度允许误差为±5%。

题目 4　设计圆锥-圆柱齿轮减速器

带式输送机中传动装置的简图如附图 12-4 所示。

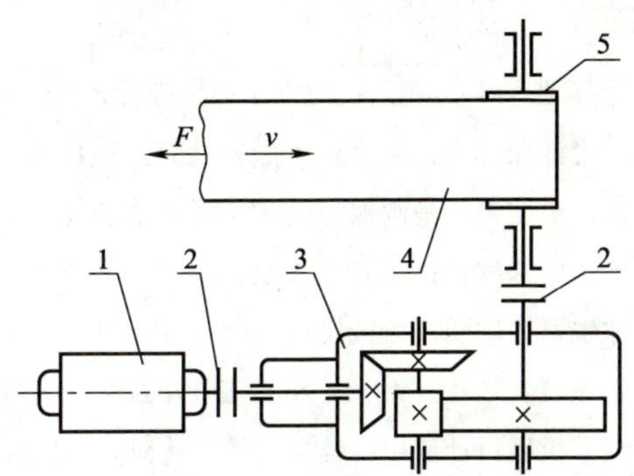

1—电动机；2—联轴器；3—减速器；4—输送带；5—卷筒。

附图 12-4　带式输送机中传动装置的简图（4）

原始数据如附表 12-4 所示。

附表 12-4　原始数据（4）

数据编号	1	2	3	4	5	6	7	8	9	10
输送带工作拉力 F/kN	2.5	2.4	2.3	2.2	2.1	2.1	2.8	2.7	2.6	2.5
输送带工作速度 v/（m·s^{-1}）	1.4	1.5	1.6	1.7	1.8	1.9	1.3	1.4	1.5	1.6
卷筒直径 D/mm	250	260	270	280	290	300	250	260	270	280

工作条件：带式输送机在室内连续单向运转，空载启动，载荷平稳，使用期限为 10 年，小批量生产，每天工作 8 个小时，每年工作 250 天。输送带速度允许误差为±5%。

参考文献

[1] 王卉，解瑞．机械设计基础［M］．北京：航空工业出版社，2023.

[2] 冯立艳，李建功．机械设计课程设计［M］．6版．北京：机械工业出版社，2020.

[3] 任秀华，张超，秦广久．机械设计基础课程设计［M］．3版．北京：机械工业出版社，2020.

[4] 吴旭，王照．机械设计基础课程设计［M］．3版．北京：北京航空航天大学出版社，2018.

[5] 杨可桢，程光蕴，李仲生，钱瑞明．机械设计基础［M］．7版．北京：高等教育出版社，2020.

[6] 胡家秀．机械设计基础［M］．5版．北京：机械工业出版社，2024.

[7] 雷晓燕，刘芳，燕晓红．机械设计应用：信息化教材［M］．北京：化学工业出版社，2019.

[8] 傅桂兴．机械分析与设计基础［M］．北京：化学工业出版社，2019.

[9] 唐昌松，程琴．机械设计基础［M］．2版．北京：机械工业出版社，2022.

[10] 陈秀宁，顾大强．机械设计课程设计［M］．5版．杭州：浙江大学出版社，2021.

[11] 孔凌嘉，王文中，荣辉．机械基础设计实践［M］．2版．北京：北京理工大学出版社，2017.

[12] 孟玲琴，王志伟．机械设计基础［M］．5版．北京：北京理工大学出版社，2022.

[13] 李海萍，姚云英．机械设计基础课程设计［M］．2版．北京：机械工业出版社，2015.